全国餐饮职业教育教学指导委员会重点课题"基于烹饪专业人才培养目标的中高职课程体系与教材开发研究"成果系列教材
餐饮职业教育创新技能型人才培养新形态一体化系列教材

总主编 ◎ 杨铭铎

烹饪原料

主 编　李顺发　杨小平　纪　成
副主编　朱长征　王红梅　申亚军　许尚敏
编 者（按姓氏笔画排序）
　　　　王红梅　申亚军　冯晓健　朱长征
　　　　许尚敏　纪　成　李顺发　杨小平

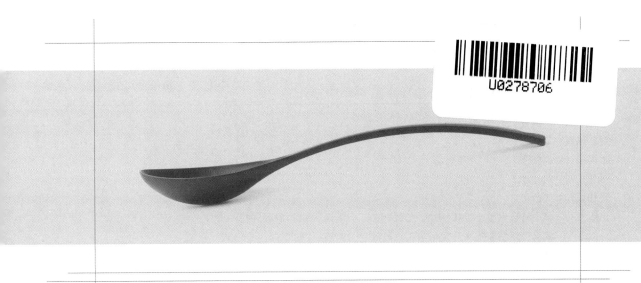

华中科技大学出版社
http://www.hustp.com
中国·武汉

内 容 简 介

本书是全国餐饮职业教育教学指导委员会重点课题"基于烹饪专业人才培养目标的中高职课程体系与教材开发研究"成果系列教材、餐饮职业教育创新技能型人才培养新形态一体化系列教材。本书主要包括烹饪原料概述、烹饪原料的化学组成和组织结构、烹饪原料的品质检验与储藏、植物性原料、动物性原料、干货类原料、调味品和食品添加剂、辅助原料等内容。

本书既可作为高等院校烹饪、食品、旅游等相关专业的教材,也可供相关企业职工培训使用。

图书在版编目(CIP)数据

烹饪原料/李顺发,杨小平,纪成主编.—武汉:华中科技大学出版社,2020.8(2023.8 重印)
ISBN 978-7-5680-6394-4

Ⅰ.①烹… Ⅱ.①李… ②杨… ③纪… Ⅲ.①烹饪-原料-职业教育-教材 Ⅳ.①TS972.111

中国版本图书馆 CIP 数据核字(2020)第 138130 号

烹饪原料
Pengren Yuanliao

李顺发 杨小平 纪 成 主编

策划编辑:汪飒婷
责任编辑:张 毅
封面设计:廖亚萍
责任校对:刘 竣
责任监印:周治超
出版发行:华中科技大学出版社(中国·武汉) 电话:(027)81321913
　　　　　武汉市东湖新技术开发区华工科技园 邮编:430223
录　排:华中科技大学惠友文印中心
印　刷:武汉科源印刷设计有限公司
开　本:889mm×1194mm 1/16
印　张:14.5
字　数:425 千字
版　次:2023 年 8 月第 1 版第 4 次印刷
定　价:49.80 元

全国餐饮职业教育教学指导委员会重点课题
"基于烹饪专业人才培养目标的中高职课程体系与教材开发研究"成果系列教材
餐饮职业教育创新技能型人才培养新形态一体化系列教材

丛 书 编 审 委 员 会

主 任

姜俊贤　全国餐饮职业教育教学指导委员会主任委员、中国烹饪协会会长

执行主任

杨铭铎　教育部职业教育专家组成员、全国餐饮职业教育教学指导委员会副主任委员、中国烹饪协会特邀副会长

副 主 任

乔　杰　全国餐饮职业教育教学指导委员会副主任委员、中国烹饪协会副会长

黄维兵　全国餐饮职业教育教学指导委员会副主任委员、中国烹饪协会副会长、四川旅游学院原党委书记

贺士榕　全国餐饮职业教育教学指导委员会副主任委员、中国烹饪协会餐饮教育委员会执行副主席、北京市劲松职业高中原校长

王新驰　全国餐饮职业教育教学指导委员会副主任委员、扬州大学旅游烹饪学院原院长

卢　一　中国烹饪协会餐饮教育委员会主席、四川旅游学院校长

张大海　全国餐饮职业教育教学指导委员会秘书长、中国烹饪协会副秘书长

郝维钢　中国烹饪协会餐饮教育委员会副主席、原天津青年职业学院党委书记

石长波　中国烹饪协会餐饮教育委员会副主席、哈尔滨商业大学旅游烹饪学院院长

于干千　中国烹饪协会餐饮教育委员会副主席、普洱学院副院长

陈　健　中国烹饪协会餐饮教育委员会副主席、顺德职业技术学院酒店与旅游管理学院院长

赵学礼　中国烹饪协会餐饮教育委员会副主席、西安商贸旅游技师学院院长

吕雪梅　中国烹饪协会餐饮教育委员会副主席、青岛烹饪职业学校校长

符向军　中国烹饪协会餐饮教育委员会副主席、海南省商业学校校长

薛计勇　中国烹饪协会餐饮教育委员会副主席、中华职业学校副校长

王　劲　　常州旅游商贸高等职业技术学校副校长

王文英　　太原慈善职业技术学校校长助理

王永强　　东营市东营区职业中等专业学校副校长

王吉林　　山东省城市服务技师学院院长助理

王建明　　青岛酒店管理职业技术学院烹饪学院院长

王辉亚　　武汉商学院烹饪与食品工程学院党委书记

邓　谦　　珠海市第一中等职业学校副校长

冯玉珠　　河北师范大学学前教育学院（旅游系）副院长

师　力　　西安桃李旅游烹饪专修学院副院长

吕新河　　南京旅游职业学院烹饪与营养学院院长

朱　玉　　大连市烹饪中等职业技术专业学校副校长

庄敏琦　　厦门工商旅游学校校长、党委书记

刘玉强　　辽宁现代服务职业技术学院院长

闫喜霜　　北京联合大学餐饮科学研究所所长

孙孟建　　黑龙江旅游职业技术学院院长

李　俊　　武汉职业技术学院旅游与航空服务学院院长

李　想　　四川旅游学院烹饪学院院长

李顺发　　郑州商业技师学院副院长

张令文　　河南科技学院食品学院副院长

张桂芳　　上海市商贸旅游学校副教授

张德成　　杭州市西湖职业高级中学校长

陆燕春　　广西商业技师学院院长

陈　勇　　重庆市商务高级技工学校副校长

陈全宝　　长沙财经学校校长

陈运生　　新疆职业大学教务处处长

林苏钦　　上海旅游高等专科学校酒店与烹饪学院副院长

周立刚　　山东银座旅游集团总经理

周洪星　　浙江农业商贸职业学院副院长

赵　娟　　山西旅游职业学院副院长

赵汝其　　佛山市顺德区梁銶琚职业技术学校副校长

侯邦云　　云南优邦实业有限公司董事长、云南能源职业技术学院现代服务学院院长

姜　旗　　兰州市商业学校校长

聂海英　　重庆市旅游学校校长

贾贵龙　　深圳航空有限责任公司配餐部经理

诸　杰　　天津职业大学旅游管理学院院长

谢　军　　长沙商贸旅游职业技术学院湘菜学院院长

潘文艳　　吉林工商学院旅游学院院长

网络增值服务

使用说明

欢迎使用华中科技大学出版社医学资源网

1 教师使用流程

（1）登录网址：**http://yixue.hustp.com**（注册时请选择教师用户）

注册 ▸ 登录 ▸ 完善个人信息 ▸ 等待审核

（2）审核通过后，您可以在网站使用以下功能：

浏览教学资源　　建立课程　　　　管理学生　　　布置作业　　查询学生学习记录等

教师

2 学员使用流程

（建议学员在PC端完成注册、登录、完善个人信息的操作。）

（1）PC端学员操作步骤

① 登录网址：http://yixue.hustp.com（注册时请选择普通用户）

注册 ▸ 登录 ▸ 完善个人信息

② 查看课程资源：（如有学习码，请在"个人中心—学习码验证"中先通过验证，再进行操作）

选择课程

首页课程 ❯ 课程详情页 ❯ 查看课程资源

（2）手机端扫码操作步骤

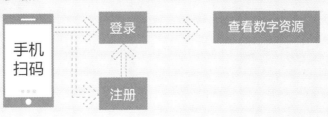

手机扫码 → 登录 → 查看数字资源

注册

开展餐饮教学研究　加快餐饮人才培养

　　餐饮业是第三产业重要组成部分,改革开放 40 多年来,随着人们生活水平的提高,作为传统服务性行业,餐饮业对刺激消费需求、推动经济增长发挥了重要作用,在扩大内需、繁荣市场、吸纳就业和提高人民生活质量等方面都做出了积极贡献。就经济贡献而言,2018 年,全国餐饮收入 42716 亿元,首次超过 4 万亿元,同比增长 9.5%,餐饮市场增幅高于社会消费品零售总额增幅 0.5 个百分点;全国餐饮收入占社会消费品零售总额的比重持续上升,由上年的 10.8% 增至 11.2%;对社会消费品零售总额增长贡献率为 20.9%,比上年大幅上涨 9.6 个百分点;强劲拉动社会消费品零售总额增长了 1.9 个百分点。全面建成小康社会的号角已经吹响,作为人民基本需求的饮食生活,餐饮业的发展好坏,不仅关系到能否在扩内需、促消费、稳增长、惠民生方面发挥市场主体的重要作用,而且关系到能否满足人民对美好生活的向往、实现全面建成小康社会的目标。

　　一个产业的发展,离不开人才支撑。科教兴国、人才强国是我国发展的关键战略。餐饮业的发展同样需要科教兴业、人才强业。经过 60 多年特别是改革开放 40 多年来的大发展,目前烹饪教育在办学层次上形成了中职、高职、本科、硕士、博士五个办学层次;在办学类型上形成了烹饪职业技术教育、烹饪职业技术师范教育、烹饪学科教育三个办学类型;在学校设置上形成了中等职业学校、高等职业学校、高等师范院校、普通高等学校的办学格局。

　　我从全聚德董事长的岗位到担任中国烹饪协会会长、全国餐饮职业教育教学指导委员会主任委员后,更加关注烹饪教育。在到烹饪院校考察时发现,中职、高职、本科师范专业都开设了烹饪技术课,然而在烹饪教育内容上没有明显区别,层次界限模糊,中职、高职、本科烹饪课程设置重复,拉不开档次。各层次烹饪院校人才培养目标到底有哪些区别?在一次全国餐饮职业教育教学指导委员会和中国烹饪协会餐饮教育委员会的会议上,我向在我国从事餐饮烹饪教育时间很久的资深烹饪教育专家杨铭铎教授提出了这一问题。为此,杨铭铎教授研究之后写出了《不同层次烹饪专业培养目标分析》《我国现代烹饪教育体系的构建》,这两篇论文回答了我的问题。这两篇论文分别刊登在《美食研究》和《中国职业技术教育》上,并收录在中国烹饪协会主编的《中国餐饮产业发展报告》之中。我欣喜地看到,杨铭铎教授从烹饪专业属性、学科建设、课程结构、中高职衔接、课程体系、课程开发、校企合作、教师队伍建设等方面进行研究并提出了建设性意见,对烹饪教育发展具有重要指导意义。

　　杨铭铎教授不仅在理论上探讨烹饪教育问题,而且在实践上积极探索。2018 年在全国餐饮职业教育教学指导委员会立项重点课题"基于烹饪专业人才培养目标的中高职课程体系与教材开发研究"（CYHZWZD201810）。该课题以培养目标为切入点，明晰烹饪专业人才培养规格；以职业技能为结合点，确保烹饪人才与社会职业有效对接；以课程体系为关键点，通过课程结构与课程标准精准实现培养目标；以教材开发为落脚点，开发教学过程与生产过程对接的、中高职衔接的两套烹饪专业课程系列教材。这一课题的创新点在于：研究与编写相结合，中职与高职相同步，学生用教材与教师用参考书相联系，资深餐饮专家领衔任总主编与全国排名前列的大学出版社相协作，编写出的中职、高职系列烹饪专业教材，解决了烹饪专业文化基础课程与职业技能课程脱节，专业理论课程设置重复，烹饪技能课交叉，职业技能倒挂，教材内容拉不开层次等问题，是国务院《国家职业教育改革实施方案》提出的完善教育教学相关标准中的持续更新并推进专业教学标准、课程标准建设和在职业院校落地实施这一要求在烹饪职业教育专业的具体举措。基于此，我代表中国烹饪协会、全国餐饮职业教育教学指导委员会向全国烹饪院校和餐饮行业推荐这两套烹饪专业教材。

习近平总书记在党的十九大报告中将"两个一百年"奋斗目标调整表述为：到建党一百年时，全面建成小康社会；到新中国成立一百年时，全面建成社会主义现代化强国。经济社会的发展，必然带来餐饮业的繁荣，迫切需要培养更多更优的餐饮烹饪人才，要求餐饮烹饪教育工作者提出更接地气的教研和科研成果。杨铭铎教授的研究成果，为中国烹饪技术教育研究开了个好头。让我们餐饮烹饪教育工作者与餐饮企业家携起手来，为培养千千万万优秀的烹饪人才、推动餐饮业又好又快地发展，为把我国建成富强、民主、文明、和谐、美丽的社会主义现代化强国增添力量。

全国餐饮职业教育教学指导委员会主任委员

中国烹饪协会会长

　　《国家中长期教育改革和发展规划纲要(2010—2020年)》及《国务院办公厅关于深化产教融合的若干意见(国办发〔2017〕95号)》等文件指出:职业教育到2020年要形成适应经济发展方式的转变和产业结构调整的要求,体现终身教育理念,中等和高等职业教育协调发展的现代教育体系,满足经济社会对高素质劳动者和技能型人才的需要。2019年,国务院印发的《国家职业教育改革实施方案》中更是明确提出了提高中等职业教育发展水平、推进高等职业教育高质量发展的要求及完善高层次应用型人才培养体系的要求;为了适应"互联网＋职业教育"发展需求,运用现代信息技术改进教学方式方法,对教学教材的信息化建设,应配套开发信息化资源。

　　随着社会经济的迅速发展和国际化交流的逐渐深入,烹饪行业面临新的挑战和机遇,这就对新时代烹饪职业教育提出了新的要求。为了促进教育链、人才链与产业链、创新链有机衔接,加强技术技能积累,以增强学生核心素养、技术技能水平和可持续发展能力为重点,对接最新行业、职业标准和岗位规范,优化专业课程结构,适应信息技术发展和产业升级情况,更新教学内容,在基于全国餐饮职业教育教学指导委员会2018年度重点课题"基于烹饪专业人才培养目标的中高职课程体系与教材开发研究"(CYHZWZD201810)的基础上,华中科技大学出版社在全国餐饮职业教育教学指导委员会副主任委员杨铭铎教授的指导下,在认真、广泛调研和专家推荐的基础上,组织了全国90余所烹饪专业院校及单位,遴选了近300位经验丰富的教师和优秀行业、企业人才,共同编写了本套餐饮职业教育创新技能型人才培养新形态一体化系列教材、全国餐饮职业教育教学指导委员会重点课题"基于烹饪专业人才培养目标的中高职课程体系与教材开发研究"成果系列教材。

　　本套教材力争契合烹饪专业人才培养的灵活性、适应性和针对性,符合岗位对烹饪专业人才知识、技能、能力和素质的需求。本套教材有以下编写特点:

　　1.权威指导,基于科研　本套教材以全国餐饮职业教育教学指导委员会的重点课题为基础,由国内餐饮职业教育教学和实践经验丰富的专家指导,将研究成果适度、合理落脚于教材中。

　　2.理实一体,强化技能　遵循以工作过程为导向的原则,明确工作任务,并在此基础上将与技能和工作任务集成的理论知识加以融合,使得学生在实际工作环境中,将知识和技能协调配合。

　　3.贴近岗位,注重实践　按照现代烹饪岗位的能力要求,对接现代烹饪行业和企业的职业技能标准,将学历证书和若干职业技能等级证书("1＋X"证书)内容相结合,融入新技术、新工艺、新规范、新要求,培养职业素养、专业知识和职业技能,提高学生应对实际工作的能力。

4.编排新颖,版式灵活　注重教材表现形式的新颖性,文字叙述符合行业习惯,表达力求通俗、易懂,版面编排力求图文并茂、版式灵活,以激发学生的学习兴趣。

5.纸质数字,融合发展　在新形势媒体融合发展的背景下,将传统纸质教材和我社数字资源平台融合,开发信息化资源,打造成一套纸数融合的新形态一体化教材。

本系列教材得到了全国餐饮职业教育教学指导委员会和各院校、企业的大力支持和高度关注,它将为新时期餐饮职业教育做出应有的贡献,具有推动烹饪职业教育教学改革的实践价值。我们衷心希望本套教材能在相关课程的教学中发挥积极作用,并得到广大读者的青睐。我们也相信本套教材在使用过程中,通过教学实践的检验和实际问题的解决,能不断得到改进、完善和提高。

前言

　　随着我国国民经济稳步发展,人民生活水平日益提高,促进了我国旅游业的蓬勃发展。餐饮行业的专业化、市场化、国际化的特点日趋突显,各类餐饮企业应运而生,而从业人员素质良莠不齐及人才紧缺的现状,已成为制约餐饮行业迅猛发展的瓶颈。目前,烹饪高学历的专业技术人才已呈现出供不应求的状况。另外,职业教育实质就是就业教育,教育的目标是培养与我国社会主义现代化建设要求相适应,德智体美等方面全面发展,具有综合职业能力,在生产、服务、技术和管理第一线工作的高素质劳动者和专业技术人才。这种定位要求职业教育,特别是高职教育更要贴近社会,贴近企业。

　　"烹饪原料"是烹饪类、食品类相关专业一门重要的专业基础课程,它对后续的烹饪实践教学起到非常重要的支撑作用。本书在编写过程中以项目、任务结构进行编写,结合烹饪教学改革和新课程建设的开发,充分体现了现代教材的特点,即职业性、应用性、科学性和规范性。

　　本书在编写中主要体现以下几个方面的特点:

　　第一,坚持以能力为本位,重视实践能力的培养,突出职业技术教育特色。根据烹饪类、食品类相关专业毕业生所从事职业的实际需要,合理确定学生应具备的能力结构与知识结构,对教材内容的深度、难度进行把握。同时,加强实践性教学内容,以满足企业对技能型人才的需求。

　　第二,根据餐饮行业发展,尽可能多地在教材中充实新理念、新知识、新方法和新设备等方面的内容,力求使教材具有鲜明的时代特征。同时,在教材编写过程中,严格贯彻国家有关技术标准的要求。

　　第三,努力贯彻国家关于职业资格证书与学业证书并重、职业资格证书制度与国家就业制度相衔接的政策精神,力求使教材内容涵盖有关国家职业标准(中、高级)的知识和技能要求。

　　第四,尽可能使用图片、实物照片或表格将各个知识点、技能点生动地展示出来,力求给学生营造一个更加直观的认知环境。同时,针对相关知识点的复习和巩固,采用任务评价和同步测试的形式呈现,扫描二维码即可查看,意在拓展学生的思维能力和应用能力,引导学生自主学习。

　　本书的编写工作分配如下:郑州商业技师学院李顺发编写项目二、项目六、项目八;郑州商业技师学院朱长征编写项目四、项目五；兰州现代职业学院杨小平编写项目十一、项目十三；青岛酒店管理职业技术学院纪成编写项目九、项目十、项目十四（任务一）并承担统稿任务；青岛酒店管理职业技术学院申亚军编写项目十二、项目十四（任务二）；顺德职业技术学院王红梅编写项目一、项目三、项目七；云南能源职业技术学院许尚敏、青岛恒星科技学院冯晓健参与统稿任务。

    本书在编写过程中得到了杨铭铎教授的大力支持和科学指导，华中科技大学出版社汪飒婷等编辑从本书策划到出版一直统筹安排，跟踪指导，热情服务，在此一并表示衷心的感谢。

    由于编者能力有限，书中难免有不妥之处，希望广大师生和读者提出宝贵的意见。

编　者

烹饪原料概述

扫码看课件

项目描述

俗话说:"民以食为天。"自古以来,人类就知道食物对身体健康的重要性。在我国古代著名的中医著作《黄帝内经》中就有"五谷为养,五果为助,五畜为益,五菜为充,气味合而服之,以补精益气"的说法。在这种思想的指导下,人们从实际的生活经验中总结出了许多行之有效的食疗、食补的养身之道,而这些方法的施行,离不开各种各样的烹饪原料。学习、掌握烹饪原料和烹饪原料学的概念,熟悉烹饪原料学的研究内容,将为本课程的学习奠定基础。

项目目标

掌握烹饪原料和烹饪原料学的概念,了解烹饪原料和烹饪原料学发展的简要过程,熟悉烹饪原料学的研究内容,了解学习烹饪原料学的意义,了解烹饪原料学的学习方法。

任务一 烹饪原料和烹饪原料学

任务描述

本任务主要介绍烹饪原料的相关概念、烹饪原料学的发展历程、烹饪原料的分类体系及研究内容和方法。

任务目标

掌握烹饪原料和烹饪原料学的概念,了解烹饪原料和烹饪原料学发展的简要过程,熟悉烹饪原料学的研究内容。

一、烹饪原料和烹饪原料学的概念

(一)烹饪原料的概念

人类为了维持正常的生命活动和脑力、体力活动,需要不断从外界环境摄取必要的物质。除了通过饮水获得所需要的大部分水分外,其他的营养物质都是通过各种食物所获取的。不同的食物所含有的营养素各异,为了适应人体的营养需要,人体每天所摄取的营养素的数量及种类应保持平衡。并且,为了促进食欲、帮助消化吸收、充分发挥食物内各种营养素的效能,食物还应具有良好的感官性状。

随着人们生活节奏的加快,现代工业化生产的食品在人们的生活中占有一定的地位,但运用烹饪手段制作食品,依然是家庭、饭馆、酒店等传统的加工方法,食品制作由此也成为人们一日三餐的重要内容。

烹饪原料是指符合饮食要求、能满足人体的营养需要并可通过烹饪手段制作出各种食品的可食性食物原材料。这些原材料必须无毒无害,具有一定的营养价值,能提供人体必需的营养物质,满足人体营养需要,同时具有良好的风味特征,有助于人体对营养素的充分吸收,满足人们生理和心理的饮食需要。

烹饪原料是烹饪活动的物质基础,一切烹饪活动都是围绕着烹饪原料的各个加工处理环节来进行的。由此可见,烹饪原料是各个烹饪环节的核心内容。烹饪效果的表达以及烹饪目标的实现,烹饪原料在其中起着关键性的作用。

(二)烹饪原料学的概念

烹饪原料学是近十几年来在我国发展起来的一门新兴的边缘学科。它建立在生物学、生物化学、营养学及食品卫生与安全学、食品原料学、商品学等多门学科基础之上,从科学的角度阐述了各种烹饪原料的特性、营养价值、品质鉴定、储藏保鲜以及在烹饪中的使用特点和使用方法等,对烹饪工艺的科学化、工业化以及创新菜的开发具有重要的指导意义,是学习烹饪工艺、面点工艺、生鲜食品加工、烹饪与教育、烹饪与营养、药膳食疗等专业的学生以及食品生产、临床营养研究等领域的从业人员所必备的基础知识之一。

烹饪原料学以烹饪加工过程中所使用的原材料为研究对象,专门研究烹饪原料的种类、形态结构、组成成分、烹饪应用、质量标准、储藏保鲜、营养功效、时令产地以及应用价值体系,是烹饪类专业的一门专业基础课。

烹饪是通过对原料的选择、切配、烹调等加工和控制,以制作出符合预期目标的、色香味形俱佳的肴馔;而烹饪原料学主要是研究原料的自然属性、社会属性以及功能属性,从设计的内容上来看,烹饪原料学与生物学、微生物学、化学、营养学、食品加工学、食品卫生与安全学、保健学等许多自然学科都有着密切的关系,它是从自然科学中诞生的,同时又借助于这些相关学科才得以阐述、充实、继承与发展的,因此不能孤立地看待烹饪原料学,而应该以多门学科的体系综合性、系统性的视角研究和看待它。

二、烹饪原料的发展简史

"烹饪"的词义为加热并做熟食物,广义上是指人类为了满足生理需求和心理需求,把可食用原料用适当方法加工成为可直接食用的成品的活动。而在史前,人类过着采集和渔猎的原始生活,在没有发现并利用火之前,一直处于茹毛饮血的生食状态时通过采集所得到的野果、树籽、根茎,或者渔猎得到的野畜等,都是一种完全的自然状态,并不能称为烹饪原料。

在原始人学会利用火之后,人类进入了熟食时代。所以,人类对烹饪原料的应用起源于对火的利用。随着火的应用,人类的食用范围得到了扩大。《韩非子·五蠹》中言:"……钻燧取火,以化腥臊……"许多因有腥臊味而难以生食的动物原料如河蚌、鱼类等经过火的炙烤后,不仅变得鲜香可口,而且有助于人体对食物营养更好地吸收。

随着原始农业和畜牧业的逐渐发展,人类掌握了种植谷物和养殖禽畜的技术。黄河流域及长江中下游一带的农业已相当发达,黍、粟、稻谷成为主要农作物,并栽培了芥菜、白菜等蔬菜品种。家畜饲养以猪、狗为主,还有少量的马、牛、羊、鸡等。通过种植、养殖可获得的烹饪原料逐渐增多,但此时还需依赖大自然野生的植物和动物。

进入青铜时代之后,食物原料以种植、养殖为主,品种非常丰富。到周代时已有五谷、五菜、五果、六禽、六畜等概念。此外,由于狩猎和捕捞工具的逐步改进,对野生动植物有了进一步的利用,如鹿、鱼、虾、藻类等都已普遍被用作食物原料。而且,人们还从丰富的食物原料中认知到其中的优质品种。如《诗经》《楚辞》《吕氏春秋·本味篇》中分别以不同的形式对先秦以前的原料作了分类记载,如粮食类、蔬菜类、果实类、食用菌、畜类、禽类、水产类、调味品等,其中还把40多种原料纳入了"美味"范畴。

通过反复的摸索和总结,人们发现食物的味是可以调配和改进的,在当时出现了多种调味原料,如盐、酱、梅、醋、蜂蜜、花椒、姜、葱、蒜、酒等。西周之后,多样的调味料被分成五种类型,这便是"五味"之说的来源。

铁器烹饪阶段是中国烹饪物质文化发展的成熟期,形成了用料广博的特点,主要表现为对新原料的开发与引进和对已有原料的巧妙运用。新原料的开发,一方面表现为开发利用野生的动植物,如蒌、马齿苋、石木耳、地木耳、珍珠菜、魔芋等;另一方面表现为培育新品种,如韭黄、豆腐等。随着同国外的交流日益扩大,我国又引进了大量的新品种。从汉代至清末,由国外引进的原料品种有丝瓜、南瓜、西瓜、黄瓜、苜蓿、芸苔、莴苣、菠菜、莙荙、结球甘蓝、洋葱、辣椒、番茄、苦瓜、马铃薯、胡萝卜、玉米、花生等。而对现有原料的巧妙利用则体现了中国人节俭的传统美德,表现在一物多用、综合利用及废物利用等多方面,并延续至今。

现在,随着科技的进步,除了原先的烹饪原料得到了很好的发展,还出现了各种强化食品、合成食品、转基因食品以及无土栽培原料、细胞核移植原料、太空育种原料等,为烹饪原料的发展增添了新的元素,使烹饪原料的种类空前丰富。

三、我国烹饪原料资源概况和科学利用

目前,我国对烹饪原料的研究尚处于不断完善的阶段。随着现代科学技术的发展,在广泛吸取其他学科研究成果的基础上,结合科学的方法和手段,烹饪原料研究将力求正确地反映原料的理化特性和自然属性,同时对烹饪原料在烹饪应用过程中出现的现象和机理做出更加科学的阐述,从而指导烹饪原料在烹调工艺中的科学化应用,促进烹饪技术的不断发展。

综上所述,我国对烹饪原料的资源概况及科学利用的特点表现在以下几个方面:

❶ 选料广博,品种繁多 在我国历史悠久的烹饪进程中,所使用的原料数以千计。除了人工栽培、养殖的原料外,各地还有许多的野生烹饪原料资源。丰富的原料来源,形成了中餐千姿百态的菜点。

新中国成立后尤其是改革开放以来,为了使人们的菜篮子更加丰富多彩,我国政府积极地开展从国外有计划的引种工作。植物性原料有朝鲜蓟、茎椰菜、抱子甘蓝、珍珠笋、彩色椒、樱桃番茄、球茎茴香、西芹、根香芹、凤尾菇、罗勒、鼠尾草等;动物性原料有牛蛙、珍珠鸡、肉鸽、鸵鸟、火鸡、美国七彩山鸡、肉用牛、非洲鲫鱼等。这些新型动植物原料中的大多数已在我国得到广泛的种植和养殖,并应用于日常烹调之中。

除了原料的引进之外,为了保护野生动植物资源,同时满足人们的食用需求,我国的科研人员进行了珍稀动植物原料的人工培植和养殖的研究,并取得了成功,如猴头菌、银耳、竹荪、香菇、鲍鱼、牡蛎、鳜鱼、鳗鲡等。

随着国民经济的不断发展,我国的优质烹饪原料也日益增多,除了对传统品种的保护和发掘外,还不断地研制和开发新的优良品种,尤其表现在粮食、禽畜及多种加工制品等方面。例如:稻米就有四川御米、陕西黑米、东北珍珠米、广东丝苗米等;猪的优良品种有四川荣昌猪、浙江金华猪、东北民猪、云南乌金猪、广东梅花猪等。

❷ 精工再制,特产丰富 出于储藏保鲜烹饪原料、改善原料的质地和口味、便于运输等目的,我国各地的劳动人民制作出了数以百计的动植物性原料制品,从而极大地丰富了烹饪原料资源。例如:火腿名品就有南腿、北腿、云腿之分;板鸭名品有江苏南京板鸭、福建建瓯板鸭、四川什邡板鸭等;

蛋制品有多种制法的鲜蛋、皮蛋和糟蛋;水产干货珍品有鱼翅、鱼肚、干贝、金钩等;粮豆制品有各类面筋、锅巴、粉条、豆腐等;蔬果制品有榨菜、冬菜、梅干菜、玉兰片等;调味品有豆豉、腐乳、豆瓣酱、蚝油、鱼露等。

❸ **原料运用,方式多样** 对烹饪原料的运用方式在我国也是非常丰富的,表现在:

(1)对原料的处理方式多样。例如,既可以新鲜的原料入馔,也可对原料进行一定的初加工后再入馔。

(2)对原料的刀工处理方式多样。中餐烹饪中,为了使菜肴易于入味、烹调易成熟、菜点美观,从而形成了极为繁多的刀法。从大类上讲有直刀法、平刀法、斜刀法和混合刀法四种,但每一大类又有数种刀法,这是中餐烹调的一大特色。

(3)加热方式多样。在中式烹饪中所应用的加热方法是非常多的,除常用的炒、爆、煎、炸、煮、蒸等外,还有特有的熘、煨、干烧、干煸、爆、熬煮等烹饪方法,从而形成了质地千变万化的各式菜点。

❹ **综合利用,物尽其用** 节俭是中华民族的一大美德。在几千年对烹饪原料的利用中,我国人民对许多原料的下脚料也有创新性应用。例如:"烤凤翼"、"卤凤爪"分别是用鸡皮、鸡爪制作出的菜肴;酱肥肠、肥肠粉是用猪大肠制作出的;"夫妻肺片"也是对猪下水、牛下水的利用;等等。

四、烹饪原料的分类原则和方法

我国幅员辽阔,地大物博,烹饪原料种类繁多。人们在利用和研究烹饪原料的过程中,形成了多种分类体系。例如:按照生物学分类方法分为两大类,即动物性原料和植物性原料;按照烹饪原料在加工中的作用,分为主料、辅(配)料、调料;按照原料的来源,分为动物性原料、植物性原料、矿物性原料、人工合成原料;按照原料的加工程度,分为生鲜原料、干货原料、复制品原料;按照商品的体系,分为粮食、蔬菜、果品、肉及肉制品、水产品、干货及干货制品、蛋奶及蛋奶制品、调味品等。

为了系统、科学地研究和掌握烹饪原料的特点及特性,应当结合以上分类方法的长处和烹饪原料的实用性,对烹饪原料给以全面而科学的分类。

(一)烹饪原料的分类原则

❶ **应具备科学性** 烹饪原料绝大多数来自动物和植物。在生物学分类上属于同一类的生物都具有相似的外观、内部组织结构、营养成分等。因此,生物学的分类体系对于掌握同一类原料的共性具有积极的意义。如了解种子植物的组织结构,可正确认识果蔬的食用性,以及烹调对其质地的影响;掌握鱼类原料肌肉的组成特点,有助于在烹调中对这一类原料采取正确的烹饪手段。

此外,由于人类长期的栽培、养殖和选育,在同一品种的原料之下形成了许多在形态特征、生理特征上发生了一些微小差异的变种或品种,但它们总的特性还是一致的。如原产于我国的芥菜就有根用芥菜、茎用芥菜、叶用芥菜、薹用芥菜、籽用芥菜、芽用芥菜六个变种及许多品种,但它们都具有较粗硬的组织、含芥子苷而有辣味、腌制后有特殊的鲜味和香味等共同点。

所以,借助于生物学严谨的科学分类系统,可以使我们从总体上把握原料的特性,从而达到举一反三的目的。

❷ **应具备合理性** 对烹饪原料进行科学的分类是为了更好地利用原料,因此,在强调科学性的前提下,还应考虑到在实际应用过程中的合理性,从而更好地为生产实践服务。

(二)烹饪原料的分类方法

由于中国的烹饪原料种类繁多,分类依据和标准也不尽相同,因此分类方法也多种多样,归纳起来,比较适用的有以下几种。

❶ **按照烹饪原料的来源来分**

(1)动物性烹饪原料

动物性烹饪原料专指动物界中可以被人们用作烹饪的一切动物胴体、副产品以及加工制品的统称。这类烹饪原料涉及面很广,主要包括家畜类、家禽类、两栖类、爬行类等高等动物,也包括棘皮动物、软体动物、节肢动物、腔肠动物等低等动物。

动物性烹饪原料在人们的饮食活动中占有重要地位,其味道鲜美,吸收利用率高,可提供人体所必需的多种营养素,对人体的生长发育、细胞组织的再生和修复、增强体质等方面具有重要作用。

（2）植物性烹饪原料

植物性烹饪原料指植物界中可被人们用作烹饪的一切生鲜原料及其加工制品的统称。这类烹饪原料涉及面也比较广,主要包括蔬菜类、粮豆类、瓜果类以及它们的加工品。植物性烹饪原料可向人体提供碳水化合物、维生素、矿物质、脂肪以及少量的植物蛋白。其中多糖类的膳食纤维和果胶质在促进胃肠蠕动,维持肠道健康及内环境平衡等方面具有重要作用。

（3）矿物性烹饪原料

矿物性烹饪原料主要包括食盐、食用碱、明矾、石膏等。其中食盐、明矾、食用碱在面点工艺、涨发工艺中比较常用,石膏可以用于制作豆腐。它们除了用于特殊的烹饪工艺以外,还可以向人体提供一定量的矿物元素,对于构成肌体组织、维持生理功能、稳定新陈代谢有着非常重要的作用。

（4）人工合成烹饪原料

人工合成烹饪原料主要包括人工合成色素和人工合成香料等。香气主要来源于香料中所含的醇、酮等挥发性物质,烹饪中主要用来去掉主配料异味,赋予菜品香味,同时还具有杀菌消毒、促进食欲和食疗养生等功效。人工合成色素大多是以煤焦油中酚为原料合成的色素,具有色泽鲜艳、调色自然、性质稳定、着色力强的特点,但这种色素与天然色素相比,一般都具有不同程度的毒性,有的甚至可以致癌,目前世界各国较普遍准用的仅有十余种,而且具有明确的使用限量。

❷ **按照烹饪原料的加工程度来分**

（1）生鲜烹饪原料

生鲜烹饪原料按照加工程度和保存方式可分为初级生鲜烹饪原料、冷冻冷藏生鲜烹饪原料和加工性生鲜烹饪原料三类。凡是新鲜且未经过烹饪或热加工处理的蔬菜、水果、家禽、家畜、水产以及经过简单处理以后在冷藏、冷冻或常温陈列架上销售的原料都属于初级生鲜烹饪原料;冷冻冷藏生鲜烹饪原料包括冷冻生鲜烹饪原料和冷藏生鲜烹饪原料两种,它们的区别在于控制的温度不一样,冷冻就是将原料急速冷冻、严密包装并保存在 −18 ℃ 以下环境中,而冷藏则是将原料经过加工处理、急速冷却、严密包装以后将温度控制在 7 ℃ 以下进行储藏或销售;加工性生鲜烹饪原料主要是指将鲜活烹饪原料经过一些特殊的方法如腌渍、泡制、糟制等加工处理以后得到的生鲜品。

（2）干货烹饪原料

干货烹饪原料是指将鲜活的动植物原料采用晒、晾、烘、焓、熏、腌等方法脱水加工以后所得到的一类烹饪原料,主要包括海味动物性干料、海味植物性干料、陆生动物性干料、陆生植物性干料及菌类干料等。这类原料与生鲜烹饪原料相比具有干、硬、老、韧、体积小、重量轻、不易腐烂、方便运输的特点。有些干货烹饪原料经脱水加工后,还具有香甜爽脆的浓郁美味,如干贝、虾米、鱿鱼、香菇等,其特殊的鲜香滋味是鲜活原料所不及的。

（3）复制品原料

复制品原料是指采用各种方法将生鲜烹饪原料加工处理成具有一定色彩、形状、质感、风味的半成品类原料或调味品原料,如灌香肠、脆皮乳鸽、五香粉、花椒盐等。这类原料是当今食品和烹饪领域发展的潮流,具有方便、快捷、稳定的特点,适合机械化生产。

❸ **按照烹饪运用来分**

（1）主料

主料是指在菜肴或点心制作中所使用的主要原料。主料是构成菜点的核心和主体,是人们食用的主要内容。

（2）辅（配）料

辅（配）料是指在菜肴或点心制作中所使用的配伍原料、辅助原料和添加剂类原料。辅料虽然不是构成菜点的主体内容，但是它能辅助主料充分表达风味，帮助菜点成熟、成形、着色、增香、致嫩或滋润等，也是菜点制作中非常重要的物质。

（3）调料

调料是指在烹调或食用过程中主要用来调味的原料。调料有单一味型的，也有复合味型的。

❹ 按照商品种类来分

（1）粮豆类烹饪原料

粮豆类烹饪原料包括大米、小麦、玉米、荞麦、高粱、薏米、大豆以及它们的加工品。

（2）果蔬类烹饪原料

果蔬类烹饪原料包括果品和蔬菜。其中，果品包括新鲜的水果、干果、蜜饯以及各种水果制品；蔬菜包括根菜类、茎菜类、叶菜类、花菜类、果菜类等，也有人把它分为瓜类、绿叶类、茄果类、白菜类、块茎类、真根类、葱蒜类、甘蓝类、豆荚类、多年生菜类、水生菜类、菌类和其他类。

（3）肉类烹饪原料

肉类烹饪原料包括禽肉、畜肉以及它们的加工品如香肠、火腿、板鸭、风鸡等。

（4）蛋奶类烹饪原料

蛋奶类烹饪原料包括各种蛋、奶以及它们的加工品。

（5）水产类烹饪原料

水产类烹饪原料主要包括各种鱼类、虾蟹类、贝类、藻类、其他类（如海蜇、墨鱼、鱿鱼、章鱼等）以及它们的加工制品。

（6）干货类烹饪原料

干货类烹饪原料主要包括动物性干货原料（如蹄筋、鱼翅、海参等）、植物性干货原料（如黄花菜、梅干菜、玉兰片等）和菌藻类干货原料（如木耳、香菇、竹荪等）等。

（7）调味品类烹饪原料

调味品种类很多，分类方法也多种多样，其中比较常用的是按调味品成品的形状来分，可分为固体类调味品（如砂糖、食盐、味精、豆豉、胡椒等）、味粉类调味品（如胡椒粉、椒盐粉、大蒜粉、鸡粉、排骨粉等）、酱类调味品（如沙茶酱、甜面酱、酸梅酱、XO酱等）、酱油类调味品（如生抽、老抽、醋、豉油等）、汁水类调味品（如烧烤汁、卤水汁、OK汁等）等。

❺ 国外采用营养成分分类法

（1）热量素食品

热量素食品主要指碳水化合物类食品，又称黄色食品。品种主要包括各种粮食、瓜果、块根和块茎。

（2）构成素食品

构成素食品主要指蛋白质类食品，又称红色食品。品种主要包括各种肉类及肉制品、水产及加工品、蛋类、奶类、豆类及豆制品。

（3）保全素类食品

保全素类食品主要指含有维生素、纤维素和叶绿素的食品，又称绿色食品。品种主要包括各种水果和蔬菜。

以上是烹饪原料在实际工作中常用的一些分类方法。其实，烹饪原料的分类方法还有很多，但不管采用哪一种分类方法都有其弊端，都有一些原料不能涵盖进去。因此，烹饪原料在具体应用过程中应该综合的采用分类方法，尽可能使其覆盖面广一些。

（三）烹饪原料的科学命名方法

人们为了认识生物，以便掌握和利用它们，常需对不同的种类给以不同的名称来区分它们。由于生物种类繁多,并分布于世界各地,若各自定名,就会造成名称上的混乱。为了避免同物异名或同名异物的现象,需对不同的生物赋予统一的名称,以便在世界范围内进行学术研究和交流。1753 年瑞典植物学家林耐(Carl von Linné)提出了"双名制",这一方法现已被广泛应用于植物、动物的分类方面。

"双名制"即用两个拉丁文词组成一个学名。前一个是属名,表示生物的主要特征,首写字母必须大写;后一个是种名,表示原料的次要特征,首写字母须小写。在拉丁文双名之后,还可附上命名人的姓名缩写及发表的年份。如玉蜀黍,又称为玉米、玉茭、包芦、苞谷、棒子等,别名很多,但其学名只有一个即 *Zea mays L.*,这样便不会造成混乱。

五、烹饪原料学的研究范围及内容

由于动物、植物构成了烹饪原料的主体,它们不但在生物学特性如外观形态、内部的组织结构、细胞的化学组成方面存在着差异,而且随着生长环境、产地、产季的不同,在品种、品质特点上也有较大的差异。此外,不同的储藏保管方法也会使原料的品质发生一定的变化。以上种种差异,均会对原料的烹饪工艺运用产生影响,所以烹饪原料学研究范围及内容应包括以下几个方面:

(一)烹饪原料的分类体系

对多种多样的烹饪原料进行科学而实用的分类,以便归纳总结某一类原料的共性,从而有利于系统地掌握每类原料的基本特征和特性。

(二)烹饪原料的形态结构

描述不同原料的主要形态特征、食用部位,以便在实际工作中能正确地区分和应用每一种原料。

(三)烹饪原料的化学组成

指出每一类烹饪原料的主要化学成分,从而了解其营养组成、呈味成分等,以便深刻地认识原料在烹饪加工过程中发生的变化,更好地保护和充分利用营养素,以使菜点达到最佳风味效果。

(四)烹饪原料的品质鉴定

对每一类或每一种烹饪原料的质量要求做出概括性介绍,从而有助于在实际工作中准确地判断原料质量的变化程度,对原料的质量给予正确的评定。

(五)烹饪原料的储藏保鲜

介绍烹饪活动过程中常用的储藏保鲜方法及其原理,从而对不同的原料采取相应的储藏保鲜措施,阻止原料质量的劣变,最大限度地延长原料的食用期,减少因腐败变质而造成的浪费。

(六)烹饪原料的一般运用规律

对各类烹饪原料在烹饪中的应用做出归纳性总结,从而有助于总体把握原料的运用规律,达到举一反三、开启思维、灵活变通的目的。

六、烹饪原料学的学习和研究方法

(一)学习目的

烹饪原料是烹饪活动的物质基础。任何一种新的烹饪技术的形成和发展都与烹饪原料的开发和利用密切相关;任何一种烹饪工艺的实施、烹饪技术的发挥和烹饪目的的实现都离不开相应的烹饪原料。反而言之,对烹饪原料合理地、科学地运用则离不开烹饪工艺技术的不断提高和完善。

所以,学习烹饪原料学的目的是对各类原料有准确的、充分的、科学的认识,以便在烹饪活动中能正确地运用不同的原料,烹制出质量上乘的菜点。

(二)学习方法

烹饪原料学是以烹饪原料为研究对象的应用型知识学科。因此,为了达到认识原料、利用原料

任务评价

同步测试

主要概念

· 烹饪原料

· 烹饪原料
学

的目的,必须将理论知识和实践相结合。不但需要将现代科学如生物学、化学、营养学、食品卫生与安全学等学科的知识应用到其中,还必须重视对实物的细致观察,发现每一种原料的特点及特性,并在烹饪工艺实践中加以验证与总结,从而进一步加深对原料的认识与了解,促进烹饪技艺的不断提高。

项目小结

本项目重点讲述了烹饪原料和烹饪原料学的概念,介绍了烹饪原料应具备的条件、我国对烹饪原料的运用历史以及发展状况和特点,另外还比较系统地阐述了烹饪原料学的研究内容、分类方法、学习意义和学习方法等。

项目二

烹饪原料的化学组成和组织结构

项目描述

　　烹饪原料有动物性原料和植物性原料,虽然动物和植物有共同的物质基础和结构基础,但每一种原料的化学组成和组织结构是不同的,学习它们的化学组成和组织结构,对更好地运用烹饪原料有非常好的帮助。

项目目标

　　掌握烹饪原料的主要化学组成及其性质,了解烹饪原料的主要成分在烹饪中的可能变化,掌握烹饪原料的组织结构。

任务一　烹饪原料的化学组成

任务描述

　　本任务对烹饪原料的化学成分进行介绍,并对其特点及作用进行讲述,以便进一步掌握和了解烹饪原料。

任务目标

　　掌握烹饪原料的化学成分,关键是掌握各种成分的烹饪运用。

　　在现实生活和工作中,我们所使用的烹饪原料种类繁多,形态千差万别,但是它们又存在共同之处,都是由一些基本化学物质组成的。其中能够供应人体正常生理功能所必需的营养和能量的化学成分称为营养素。烹饪原料中的营养素总体来说可分为有机物和无机物两大类。无机物包括水和各种矿物质,有机物包括糖类、脂类、蛋白质、维生素等。除此以外,烹饪原料还含有一些特殊成分,如色素、呈味物质和嗅感物质等。

一、烹饪原料中的水分

(一)水在食物中的分布

　　水是地球上最普通的物质,然而又是生物体必不可少的。在天然食物中绝大部分都含有水,常见天然食物中的含水量(克/100克食物)如表2-1所示。

表 2-1　食物中的含水量

食物名称	含水量/(%)	食物名称	含水量/(%)
黄瓜	94～96.9	茄子	89～94.2
西红柿	94～96	菠菜	89～94.2
莴苣	94.7～97.0	花椰菜	90.5～92.6
洋白菜	93～96	牛肉	69～75
胡萝卜	86～90	羊肉	54.7～59
蒜薹	92.9	猪肉	42.8～52
竹笋	88.1～89.1	鸡肉	73
土豆	70～82	鸭肉	74.6～80.1
面粉	9～14	鸡蛋	70～73
鱼肝油	0	鸭蛋	67.3～73

从表 2-1 中可以看到,新鲜食物中,绝大多数含水量较高,特别是新鲜蔬菜,含水量绝大多数在 80% 以上。

（二）烹饪原料中的水分变化对原料品质和菜肴质量的影响

❶ 水分变化对原料品质的影响　水分蒸发不仅使新鲜蔬菜和水果等重量减轻,而且外观萎蔫干缩,色泽发生变化,硬度下降。因此,新鲜原料在储藏过程中,应尽量降低环境湿度,增大环境湿度,防止空气对流。

水分增多对于干货原料质量有巨大影响,如果干货制品含水量超过一定数值,则会引起在储藏中的品质劣变、腐败和霉变等变化,因此应将干货原料的含水量控制在适宜的范围,特别是控制游离水的含量。

❷ 水分变化对菜肴质量的影响　烹饪原料的水分变化对所烹制菜肴的形态、色泽和质感都有一定的影响,特别表现在对菜肴质感的影响上。原料的含水量影响菜肴的硬度（软、硬）、脆度（酥、脆）、黏度（爽、滞、黏）、韧度（嫩、筋、老）和表面的滑度（滑、滞、糙）等。食物的含水量多,则质感鲜嫩。原料在烹调过程中,由于加热使原料表面水分蒸发,原料水分流失,蛋白质变性,导致持水性降低,影响菜肴的鲜嫩质感。因此,在烹调中常采用一些措施,控制菜肴的水分含量。

二、烹饪原料中的糖类

糖类是人体主要能量来源之一,是自然界中最丰富的一类有机化合物之一。它广泛地分布在所有的生物体中,以植物界所含的糖类最多,一般占植物干重的 50%～80%;动物中的糖类含量虽然只占 2% 左右,但糖类是动物维持生命活动不可少的能源。

糖类主要来自植物的光合作用,利用空气中的二氧化碳和水,由叶绿体吸收太阳能催化合成糖类并放出氧气。

太阳能在光合作用中被转化成化学能,储存在糖内,当糖在生物体内氧化分解时,又将化学能转变成能量释放出来,所以它是动植物体进行各种运动所需能量的主要来源之一。

糖类是由碳、氢、氧三种元素组成的。最初发现的糖类分子中的氢原子数和氧原子数的比例恰好是 2∶1,与水的组成相同,故取名“碳水化合物”,在化学结构上属于多羟基醛、多羟基酮以及它们的缩合物。

（一）烹饪原料中糖类的主要种类及含量

❶ 单糖　单糖是最简单的糖类。一般根据分子中的碳原子数进行分类。最简单的单糖是丙

糖。单糖在常温下是无色晶状固体,例如,葡萄糖的晶体是圆柱状的,果糖是针状或透明的三棱形。单糖的熔点均在150 ℃以下。单糖分子中含有多个极性基团——羟基和羰基,所以在水中溶解度很大,不能溶于有机溶剂中。单糖常常形成黏稠的过饱和溶液——糖浆。单糖的极性基团使它在空气中具有程度不等的吸湿性,使部分单糖从食品中溶解出来,因此,含单糖多的食品容易潮解。在烹饪原料中存在较广泛的单糖有葡萄糖、果糖、半乳糖、甘露糖等。

②双糖 双糖为两个单糖分子通过糖苷链连接起来,水解后仍生成相应的两分子单糖的物质。双糖为最重要的低聚糖。原料中的双糖主要有蔗糖、乳糖、麦芽糖等。

③多糖 多糖是指由许多单糖分子缩合后构成的糖类。分子量相差很大,多糖中单糖基的数目为10～5000个。

自然界中大多数糖属于高分子化合物,它们有的是带有支链的,有的无支链。多糖广泛地存在于自然界,作为动植物的营养储存物质或支撑物质。

烹饪原料的含糖量因不同种类、品种、生长环境和生长期而有很大变化。蔬菜、水果中含有单糖及双糖较其他原料的多,尤以水果中含量最高。水果中均含有葡萄糖和果糖,大多数水果还含有蔗糖,水果中淀粉含量较少,未成熟果实中含少量淀粉,成熟后逐渐转化为单糖。有些蔬菜淀粉含量较高,如荸荠、马铃薯、慈姑等。粮食中淀粉的含量普遍较高,可达80%。

(二)糖类的主要化学变化及在烹饪中的应用

①水解反应 原料中的糖苷、双糖和多糖在适宜的条件下均可发生水解反应。蔗糖极易溶于水,与酸共热或在酶的作用下,水解生成葡萄糖与果糖的等量混合物,称为转化糖。转化糖的黏度低,吸湿性强,其甜度为蔗糖的1.3倍,风味较好。因此,利用转化糖制作糕点,能使制品提高甜度且松软可口。

②发酵作用 糖类在无氧的条件下,通过微生物的作用,分解成不彻底的氧化产物,同时放出较少能量。在制作发酵面团时,微生物的有氧呼吸和无氧呼吸同时存在。面团发酵时,以酵母作用于葡萄糖进行有氧呼吸为主,产生大量的二氧化碳和水。随着二氧化碳的浓度增大,面团中出现包裹二氧化碳的气室,使面团体积膨胀,由于面筋将气体牢牢包裹,形成蜂窝状的结构,面团起发。同时面团内部氧气较少处存在着酒精发酵,产生的二氧化碳使面团内部也发起。

③焦糖化反应 利用蔗糖的焦糖化反应可用食糖上糖色。上糖色一般有两种方法:一种是选用食糖熬糖色,然后代替酱油使菜肴上色;另一种是在制作过程中加入食糖,随着加热时间的延长,蔗糖发生焦糖化反应使原料上色。

④挂霜与拔丝 在甜菜制作工艺中有挂霜和拔丝,挂霜就是利用了糖重结晶的性能。为了使结晶的糖洁白,先用碱水洗锅,除去还原性物质与污垢,以防糖色发灰。然后加水用小火将糖熔化,熬稠,但不能过火而产生焦糖化反应。将炸好的主料倒入,立即和匀,迅速冷却,使糖结晶的粒细而均匀,成品洁白如霜。如图2-1所示。

图2-1 挂霜花生米

拔丝的关键是掌握熬糖的火候,当糖熔化时转化反应加快,转化糖立即发生焦糖化反应,而使糖变成米黄色。若火候过度,产生的转化糖过多,糖浆变稠,黏性大而拔不出丝。当火候欠缺时,产生的转化糖少,糖浆黏性不足而只能拔出短丝。只有火候恰到好处,在结晶时转化糖一边吸收空气中的水气变成糖浆而具有黏性,一边拔拉延伸结晶,使丝既长又细,沾冷水后迅速定型、发脆、发硬。

⑤淀粉的糊化与老化 淀粉是由植物体内光合作用生成的葡萄糖经缩合而生成的多糖。淀粉粒在适当温度下吸水膨胀、分裂,形成均匀的糊状溶液,这一过程称为淀粉的糊化作用。淀粉的这一

特点常被利用在烹调中,将淀粉作为上浆、挂糊、勾芡的原料,从而使菜肴口感鲜嫩、形态饱满。

糊化了的淀粉经放置后,会出现变硬变稠、产生凝结甚至沉淀的现象,淀粉制品中的粉丝、粉皮、凉粉、虾片,主要是含淀粉凝胶,它们是淀粉通过不同方法制作而成的,主要的原理是淀粉加热溶胀糊化制成淀粉糊,然后冷却定型,也就是淀粉老化。

三、烹饪原料中的蛋白质

蛋白质是由氨基酸组成的高分子化合物,是烹饪原料中的重要营养素之一,不仅提供人体合成蛋白质所需的各种氨基酸,而且对菜点的色、香、味也起着重要作用。

(一)烹饪原料中蛋白质的主要种类及特点

烹饪原料中的蛋白质种类很多。根据蛋白质分子组成和溶解度等特点,将蛋白质分为以下几类:

❶ 单纯蛋白

(1)清蛋白普遍存在于动植物组织中,如蛋类中的蛋清蛋白、豌豆中的豆清蛋白和小麦中的麦清蛋白等。

(2)球蛋白普遍存在于动植物组织中,如肉类中的肌球蛋白、大豆中的大豆球蛋白、奶类中的乳球蛋白等。

(3)谷蛋白只存在于谷类种子中,如小麦中的麦谷蛋白和大米中的米谷蛋白等。

(4)醇溶谷蛋白仅存在于谷类种子中,如小麦醇溶谷蛋白、玉米醇溶谷蛋白等。

(5)组蛋白为动物性蛋白质,如胸腺组蛋白、肝组蛋白等。

(6)精蛋白也是动物性蛋白,主要存在于鱼精、鱼卵和胸腺等组织中。

(7)硬蛋白为动物性蛋白质。如皮肤、骨骼中的胶原蛋白及弹性蛋白等。

❷ 结合蛋白

(1)磷蛋白是由单纯蛋白质与磷酸组成的。如蛋类中的卵黄磷蛋白、奶类中的酪蛋等。

(2)脂蛋白是由单纯蛋白质与脂肪或类脂组成的。如蛋类中的卵黄球蛋白、血液中的血清脂蛋白等。

(3)色蛋白是由单纯蛋白质与含金属的色素物质组成的。如植物性原料中的叶绿素蛋白、动物性原料中的血红蛋白、肌红蛋白等。

(4)核蛋白存在于动物体中,如胸腺核蛋白等。

(5)糖蛋白其非蛋白质部分是碳水化合物,重要的代表物是黏蛋白,存在于骨骼、肌腱、唾液及其他动物体黏液中,在鱼类等水产动物的体表黏液中也存在此物质。

(6)金属蛋白其非蛋白部分是金属元素,如铁蛋白、铜蛋白。

在烹饪原料中,蛋白质的含量和质量有很大的差别。一般情况下,动物性原料比植物性原料含量丰富,质量好。

(二)烹饪原料中的蛋白质在烹调中的应用

❶ 水解作用 蛋白质在酸、碱、酶的作用下或长时间加热的情况下,其分子中的部分肽键被破坏,发生水解作用,最终产生氨基酸。

因此,在烹调过程中,常用少量食用碱或蛋白酶对肉类进行嫩化处理,如小苏打中含有食用碱可以用来嫩化质地较老的肉,嫩肉粉的主要成分是木瓜蛋白酶、菠萝蛋白酶等,常用来嫩化质地较老的肉。也常用烧、煮、炖、焖、煨等长时间加热的烹调方法使原料中的部分蛋白质水解为低聚肽等鲜味物质,使菜肴酥烂味浓。

❷ 变性作用 蛋白质受到物理作用、化学作用或酶的作用后,其分子特有的空间结构发生变化,其物理性质和化学性质也会发生变化,这个过程称为变性作用。

蛋白质的热变性是最常见的变性现象。蛋清在加热时凝固、瘦肉在烹调时收缩变硬等,都是由蛋白质的热变性作用引起的。蛋白质加热变性提高了蛋白酶的消解效率,从而提高了消化率,如鸡蛋生吃时由于抗胰蛋白酶存在,人体对蛋白质的消化吸收率低,通过加热可以使抗胰蛋白酶失去活性。但也必须注意蛋白质变性的程度,否则又会影响人体对蛋白质的吸收和利用。同时,加热还可以使抗生物素蛋白及具有凝固红细胞作用的血细胞凝集素等有害物质失去活性,从而提高了食用安全性。如豆浆的加热、四季豆的加热等,对人体起到保护作用。

❸ **羰氨反应**　蛋白质在加热过度,尤其是在有糖类存在的情况下,蛋白质中的氨基和糖分子中的羰基之间会发生羰氨反应,在烹饪中常利用这一反应,如焙烤面包产生的金黄色,烤鸭、烤乳猪产生的黄褐色等都是这一反应的结果。

四、烹饪原料中的脂肪

(一)脂类化合物的种类

❶ **简单脂类**　简单脂类又称单纯脂类,是由脂肪酸和醇形成的酯,包括脂肪和蜡两大类。

❷ **复合脂类**　复合脂类分子中除了脂肪酸和醇以外,还结合了其他的化合物,如含氮物质、糖、磷酸或硫酸等。复合脂类主要有磷脂、糖脂、脂蛋白等。

❸ **衍生脂类**　衍生脂类是由简单脂类或复合脂类衍生,且具有脂类一般性质的化合物,如脂肪酸、高级醇等。

(二)油脂的特点

❶ **熔点和凝固点**　脂肪酸的熔点随着碳链的增长而升高。一般来说,含饱和脂肪酸多的畜类油脂熔点高,在常温下呈固态;含不饱和脂肪酸多的植物油脂熔点低,在常温下呈液态。油脂中脂肪酸的组成随着动植物品种生活生长条件的差别而不同,所以同类油脂的熔点并不是固定的,各种油脂的熔点和凝固点有一定的温度幅度。一般来说油脂的熔点范围高于凝固点范围。

❷ **溶解性和溶剂性**　油脂能溶于汽油、苯、石油、醚等有机溶剂中,而难溶于水。常用的洗洁净、去油净等多为有机溶剂,利用油脂的溶解性去除油污。油脂与其他酯一样,是良好的溶剂,它能溶解某些天然色素、维生素及香气物质等。在烹调中常常利用这个原理,例如,炒胡萝卜时放的底油稍微多些,可以使类胡萝卜素更多地溶解于油脂中,成为油脂的组分。

❸ **水解和皂化**　油脂的水解与酯键有关,油脂中的脂肪与其他所有的酯一样,能在酸、加热或酶的作用下发生水解,生成甘油和脂肪酸。在消化过程中脂肪的水解反应有利于人体对油脂的乳化和吸收。而脂肪的水解反应对油脂的储存是不利的,油脂中游离脂肪酸的增多是油脂变质的前提。

❹ **氧化反应**　油脂中所含的不饱和脂肪酸可以在空气中自动发生氧化反应。反应主要发生在双键上。先打开一个键生成过氧化物,过氧化物再继续氧化分解生成低分子具有异味的醛、酮和脂肪酸,而使油脂带有不良的气味和味道。

五、烹饪原料中的维生素

维生素是指维持生物体正常生理功能中不可缺少、必须从食物中获得的一类微量有机化合物。一般高等植物中才能自行合成维生素,以满足本身需要,不必向外界摄取。但人与动物的体内有些维生素不能合成或合成速度太慢,远远不能满足肌体的需要,每日必须由食物供给。

(一)维生素的种类和名称

维生素主要以人们能利用的形式存在于食物中,还有些以维生素原存在食物中,它们的类别、名称、来源如表 2-2 所示。

表 2-2　维生素的类别、名称、来源

类别	代表字母		其他名称	主要来源
脂溶性维生素	A	A₁	视黄醇	鱼肝油、乳类、蛋黄、肝脏
		A₂	3-脱氢视黄醇	
	A原		胡萝卜素	红色或绿色水果
	D		钙化醇、鱼肝油、肝、乳类、蛋类	鱼肝油、肝、乳类、蛋类
	D₃原		脱氢胆固醇	动物脂肪、蛋黄、水产动物
	E		生育酚	植物油、乳类、蛋黄、绿叶蔬菜
	K		凝血维生素	绿色植物
水溶性维生素	B	B₁	硫胺素	谷类粮食、蔬菜、酵母、乳类、肉类、鱼卵
		B₂	核黄素	乳类、内脏、某些蔬菜
		B₃	泛酸	酵母、绿叶蔬菜、粮食、肉类、内脏、蛋黄
		B₅	烟酸	肉类、内脏、乳类、粮食、土豆、鱼类、酵母
		B₆	吡哆醇	乳类、内脏、酵母、粮食、蘑菇、绿叶蔬菜
		B₁₂	钴胺素	肉类、内脏、粮食、乳类、绿叶蔬菜
		H	生物素	鱼类、肉类、乳类、内脏、蔬菜
	C		抗坏血酸	新鲜水果、蔬菜

（二）烹饪原料中的维生素在烹饪中的变化

❶ **溶水流失**　烹饪原料中的水溶性维生素,如维生素 B_1、B_2、B_3、B_5 及维生素 C 等都易溶于水,很容易通过扩散作用从原料中流失。因此,在烹饪原料加工过程中,如果操作方式不当会导致水溶性维生素的浪费。

❷ **氧化作用**　维生素 A、E、K、B_1、B_{12}、C 等对氧很敏感,在原料储藏和烹调加工过程中特别容易被氧化破坏。

❸ **热分解作用**　水溶性维生素 B_1、B_2、B_3 和维生素 C 等均遇热不稳定,易发生热分解作用,尤其在碱性条件作用下分解更为迅速。例如,在煮稀饭时加碱可使大部分维生素 B_1 分解;在烹制菜肴时,加热时间过长会使大部分维生素 C 和叶酸被破坏。

❹ **光分解作用**　脂溶性维生素 A、D、E、K 和水溶性维生素 B_2、B_6、B_{12}、C 及叶酸对光均敏感,光照能促使这些维生素氧化和分解,与避光保存相比,烹饪原料在阳光下维生素的损失率增大几倍到十几倍。对光敏感的维生素应防止紫外线的照射,可采用避光保存和用容器、金属包装袋加以保存。

六、烹饪原料中的矿物质

烹饪原料中除碳、氢、氧、氮四种元素之外的其他元素统称为无机盐,又称为矿物质。它们在食品中大多数以无机盐或离子状态存在。目前在人体中已查明的矿物质元素有 50 余种,人体健康组织中存在的必需矿物质有 14 种,即铁、锌、钙、碘、锰、钼、钴、硒、铬、镍、锡、硅、氟、钒。这些物质虽然不能给人体提供热量,但它们参与人体组织的生理活动,是必不可少的元素。但如果摄取过量,也会影响健康。

❶ **钙、镁、磷**　钙广泛分布于动植物原料中,尤以水产、乳类中含量较多,绿叶蔬菜、肉类、豆类中含量也不少。但有的蔬菜含草酸及植酸较多,与钙生成不溶性盐,妨碍钙的吸收,如菠菜、茭白等。磷主要来源于豆类、肉类、蛋黄等,谷物的种皮中含磷较多,但大多是人的肠胃不易消化的植酸状态。镁在植物性原料中以花生、豌豆、小麦中含量较多,在动物性原料中以干酪、牡蛎、肉类中含量

较多。

❷ **钠、钾、氯**　钠和钾是人体内维持渗透压最重要的阳离子,而氯则是维持渗透压最重要的阴离子。人体中的钠和氯主要来自食物中的食盐,一般情况下不易缺乏,但在人体大量排汗时,应及时补充钠和氯。水果蔬菜中含钾特别丰富,以地下茎根类蔬菜含量最高,植物性原料含钾较丰富,故人体一般不会发生缺钾现象。

❸ **铁**　海藻类、贝类含铁量最多,尤其以海带、海参、紫菜等含量居多。

❹ **铜**　动物的肝、肾及鱼类、贝类、豆类与绿叶蔬菜是铜的良好来源。

❺ **锌**　动物性原料是锌的可靠来源,肉类、蛋类和海产品都是有效锌的良好来源,其次为奶、谷类原粮制品如全麦片、全玉米等,绿叶蔬菜和水果含锌量很少。

❻ **碘**　海产品(海带、紫菜、鱼类等)和海盐是碘的良好来源。目前许多地区都在食用碘化食盐,所以碘缺乏现象基本上不存在。

❼ **铬**　除鱼以外的大多数动物蛋白质、谷类粮食制品、啤酒、酵母等都是铬的良好来源。

烹饪原料中的矿物质,在烹饪过程中常常由于水的作用而受到损失。在干制原料时,由于原料中水的蒸发,而使矿物质浓度有所增加。

七、烹饪原料中的其他物质

(一)色素

❶ **叶绿素**　叶绿素是使绿色蔬菜、水果呈现绿色的色素。它们存在于植物细胞中并与蛋白质结合成叶绿体,当受热时,蛋白质发生变性,叶绿素被游离出来,游离叶绿素很不稳定,对光、热、酸碱度等较为敏感。

❷ **类胡萝卜素**　类胡萝卜素是一类重要的天然色素的总称,普遍存在于动物、高等植物、真菌、藻类的黄色、橙红色或红色的色素之中。迄今为止,天然类胡萝卜素已达700多种,根据化学结构不同可以分为两类,一类是胡萝卜素,另一类是叶黄素。

❸ **花青素**　花青素是自然界一类广泛存在于植物中的水溶性天然色素。水果、蔬菜、花卉的五彩缤纷的颜色大多与之有关。烹饪原料中的花青素种类较多,在自然状态下以糖苷形式存在。在烹调过程中,由于酸碱度的变化或其他氧化剂的影响,花青素会发生化学变化而变色,直接影响食物的外观色泽。

❹ **虾青素**　虾青素是使虾、蟹等甲壳动物原料呈现出青灰色的重要色素,是一种酮或类胡萝卜素,常与蛋白质结合成色素蛋白。当虾、蟹原料经过烹调、储藏或遇酒精后,蛋白质发生变性,析出游离型的虾青素。虾青素不稳定,易被氧化成红色的虾红素。虾红素的熔点高,不易被破坏,也不易溶解于水中,因此,虾蟹类原料经过烹制后成为比较稳定的橘红色。

(二)有机酸

有机酸对烹饪品质影响比较大。果蔬和发酵制品含有机酸较多,常呈酸味,肉类中也含有一定量的有机酸。有机酸的来源和名称如表2-3所示。

表2-3　有机酸的来源和名称

原料名称	有机酸名称	原料名称	有机酸名称
莴笋、番茄、樱桃	苹果酸	柑橘、番茄	柠檬酸
葡萄	酒石酸	菠菜、竹笋	草酸

一般果实的pH值为2.2～5,蔬菜的pH值为5～6.4。发酵食品中含有的有机酸,主要是在发酵过程中形成的,如乳酸、醋酸等。乳酸在泡菜、酸菜、酸乳等食品中含量较多;醋酸是醋酸菌发酵的产物,食醋以它为主要酸味成分。鲜肉中主要含游离的乳酸。

（三）有害成分

食品中的有害成分是指食品中能引起人类急性或慢性中毒的物质。它主要来源于三个方面，即天然存在、生物污染和化学污染。天然毒素主要是指某些动植物体内含有的内源性有毒成分。动物性食品中较常见的是河豚毒素和贝类毒素。河豚毒素存在河豚血液和内脏中，卵巢中毒性最强，一般加热不能破坏。贝类毒素是海产贝类食入双鞭甲藻所致，这种毒素对热稳定，烧煮不能破坏。植物性天然毒素种类较多，人们较熟悉的天然食品中的毒素包括马铃薯中低浓度的生物碱、杏仁中的氢氰酸、大豆和其他豆类中的酶抑制剂和红细胞凝集素、棉籽油中的棉酚等。

土壤和水通常含有具潜在危害性的金属铅、汞、镉、砷、锌和硒。许多危害性的物质不属于食品的正常组分，但是它们能成为食品的一部分，这些物质包括工业污染物、微生物在食品中产生的毒素和超过安全使用量的食品添加剂。

任务评价

任务二　烹饪原料的组织结构

任务描述

本任务对烹饪原料的组织结构进行介绍，以便掌握和了解烹饪原料。

任务目标

掌握烹饪原料的结构、特点，关键是如何正确运用烹饪原料。

一、植物性烹饪原料的组织结构

组织是细胞生物体，是由许多相同或相似的细胞组合形成的特别细胞群，具有一定的形态、结构和生理功能。种子植物的组织分两大类，即分生组织和成熟组织。分生组织可以不断地分化成各成熟组织。成熟组织是除了分生组织以外的各种已经分化的组织，包括薄壁组织、保护组织、输导组织、机械组织、分泌组织。

（1）分生组织

分生组织由具有分裂机能的细胞组成，主要有顶芽分生组织（叶芽和花芽的发生）、侧生分生组织（根、茎的加粗生长）、居间分生组织（茎节间拔高）。分生组织体积较小，不是主要的食用部位，通常连同其他组织一起食用。

（2）薄壁组织

薄壁组织广泛分布于植物体的各器官中，形状较大，壁较薄，是主要食用组织。

（3）保护组织

保护组织是被覆于植物器官（如茎、叶、花、果实）表面的具有保护作用的组织。其细胞排列紧密，没有细胞间隙，外壁较厚，常具角质层甚至蜡层。一般不能食用，是烹饪原料中的下脚料或废料。

（4）输导组织

输导组织是植物体运输水分和各种营养物质的组织。根据运输的物质不同，输导组织又可分为两大类：一类是输导水分以及溶解于水中的矿物质的导管；另一类是输导营养物质的筛管。输导组织与其他组织结合，分别形成植物的木质部和韧皮部，形成人体不易食用的部分。例如，西芹表皮的筋就是输导水分和营养的组织，食用效果差，加工时要抽去。荚果类的蔬菜也是同样的现象，加工时也要撕去筋,以提高食用的效果。

（5）机械组织

机械组织的功能在于支撑和巩固植物体,所以细胞具有较厚的细胞壁。

（6）厚角组织

厚角组织的细胞壁通常在彼此接触的角隅处部分增厚,细胞有活性,除含原生质外,还含有叶绿体,分布于幼茎和叶柄内。

（7）厚壁组织

厚壁组织的细胞壁全面加厚,并大多为木质化。厚壁组织根据形状的不同又可分为纤维和石细胞,这种组织不能作为食用的烹饪原料。如核桃的外壳、梨果肉中产生砂粒感的石细胞。

二、动物性烹饪原料的组织结构

在人们的饮食活动中,对供食用的动物性原料,习惯上称为"肉"。以食品学的角度,一般是指动物体中可供食用的部分,在肉类加工中是指动物的胴体部分的组织。

作为烹饪原料的动物体通常是由不同形态和不同机能的组织构成的。构成动物体的组织有结缔组织、肌肉组织、脂肪组织和骨骼组织。

（一）结缔组织

结缔组织可分为以下几类:疏松结缔组织、致密结缔组织、脂肪组织、网状结缔组织和血液等。其功能主要有支持、保护、连接、营养和防御等。

结缔组织的细胞成分少,细胞间质多。细胞间质主要由线状的纤维、液态或固态的基质组成。少量的细胞分散于大量的间质之中。液态基质的主要成分是黏多糖和蛋白质。纤维有胶原纤维、弹性纤维和网状纤维。结缔组织几乎遍及畜体全身,占胴体的 $9\%\sim11\%$。

无论是胶原纤维、弹性纤维,还是网状纤维,其必需氨基酸构成均不完全,均属不完全蛋白质。胶原纤维也称白纤维,在 85 ℃水中长时间加热可溶解成胶,并易被消化吸收。在白色结缔组织中,如皮肤、软骨及肌腱等,胶原纤维含量较多。所以,烹饪应用中,常以肉皮熬皮冻,作胶液应用,制作凉菜或作含汤馅心等。弹性纤维为黄色,富弹性而不易水解,难以消化,主要分布于血管、韧带等黄色结缔组织中。含结缔组织多的原料不易用于烹饪。

结缔组织在畜体的分布是后少前多,上少下多。如前腿、肩胛、颈部、后肘子等,主要以致密结缔组织为主,这些部位的肌肉肉质较差,肉质粗老,不易咀嚼,一般多用于长时间加热,菜肴如"红烧肘子"等,颈部肉多用于加工馅料。对于畜类而言,年龄老的、役用的、结缔组织就多。同一品种间,瘦的比肥的结缔组织多、质量差。牛、羊的结缔组织比猪的结缔组织多;禽类的结缔组织比畜类的结缔组织少。

（二）肌肉组织

肌肉组织占禽畜胴体的 $50\%\sim60\%$。由于动物体中优质蛋白质主要存在于肌肉中,因而它是食用和加工的主要对象,是决定肉质量的重要部分。

肌肉组织主要分为体肌和脏肌两部分。体肌是由横纹肌组成具有一定形态的肌肉块,分布于皮肤下层和躯干部的一定位置,附着于骨骼上,受运动神经支配,因而又称为骨骼肌或随意肌。脏肌包括平滑肌和心肌,为形成内脏器官的肌肉部分,属不随意肌。平滑肌细胞呈长梭形,常集合成束,肌纤维不显横纹,故称平滑肌。

肌细胞是肌肉组织的形态功能单位,外形呈细长的纤维状,故又称肌纤维。肌纤维具有细胞的各种结构。许多肌纤维集合起来,形成肌纤维束(肌束)。肌束周围被结缔组织的膜包围。许多肌束集合起来就形成肌肉。正是由于多次的集合,使体肌的外部形态为肉块状,这是质量比较好的烹饪原料,在烹调中应用范围较广,常被选用,便于人们在烹调加工时任意切成片、丁、丝、条、块等形状。

在结构特点上,脏肌有的是单个细胞或纤维束分散存在,也有的是平行或成行排列。消化道内脏器官肌层的组成,是平滑肌层束由结缔组织间隔开,因而不能像横纹肌那样形成较大的肌肉块。由于结缔组织伸入,与肌纤维膜的基板紧密相连,将肌束或肌层组成整体,而使平滑肌肉质具有韧脆性,如肠、胃等。食品行业常利用这一特点来加工灌肠制品等。

（三）脂肪组织

脂肪组织属于固有结缔组织,是由退化的疏松结缔组织和大量脂肪细胞积聚所成。脂肪细胞常被疏松结缔组织分隔成许多脂肪小叶。结缔脂肪的存在,保证了脂肪滴不从组织中流出,只有破坏了结缔组织,才能获得油脂。在烹饪中炼油的程序就是这个原理。

脂肪组织占胴体的 20%～30%。它在畜禽体内主要以储备脂肪和肌间脂肪两种形式分布。储备脂肪一般是分布在皮下、肾周围、腹腔内等易剥离部分的脂肪,在烹调中用于炼油脂。肌间脂肪则夹杂于肌肉中间,这部分脂肪手工剥离困难,肌肉中的大量脂肪交错,层次分明,就是俗称的"五花肉"。这些脂肪的存在,既可以防止水分蒸发,又能使肉的风味柔滑而鲜美,常用与制作风味菜肴,如"红烧肉"、"荔浦扣肉"等。

（四）骨骼组织

骨骼组织也属于结缔组织,是动物机体的支持组织。骨骼在畜禽体内占的比例越大,肉的比例则越小。一般骨骼占畜体的 15%～20%。骨骼有硬骨和软骨之分。硬骨又分管状骨和板状骨。管状骨中有骨髓,含有一定的脂肪和胶原蛋白,还有无机盐等,在烹饪中多用于制汤。软骨坚韧而有弹性,有较强的支持作用。由于软骨透明而有脆性,可食性大,有的还是烹饪中传统的高档原料,如明骨、鱼唇等。

任务评价

项目小结

动植物原料在烹饪中起到非常重要的作用,是烹制菜品的主配原料,菜品的质量效果受到动植物原料的直接影响。通过本项目的学习,可以使学生熟悉和掌握烹饪原料的组织结构和性质特点,便于正确选用原料,科学使用原料。

同步测试

主要概念

· 发酵作用

· 水解作用

· 组织

· 淀粉的糊化与老化

烹饪原料的品质检验与储藏

扫码看课件

任务一　烹饪原料的品质检验

任务描述

　　本任务阐述了烹饪原料品质检验的意义，分析了影响烹饪原料品质的因素，明确了烹饪原料的品质与质量标准，重点讲述了烹饪原料品质检验的指标和方法。

任务目标

　　掌握烹饪原料的品质检验知识，并能合理识别和选择烹饪原料；了解烹饪原料的国家标准和行业标准。

一、烹饪原料品质检验的意义

　　烹饪原料的品质鉴定是指依据原料的质量标准，通过一定的检验手段和方法来判断原料的变化程度和质量的优劣。俗话说"厨师六分艺，办料四分工"。烹饪原料的品质是决定菜点制作质量的重要因素。因此，做好原料品质鉴定工作，有着十分重要的意义。

　　（一）掌握对烹饪原料进行品质鉴定的基本技能，是做好烹饪工作的基础

　　对烹饪原料进行品质鉴定是烹饪工作者的基本功，原料品质对菜品的质量起着至关重要的作

Note

19

用。只有品质好的原料才能烹制出合格的菜肴,才能保证菜肴的色、香、味、形、意俱佳。反之,如果原料质量低劣,即使厨师的手艺再高,也烹制不出好的菜肴。

此外,一位好的厨师会根据原料的品质特点,采取适当的烹饪方式,烹制出好的菜点。若是厨师对原料品质不了解或了解不全面,不能准确鉴定原料的质量,就会给经营者带来经济损失,影响饭店的声誉。因此,严把原料质量关、准确鉴定原料品质,是保证菜点质量的重要因素。

（二）烹饪原料品质的优劣影响人类的健康甚至生命安全

烹饪原料的品质鉴定也关系到食用者的健康。新鲜的原料可使食用者充分吸收各种营养素,为身体健康提供保障。但原料有可能在屠宰、加工、运输、储藏、销售的过程中发生腐败变质,或被致病菌、寄生虫、病毒等污染,就会引发食物中毒或肠道疾病。还有一些假冒伪劣的原料,如假八角、假鱼肚、硫黄熏过的银耳、添加过量增白剂的面粉等,若不能及时识别这些变质原料和假劣原料,就会给食用者的身体造成危害,甚至威胁其生命安全。因此,掌握原料品质鉴定的方法和技能,对正确使用原料、杜绝假冒伪劣原料进入烹饪制作、保障食用者的健康,具有非常重要的意义。

（三）掌握各种烹饪原料的品质要求,可为不同原料采取有效的储藏保管方法提供依据

烹饪原料的种类繁多,品质各异。在实际生活和工作中,需要对不同原料采取适当的储藏和保管方法,从而使原料在使用时仍然能保持原有的品质特点。为此,就必须对每类原料的品质特点有清醒的认识,并了解不同环境条件对原料品质的影响,以便选择适当的储藏保管方法,有效地保证烹饪原料基本品质的要求。

二、影响烹饪原料品质的因素

烹饪原料从采收到加工的过程涉及很多环节,在这些环节中原料的品质受很多因素的影响,这些因素归纳起来可以分为内因和外因两类。

（一）影响原料品质变化的内部因素

❶ 原料的基因组成 基因在生物体进化过程中主要对蛋白质的合成起决定性的作用,蛋白质的种类又决定了生物体的不同性状如形态特征、结构特征等,因此,基因是影响原料自然固有品质的内部原因,也是本质原因。而原料自然固有品质包括原料的形状、质地、颜色、气味、味道、化学成分、组织结构等属性。如果原料的自然固有品质发生了变化,如甘鲜脆美的苹果变得绵软无味,肉色鲜红、弹性适度的猪肉变得苍白、松软、多汁,则说明其固有品质发生了变化,质量下降。

随着科技的发展,很多科学家正在基因工程方面进行深入研究,目前已经取得了一定的成就,如转基因的番茄、丝瓜、苹果等,并且动物性物种细胞核移植研究也取得了一定的进展,如克隆羊、克隆牛等。

❷ 原料自身的化学组成和组织结构 各种原料都有其自身的化学组成和结构特点,组成和结构的不同也是导致原料品质不同的内部原因。例如,植物的细胞有细胞壁,细胞内有较大的液泡,所以植物性原料一般具有脆、硬、韧的质感,含水量特别丰富,形状多种多样,色彩也非常丰富;而动物的细胞没有细胞壁,液泡也比较小,因此动物性原料一般表现出柔韧的特点,色彩也比较单一。

❸ 原料的品种 基因对物种的遗传和变异有决定性的影响,而物种的不同则直接决定了原料整体性状特征的表达。不同的物种使用不同的种植或养殖方法,物种不同其组织结构和化学成分也不同,从而导致原料的品质也存在着比较大的差异性。

❹ 原料自身的新陈代谢 生物体的新陈代谢时时刻刻都在进行着,新陈代谢主要包括同化作用和异化作用两个方面。同化作用主要是生物体从外界汲取营养合成自身的物质,并且储存能量的过程;异化作用主要是分解自身的组成物质,释放能量,维持生命活动并且最终把代谢产物排出体外的过程。不管是原料采收前还是采收后,新陈代谢活动都是客观存在的。随着新陈代谢的进程,原

料内的成分不断地进行转化或变化,从而直接影响到原料的品质。

（二）影响原料品质变化的外部因素

❶ **原料的产地**　我国幅员辽阔,自然环境和气候条件各不相同,加上原料的种植、养殖以及加工方法存在差异性,这就直接导致了原料的品质差异性,例如,四川的辣椒、华北的九斤黄、北京的填鸭、砀山的梨、山东的红富士、新疆的绵羊等。在历史的积淀中,各个地方已经形成了特定的原料区域和食用方法。例如,青藏高原气候干寒,这里的饮食离不开砖茶奶酪和肥肉厚脂;长江流域气候湿热,人们喜食鲜嫩清淡之物;沿海地区水产资源丰富,因此饮食以海鲜居多。

❷ **原料的产时**　原料的种植或养殖受生长季节的影响很大,其生物体在一年中不同的季节里生长情况是呈不均衡分布的。有旺盛期也有停滞期,有肥壮期也有瘦弱期,有健康期也有病理期,有幼嫩期也有成熟期,不同时期的品质存在很大差异性,风味和质感差异性更加明显。民谚有:"九月螃雌,十月螃雄","桃花开,鳜鱼肥","九月韭,佛开口;六月韭,驴不瞅"。一般来说,原料生长周期越长则含水量越少,质感相对较老;原料生长周期越短则含水量越多,质感相对较嫩。因此我们在选择烹饪原料时,尽可能要根据原料的时令性来合理选择。

❸ **原料的卫生状况**　卫生状况是影响烹饪原料品质的又一个重要因素,不卫生的原料以及不卫生的环境极容易使原料的品质发生劣变,直接影响到菜品的质量,有的甚至还会给人体带来危害、引发食物中毒等。例如,携带致病菌的原料,含有有毒有害物质的原料,腐败变质的原料,受环境污染尤其是化学性污染的原料,以及死螃蟹、死甲鱼、死黄鳝等不能食用的原料等,这类原料即使风味再好也不能选择。它不仅影响到菜品的食用价值,而且还会影响到人体的健康状况。

❹ **原料的储运方法**　原料在储藏运输的过程中由于种种原因,如方法不当,湿度、温度以及透气性能控制不好,周围环境污染,运输工具选择不合理等都会使原料的品质受到影响,从而使原料的质量下降,营养物质和风味物质变质,严重时还会影响到人体的健康。

❺ **原料的加工方法**　原料采收以后的加工以及半成品的加工也是保证烹饪原料质量的重要环节。这一过程中的控制因素很多,诸如氧气、水分、温度、辐射、氧化剂、防腐剂、着色剂、发色剂、微生物种群等。只要有一方面的因素控制不好都会使原料的品质受到影响。因此,原料在加工过程中一定要运用科学、合理的加工手段,既保障原料的食用价值,也要延长原料的保质期。

三、烹饪原料的品质与质量标准

根据烹饪原料国家标准的规定,烹饪原料的品质指标包含感官标准、理化标准和微生物标准三个方面,如表 3-1 所示。

表 3-1　烹饪原料品质的国家标准

标准名称	标准内容
感官标准	原料的色泽、气味、滋味、外观、形态、杂质含量、水分活度、有无霉变和腐败变质等
理化标准	营养成分（营养素的种类、数量等）、化学组成、农药残留、重金属含量、霉变或腐败变质以后产生的有毒有害物质等化学标准;也包含硬度、嫩度、脆度、弹性、黏度、膨胀度等物理指标。评价动物性原料新鲜度的主要指标为挥发性盐基氮的含量
微生物标准	原料中含有的细菌总数、大肠菌群总数、其他致病菌的种类及数量等

注:以上是国家标准对烹饪原料的统一标准,涉及具体的原料还应该有每一种原料的标准,不能照搬教条或硬套"标准"。

根据商业流通部门和烹饪操作实际中常用的行业标准或地方标准规定来看,烹饪原料的标准应该制定得更加细致、适用,具体内容如表 3-2 所示。

表 3-2　烹饪原料品质的行业标准

标准名称	标准内容	特殊说明
固有品质标准	原料特有的质地、色泽、香气、滋味、外观形状等外部品质特征，以及营养成分、化学组成、质构及组织特征等内部品质特征	每种原料都有其特有的固定品质，这些品质与原料产地、产季、品种、食用部位及栽培饲养条件等有关
纯度标准	原料中含有杂质、污染物、不可食用成分的含量以及加工的纯净度，纯度越高则品质越好	如海参中的砂粒，燕窝中的杂毛等
成熟度标准	成熟度是原料能够充分体现其特有的内在品质，适合烹调和食用的成熟度，而非动植物的生理成熟度。成熟度与饲养或栽培时间、上市季节密切相关	成熟度低则含水足、质地嫩，但风味差；成熟度高则含水少、质地老，食用价值低。评价成熟度应该综合考虑菜肴的要求
新鲜度标准	原料的组织结构、营养物质、风味成分等在采收、生产、加工、储运以及销售过程中的变化程度；也包括原料形态、色泽、水分、重量、质地、气味等方面的变化	每种原料都有其固有的色泽、气味和形态，都有其天然的含水量、质地和重量
清洁卫生标准	原料表面黏附的污秽物、虫及虫卵、微生物的污染程度、原料腐败变质的程度以及各种有毒有害物质的含量	原料的清洁卫生程度与食用安全性密切相关，不容忽视

四、烹饪原料品质检验的方法

烹饪原料品质鉴定的方法有很多，主要可分为理化鉴定法和感官鉴定法两种。

（一）理化鉴定法

理化鉴定法是运用理化仪器和设备，依据一定的检验标准，对原料的质量进行鉴定。例如，检验原料的营养成分是否发生变化、是否感染病原菌或寄生虫，储藏的原料是否含有毒物质等。这种检验方法科学、精确，可信度高，能够准确而客观地反映出原料中的成分变化，有助于判断原料变化的原因。

理化鉴定分为理化检验法和生物检验法两大类。

❶ **理化检验法**　理化检验法是指利用各种理化仪器、设备和化学试剂，采用化学分析和物理检测的方法分析原料的营养成分、风味成分、有害成分等理化指标来鉴别原料品质好坏的方法。例如，用比色计测定液体食品的浓度；用水分测定仪测定猪肉是否注水；用农药残留分析仪测定蔬菜中农药的残留量；用凯氏微量定氮法测定食品中的蛋白质含量等。

使用理化检验法，首先通过仪器设备来测定原料的各种理化指标，然后进行分析，最后再与国家标准和行业标准进行对照，从而作出对原料品质优劣的判断。这种方法得出的结论比较科学、准确，随意性小，可靠性强，具有一定权威性。但在检验的时候必须要有相应的仪器和设备，并且要由专门的技术人员来做，局限性比较大，而且检验周期一般较长。

❷ **生物检验法**　生物检验法是用于测定原料或食物中有无毒性的另一种方法，通常用小动物做试验，或是用显微镜来测定食品的细微结构及纤维粗细、微粒直径等，以及进行微生物、寄生虫、虫卵等污染情况的检测。国家设有专门的理化鉴定机构，某些原料必须经鉴定合格后才能供应市场。由于每项检测都需专用设备和专业技术人员进行，成本高且检测周期一般比理化检验还要长，所以烹饪行业中应用较少。

（二）感官鉴定法

感官鉴定法是通过人的感觉器官,通过经验根据原料外部固有品质的变化对原料的质量进行鉴定。感官鉴定的方法具体包括视觉鉴定、嗅觉鉴定、味觉鉴定、听觉鉴定和触觉鉴定。

❶ **视觉鉴定**　视觉鉴定即利用人的视觉器官眼睛对原料的外观、形态、色泽、饱满度、成熟度、清洁度等方面进行观察,判断其质量的优劣的方法。这种方法适用于所有原料,可检验其新鲜度、纯度、成熟度和发芽及抽薹等变化。用这种方法判断之前必须要对相应的判断因素有一个客观的印象,例如,新鲜的蔬菜和水果应具有鲜艳的色泽、饱满的形态、表皮光滑、不抽薹、不空心、不萎缩等,而不新鲜的蔬菜和水果颜色暗淡、光泽消失,会出现腐烂斑;新鲜的猪肉颜色淡红,有光泽,不新鲜的猪肉颜色暗红或变绿、发黑,光泽消失;新鲜的鱼眼睛明亮、鳃色鲜红、鳞片不脱落,不新鲜的鱼眼睛塌陷、鳃色变黑、鳞片脱落;成熟的水果颜色鲜艳,未成熟的水果颜色泛青。这些都是经验的积累。视觉鉴定是鉴定原料质量最常用的方法,也是必须使用的方法。

另外,在利用视觉判断的时候应在光线明亮的地方进行,最好采用自然光或日光灯等冷光源。鉴定液态食品和调味品时应适当搅拌、摇晃或将瓶罐倒置,对于瓶装或包装食品应打开包装再检验,对于大块食品应切开检验。

❷ **嗅觉鉴定**　嗅觉鉴定即利用人的嗅觉器官鼻子对原料的气味进行辨别,判断其是否变质的方法。每一种原料都有正常的气味,如牛羊肉的腥膻味、水果的香味、乳汁的乳香味等。如果原料的质量发生了变化,则气味肯定也会发生改变。在判断前需要对每种原料的正常气味形成印象,以此作为检验的对比依据。

嗅觉鉴定的时候,要避免嗅觉疲劳或嗅觉交叉等因素造成的影响。另外,还可以采用适当方法(如升高温度等)来增加挥发性物质的挥发度,提高嗅觉鉴定的准确度。

❸ **味觉鉴定**　味觉鉴定即利用人的口腔和味觉器官舌头对原料的味道进行辨别,判断其质量是否改变的方法。每种原料都有其本来的味道,原料变质后其正常味道会发生变化,例如,啤酒变酸、冻后的柑橘变苦、米饭变质后发出馊味等。此外,也可利用口腔感知原料的质地,如酥脆程度、弹性等。

味觉鉴定的时候,尽可能要避免味觉疲劳以及味觉交叉等因素造成的影响。另外,味觉鉴定只适用于对可以直接入口的调味品、水果及半成品进行检验,不能直接入口的原料禁止采用味觉鉴定法。味觉鉴定一般宜在常温下对烹饪原料或半成品进行检验,对于黏度大的原料应适当延长检验时间,增加检验的准确度。

❹ **听觉鉴定**　听觉鉴定即利用人的听觉器官耳朵对原料拍击或摇动后发出的声音来判断原料是否变质的方法。例如,用手摇动鸡蛋,听蛋中是否有声音来判断蛋中蛋黄是否晃动,进而判断鸡蛋是否变质;挑选西瓜和甜瓜时可用手拍击,根据不同的响声来判断其成熟度;敲击萝卜可以根据响声来判断其是否空心等。

听觉鉴定的时候,要尽量放在比较安静的地方进行,避免外界嘈杂声干扰听觉而对检验结果造成影响。

❺ **触觉鉴定**　触觉鉴定即通过人的手等触觉感受器官来检验原料的重量、质地(弹性、韧性、脆嫩度、细腻度等),判断其质量优劣及变化程度的方法。这种方法应用非常广泛,例如,根据肉的弹性及恢复弹性的速度来判断其新鲜度;根据蔬菜的脆嫩度来判断其食用价值;根据面粉的细腻程度来判断其等级等。这种判断方法需要非常丰富的经验和敏锐的观察力。

以上五种感官鉴定的方法在实际工作中往往是几种方法同时使用,而不是使用单一的某种方法。例如,鉴定猪肉的新鲜度时,用视觉检验其色泽、形态,用触觉检验其弹性、黏性,用嗅觉检验其气味,从而使鉴定结果更加全面、客观、准确。

感官鉴定方法因其简单、易行、迅速的特点,在烹饪行业中被长期采用。其适用范围广泛,只要对原料的固有品质掌握准确,对原料在储藏中可能发生的变化了解深刻,就可以及时地判断出原料的质量状况,经验越丰富,判断就越准确。

但感官鉴定法也有局限性,例如,原料被化学物质或病毒污染,就很难用感官鉴定法判断出来;原料内部的质量变化用感官鉴定法也很难判断;个人经验不同,判断的准确度也有差异。此外,感官鉴定的结果还与鉴定者的身体状况、心理状况、是否有感觉疲劳等密切相关。因此在品质鉴定的科学性上,感官鉴定不及理化鉴定,若要全面反映某种原料的质量状况,应该二者结合使用。

任务二 烹饪原料的储藏

任务描述

本任务介绍了引起烹饪原料质量变化的因素,在此基础上提出了保鲜、加工等适应于不同烹饪原料的储藏方法。

任务目标

熟悉引起烹饪原料质量变化的因素,掌握烹饪原料的储藏原理和储藏方法。

烹饪原料如果储藏不当会使其固有的新鲜品质下降,影响菜品的质量。因此,有必要了解烹饪原料在储藏过程中的质量变化特点,掌握其变化规律和影响因素,对不同的原料采用不同的储藏方法,并采取有效措施来防止这些因素对原料的影响,为后期的烹饪运用奠定良好的物质基础。

一、引起烹饪原料质量变化的因素

引起烹饪原料质量变化的因素很多,归纳起来主要有原料自身因素、物理因素、化学因素和微生物因素四类。

（一）原料自身因素

新陈代谢是生命活动的基本现象,是引起原料质量变化的内在原因。鲜活的烹饪原料时时刻刻都在进行新陈代谢,即使在采收或宰杀的时候也会在酶的催化作用下发生各种各样的生理生化反应,其结果最终会造成烹饪原料品质的改变。

❶ 植物性原料的质量变化

（1）呼吸作用。新鲜的蔬菜和水果在采摘之后,组织和细胞中所含的化学物质依然在酶的作用下发生着化学变化。在有氧的情况下,原料中所含的糖类被分解成二氧化碳和水,同时放出热量,这种果蔬的正常生理活动称为呼吸作用。由于糖类是果蔬的营养物质,随着呼吸作用的进行,糖类会不断分解,果蔬的营养价值就会降低,味道就会改变。如果原料堆放在一起的话,释放的热量还会使环境温度升高,有利于微生物的繁殖,加速原料的腐烂。若把原料放在密封的容器中,原料中的糖分会因无氧呼吸产生乙醇和乳酸,也会使原料的腐烂加速。因此,新鲜果蔬应该在较低的温度下散放,不要堆叠在一起或在常温条件下放在塑料袋内,这样可以使糖分的分解作用减慢,热量及时散发。

（2）后熟作用。某些果品采摘后在一定的条件下继续成熟的过程称为后熟作用。在此过程中,由于果肉细胞之间不溶于水的原果胶转化为可溶性的果胶,果肉由硬变软;淀粉被分解而产生葡萄糖,果实变甜;单宁聚合成不溶于水的沉淀,涩味消失;叶绿素被分解,绿色消失而变成红色、黄色;有机酸被转化或中和,酸度减小;挥发性芳香物质产生,香味浓郁。所以,后熟作用可明显改善某些果品的品质,如香蕉、菠萝、哈密瓜、猕猴桃、柿子等。

同时,后熟作用也是生理老化的象征。当水果经过后熟作用达到最佳食用期后若未及时食用或采取相应的储藏保管方法,则会由于果胶转化为果胶酸而变得软烂,同时香味降低,甚至由于微生物的侵染而导致腐败变质。

(3)发芽和抽薹。发芽和抽薹是指两年生或多年生植物终止休眠后开始新的生长时发生的一系列变化。发芽主要发生在以变态根、茎、叶作为食用对象的蔬菜中,如洋葱、大蒜、白菜、萝卜、土豆等。它们在休眠时代谢作用非常微弱,养分变化也比较小,对食用或储藏都很有利。而外界条件一旦适宜,休眠状态就会立即解除,它们重新发芽生长,并消耗原料体内原有的各种养分。抽薹则是指根茎类、叶菜类、鳞茎类蔬菜在花芽分化以后,花茎从叶片丛中伸长的现象。无论是发芽还是抽薹,原料中的生化反应都会加剧,营养物质都会大量消耗,组织老化,口感变差,甚至会生成有害物质,从而导致食用价值和营养价值降低。

(4)蒸腾作用。蒸腾作用是指水分以气体状态通过果蔬的表面蒸散到体外的现象。蒸腾作用的大小与环境的温度、湿度密切相关。当果蔬中的水分过度蒸腾后,会使组织萎蔫、疲软、皱缩、光泽减退,从而使原料感官质量下降。此外,新鲜果蔬自身的新陈代谢也会使水分含量减少。为了防止或补充果蔬失去的水分,可采用适当的包装方法、储藏方法及喷雾方法等。

❷ 动物性原料的质量变化　宰杀后的畜禽类原料在自身酶的作用下会相继发生僵直、成熟、自溶和腐败等现象,肉质由硬变软,质地由富有弹性变为失去弹性,气味由无异味变为腥臭味,颜色由红色变为暗红色、绿色。变质的原因是蛋白质的降解。这种变化的速度与温度有关,温度越低,变质越慢;温度越高,变质越快。鱼、虾、蟹、贝类由于组织中水分含量大、肌纤维短、蛋白质易分解,这种变化的速度大大快于畜禽类的变化速度,因此新鲜的水产品要尽快食用,以免蛋白质变质。

(1)僵直期。畜禽类原料经宰杀后,由于氧的供应停止,肌肉细胞中的水解酶类在无氧的条件下,将肌肉中的糖原分解成乳酸。与此同时,肌肉中的三磷酸腺苷也逐渐减少。由于这些生物化学变化的进行,肌纤维紧缩,从而使肌肉组织呈现僵硬状态,这种现象称为肉的僵直。僵直期的肉弹性较差,无鲜肉的自然气味,烹调时不易煮烂。并且由于该阶段肉中构成风味的成分还没有完全产生,故烹调后的风味也很差,因此,僵直期不是肉的最佳食用期。但是僵直期的肌肉组织紧密,可以阻止表面微生物向组织内的侵入,是肉类做好保鲜管理工作的重要时期。

僵直期持续的时间长短与动物性原料的种类、环境温度有密切的关系。躯体较大的动物性原料如牛、猪、羊的僵直期较长,而躯体较小的动物性原料如鸡、鱼、虾、蟹的僵直期较短。同时,温度越低,僵直期持续的时间越长。

(2)成熟期。在常温条件下,僵直期的肉在细胞中酶的作用下,会持续引起乳酸、糖原、呈味物质之间的变化,使原有僵直状态的肉变得柔软多汁而且有弹性,表面微干,带有鲜肉的自然气味,味鲜而易烹调,肉的持水性和黏结性明显提高,这种变化称为肉的成熟。成熟期是肉的最佳食用期,但成熟期的肉储藏性能下降。

肉的成熟速度与环境温度有很大关系。当环境温度较低时,成熟速度缓慢;温度升高时,成熟速度加快。例如,一般猪肉在2 ℃条件下需要两周时间才能完成成熟,在12 ℃时需要一周,18 ℃时需要两天,29 ℃时只需几个小时就能完成成熟。

(3)自溶期。当肉的成熟作用完成后,肉中的蛋白酶继续分解肌肉蛋白质,引起组织的自溶分解,其结果使肉中所含的复杂有机化合物进一步水解为分子量比较低的小分子物质,使肉带有令人不愉快的气味,肉的质地松弛、缺乏弹性、失去光泽,同时由于空气中的氧气与肉中肌红蛋白和血红蛋白相互作用,导致肉色发暗,肌肉的理化性质发生根本的改变。自溶期的肉处于次新鲜的状态,去除变色变味的部分后,经过高温处理,虽然尚可食用,但食用品质已大大降低,气味和滋味都很差,不宜长期保管。

肉的自溶速度与环境温度密切相关。当温度高时,自溶速度加快;当温度降低至0 ℃时,自溶停止。所以,当肉的感官状态已出现自溶时,就应尽快食用或是冷冻保藏。

(4)腐败期。自溶过程中产生的小分子物质为污染在肉表面的微生物的生长繁殖提供了良好的营养条件。当环境条件适宜时,微生物首先在肉的表面大量地生长繁殖,并沿着毛细血管、肌肉与骨的间隙等路径向肉的内部侵入,从而导致肉的深层腐败。此时,肉的表面出现液化状态,发黏、弹性散失、产生异味,肉色变为绿色、棕色等,失去食用价值。

(二)物理因素

影响烹饪原料质量变化的物理因素包括温度、湿度、空气、渗透压等。

❶ **温度**　在一定范围内,温度的升高会使原料自身酶的分解作用加快、营养物质消耗增多,还会使储藏环境中的微生物生长活跃,使原料腐败变质的机会大大增加。但当温度过高时,则会使原料中的酶变性失活,并杀死污染原料的微生物。

低温条件下,会使原料细胞内的游离水结冰,损伤细胞膜;解冻时营养物质流失,组织结构破坏,原料出现冻伤的表现。但低温又抑制了原料中酶的活动和微生物的生长繁殖。

所以,可通过适当地控制环境温度,造成不利于原料中酶的活动、微生物的生长繁殖和化学反应进行的条件,达到低温保藏和高温保藏的目的。

❷ **湿度**　湿度是指原料储藏环境中空气的含水量以及原料的含水量。当环境中的湿度增加时,会使面粉、大米等粉状或颗粒状的原料吸潮结块,还使得干货类原料的水分增加,从而引起原料霉变;环境的湿度过低,会使新鲜原料的蒸腾作用加剧,原料大量失水,表面皱缩、萎蔫,重量减少,新鲜度降低。原料自身的含水量过高,为酶促反应和微生物的生长提供了水分条件,若不采取适当的储藏方法,则易发生腐败变质。

因此,对于不同的原料,可以通过调节环境中的空气湿度来达到保证其品质的目的。例如,干货类原料应储藏在低温干燥的环境中,新鲜的果蔬应适当增加储藏环境的湿度。另外,通过减少原料中的水分含量,可以达到储藏原料的目的,如脱水储藏法。

❸ **空气**　空气中氧气的存在会使新鲜果蔬中的维生素C被氧化,导致某些去皮的果蔬发生酶促褐变反应,也可引起不饱和脂肪的氧化酸败。同时,在有氧条件下,好氧微生物引起的腐败变质速度也比缺氧时的快。但是如果原料或食品储藏环境中的二氧化碳浓度高,可防止好氧微生物的生长繁殖,抑制果蔬的呼吸作用、后熟作用以及发芽与抽薹现象的发生。

综上所述,可以通过降低环境中的氧气浓度、增加二氧化碳的含量来保证原料的品质。如真空储藏法、充气(二氧化碳、氮气)储藏法等。

❹ **渗透压**　渗透压是指用于阻止水分子透过半透性膜的压力。若溶液的浓度高,则渗透压大;反之,则渗透压小。所以,通过增加原料的食盐或食糖浓度,形成高渗透压环境,可以降低酶的活性,抑制污染原料的微生物的生长繁殖,从而达到原料储藏的目的,如腌制储藏法。

(三)化学因素

影响烹饪原料质量变化的化学因素有金属盐、酸碱度、氧化剂等。这些物质会进入原料内部,或与原料所含的化学成分发生反应。例如,重金属盐、有毒塑料、农药等可造成食品的化学性污染。所以,不能用铜制器皿烹调食物,不能在食品加工中使用铅盐,不能用废旧塑料加工的容器盛装豆油,不能用盛装过农药的容器盛装原料,等等。又如,花青素可与金属(如钙、镁、铁、铝等)发生络合作用,生成紫红色、蓝色或灰紫色等深色色素,因此,对含有花青素烹饪原料的烹制加工应避免使用铁、铝器具,以防止金属元素对菜点色泽的影响。

酸碱度(pH值)是指氢离子浓度的负对数值。对于大多数微生物而言,要求生长环境的pH值接近中性,过酸或过碱的条件均会使微生物的生长受到影响甚至停止;同时,原料中的酶蛋白也会发生变性而失活。所以,通过改变原料的pH值,可以达到储藏的目的,如酸渍储藏法。

（四）微生物因素

自然界中的微生物无孔不入、无所不在，一旦条件适合即开始繁殖。无论是动物性原料还是植物性原料中所含有的营养物质，均可被各种各样的微生物所利用。所以，若不采取适当的储藏保管措施，则原料极易被微生物污染导致变质。

由微生物导致的原料的变质现象主要有腐败、发酵和霉变三种现象。

❶ **腐败**　腐败即原料中的蛋白质在厌氧条件下，经微生物分解产生硫醇、粪臭素、胺类、硫化氢等而出现臭味的变化。因此，腐败多发生在富含蛋白质的原料中，如肉类、蛋类、鱼类等。

引起原料腐败的微生物主要是厌氧菌。原料发生腐败后，常出现弹性丧失、表面发黏、变色、变臭等变化。食用品质严重降低，以致失去食用价值。如果被致病菌污染后，还会造成食物中毒。

❷ **发酵**　发酵即在无氧条件下，微生物分解利用原料中的单糖，产生乙醇或乳酸等，同时伴有气体、酸味或酒味出现的过程。因此，发酵多出现在富含糖类的原料和食品中，如水果、果汁、蜂蜜等。

引起原料发酵的主要是厌氧微生物和兼性厌氧微生物，如厌氧菌、酵母菌等。原料出现发酵现象后，会产生异常的酒味、酸味等令人不愉快的味道，从而使原料的食用价值降低，如米饭变馊、啤酒变酸、长期储藏的蜂蜜出现酒味等。但是，在某些条件下也可以起到改善食品风味的作用，如酸奶的制作。

❸ **霉变**　霉变即原料被霉菌污染而出现的发霉现象。多发生在植物性原料中，如果品、蔬菜、粮食及其制品等。

霉变后的原料表面出现不同形状和颜色的霉斑，原料的组织变得松软，产生异样的酸味、霉味或其他异味，有的霉菌如黄曲霉、青霉等还会产生毒素，不但使原料失去食用价值，甚至危害人们的生命。因此，霉变的食品不能食用。如发霉的馒头、被黄曲霉污染的花生和玉米等粮食及其制品、被青霉污染的黄变米、霉变的红心甘蔗等。

二、烹饪原料的储藏方法及原理

烹饪原料的储藏是指根据原料在储藏过程中质量变化的规律，采取一定的方法和措施抑制和延缓原料的变化，从而保持其固有的新鲜品质。

（一）保鲜储藏法

采用保鲜储藏法对原料进行储藏，其新鲜度、营养成分的含量等与储藏前基本一致。常用的有常温储藏法、低温储藏法、活养储藏法。

❶ **常温储藏法**　常温储藏法是指在常温状态下（通常指 20～25 ℃）保存原料的方法，是餐饮行业、生鲜超市对日常购进或出售的果蔬、粮食、干货、调味品等原料常采用的储藏方法。常温储藏法的成本低，不需要特殊设备，仅需针对不同的原料设置不同的温度和湿度即可达到保鲜的目的。进行常温储藏的场所应洁净、干燥、通风，地面应避免积水，同时避免阳光的直射。

由于原料的不同，在进行常温储藏时，还应采取一些相应的措施。如在夏季，对蒸腾较大的某些叶类蔬菜如小白菜、苋菜等可用湿布遮盖或在蔬菜的表面喷洒水雾；南方潮湿的地区在常温储藏干货原料时应进行防潮包装，以免吸湿受潮而霉变；油脂在保存时应避光、避免高温。

应注意的是，常温储藏法是一种较短期的储藏方式。任何原料在常温下放置过久，都易发生品质的改变，尤其是被微生物污染而腐败变质。因此，果蔬、粮食、干货等原料不宜一次大量购进，应对先购进的原料先使用，从而避免浪费。

❷ **低温储藏法**　低温储藏法是指在低温的状态下（通常为 15 ℃以下）保存原料的方法。低温储藏法的原理在于：一方面，低温可以抑制微生物的生长繁殖；另一方面，可以抑制酶的活性，同时还可以减弱原料中化学反应的速度，减少营养物质的降解，保持原料原有的色、香、味。低温储藏法是

餐饮行业常用的原料储藏方法之一。根据储藏温度的不同,低温储藏法通常又分为冷藏和冻藏两类。

(1)冷藏又称为冷却储藏,即将原料置于0~10 ℃的环境中储藏。适用于蔬菜、水果、鲜蛋和牛奶,以及鲜肉、鲜鱼的短时间储藏。产于温带地区的果蔬适合较低的冷藏温度,如苹果、梨、杏、桃、大白菜、韭菜等适于0~2 ℃的低温;产于热带、亚热带的果蔬,如香蕉、杧果、山竹、番茄、黄瓜的冷藏温度应稍高,为8~12 ℃;肉类原料的冷藏温度越低越好,通常在0~4 ℃。

冷藏时原料一般不发生冻结现象,对原料的组织结构基本没有破坏,营养物质流失少,是短期储藏最佳的方法之一。但冷藏过程中原料内部的生理活动还在继续进行,一些嗜冷微生物也在生长繁殖,因此储藏时间极为有限,最多不超过一星期,否则原料不能保持其新鲜的品质。另外,为了避免冷藏时水分的丢失及串味现象的发生,需用保鲜膜、保鲜盒等密封。

(2)冻藏,即将原料置于冰点以下的低温环境中冷冻储藏的方法,适用于畜禽肉类、鱼类、海鲜类及一些组织致密的果蔬的储藏。冻藏可分为缓冻和速冻两类。

缓冻是在3~72小时内使原料的温度降低到所需的低温。冷冻的时间相对较长,细胞内形成的冰晶大,易刺破细胞。解冻时,冰晶融化后可造成液状营养物质的流失,组织塌陷,从而使原料的营养价值、质地等食用品质降低。

速冻则是在30分钟内使原料的温度迅速降低到−20 ℃左右,通常在0 ℃保存。由于冷冻迅速,形成的冰晶细小,对细胞的破坏性很小。解冻时,营养物质一般不会发生流失,组织状态的改变不明显。所以,经速冻后的原料其品质变化的程度也小。另外,在速冻过程中也要注意防止水分的丢失,避免原料发干。

除速冻的方便面点食品外,冻藏后的原料在使用前通常都需要解冻处理。解冻有自然解冻、流水解冻、浸泡解冻、真空水蒸气解冻和微波解冻等多种方法。家庭通常采用自然解冻、浸泡解冻和微波解冻;餐馆和饭店通常采用流水解冻和浸泡解冻。其中,微波解冻速度快,对原料的结构和营养成分破坏最小,是最科学合理的办法,但在解冻过程中需要观察,以免解冻不均匀。

❸ 活养储藏法 活养储藏法是对购进时成活的动物性原料进行短期饲养而保持或提高其使用品质的一种特殊储藏方法。这主要适用于对新鲜程度要求较高、烹调前需要动物排空肠肚内的泥沙或需去除泥腥味的动物性原料,如虾、蟹、甲鱼、泥鳅、黄鳝、鳜鱼、鲫鱼、蝎子等。在活养的过程中,可根据烹调需要,随用随时宰杀,以保证菜点鲜美的滋味和卫生质量。对于经长途运输而消瘦的畜、禽类原料,经过一段时间的活养后再进行宰杀,可使个体重量增加,从而改善食用品质。

活养时应根据原料的生长环境特点,采用不同的饲养条件和方法。如鱼、虾等水产动物在活养时应通入氧气,且淡水鱼类应在清水里活养;海产的鱼、虾、蟹等活养时所用的水应和海水成分相一致;活畜活禽可用圈养或笼养,并定时喂食等。

(二)加工储藏法

加工储藏法是指对原料进行一定的自然或人工处理后而采取的一类储藏方法。对原料处理后,污染食品的微生物的生长繁殖受到抑制或停止,原料中的酶活性被破坏,从而达到长期储藏的目的。与此同时,原料的新鲜度、营养成分等都发生了一定的改变。目前,餐饮行业中除少数企业外,一般都直接使用经过这些方法制作的成品。

常用的加工储藏法有高温储藏法、干燥储藏法、烟熏储藏法、腌渍储藏法等。

❶ 高温储藏法 高温储藏法是指将原料经高温加热杀菌后在常温下继续储藏的方法。其原理在于高温不但杀死了污染原料的微生物,而且使原料中酶的活性丧失,从而抑制了原料的变质。

高温储藏法分为高温杀菌法、巴氏消毒法。

(1)高温杀菌法,即利用100~121 ℃的高温(高压)对原料进行热处理,杀死污染原料的微生物并破坏原料中酶的活性从而达到储藏效果的一种方法。这种方法一般适用于畜禽肉、鱼类和某些蔬菜的储藏。如在实际工作中将肉煮熟、蒸熟或过油后,在常温下可保存一定的时间;酱肉、香肠等制品经加热处理后储藏时间可延长;卤水、高汤每日进行加热可阻止腐败变质;而罐藏食品经过高温高压处理可储藏数年。

高温储藏的效果主要取决于杀菌的程度,而杀菌的程度又取决于加热的温度、加热的方式、原料的特点以及微生物的特点等;一般病原菌在 70～80 ℃加热半小时即可杀灭,芽孢在 121 ℃加热还需要 15 分钟左右才能杀灭。

（2）巴氏灭菌法,即将原料放在 62～65 ℃下加热 30 分钟,杀死病原微生物从而达到储藏效果的一种方法。它是由法国微生物学家巴斯德首创的一种低温长时间消毒法,主要适用于不耐高温处理的鲜奶、葡萄酒、啤酒、果汁、果酱、饮料、酱油等原料和食品的储藏。但由于温度较低,不能杀死耐热性的微生物和细菌的芽孢,所以储藏时间比较短,但对原料的风味、营养成分的破坏性小,较好地保持了原料的品质和风味。如果在低温处理后直接采用无菌真空法包装,储藏效果会更佳。

随着科学技术的进步,在巴氏灭菌法的基础上又发展出新的灭菌方式,如表 3-3 所示。其中超高温瞬间灭菌法由于加热时间短,可有效地保持食品的营养成分,是现代食品工业中常用的杀菌方法,如超高温灭菌的鲜乳、乳酸饮料。

表 3-3　巴氏灭菌常用的三种方式

灭菌方式	加热温度	加热时间	特点
低温长时间灭菌	62～65 ℃	30 分钟	既能杀灭病菌,又不损坏原料的风味,能较好地保持原料的营养价值和食用价值
高温短时间灭菌	72～75 ℃	15～16 秒	灭菌速度快,效果好,适合大规模操作
	80～85 ℃	10～15 秒	
超高温瞬间灭菌	135～150 ℃	10 秒以内	加热时间短,灭菌彻底,营养物质和风味物质不被破坏,储藏效果好

❷ 干燥储藏法　干燥储藏法又称脱水储藏法,即采用自然干燥或人工干燥的方法减少原料中的水分从而达到储藏效果的一种方法。近年来采用的真空冷冻干燥技术是干燥储藏中最先进的技术,其原理在于脱水干燥时细胞内的有效水分含量减少,渗透压增高,从而抑制了微生物的生长及原料中酶的活性。

在实际工作中,许多植物性和动物性原料如菌类、干菜、谷类、豆类以及鱼肚、金钩、墨鱼干、干贝等均采用干燥法进行长期的储藏。使用干燥法储藏的原料要注意防潮,防止霉变的发生。由于干燥原料的组成成分有较大的差异,使用前应针对性地采取水发、碱发、油发、盐发等发制方法复水后才可用于菜点的制作。

❸ 腌渍储藏法　腌渍储藏法是将原料置于高浓度的食盐、蔗糖、酸等腌渍溶液中进行腌制或浸渍从而达到储藏效果的一种方法。在腌制过程中,原料中的水分活度降低,细胞内的渗透压增大,酶蛋白变性失活;污染原料的微生物因失水导致质壁分离而死亡,从而延长了原料的储藏时间。常用的腌渍储藏法包括盐腌（渍）、糖腌（渍）、酸渍和酒渍等方法。

（1）盐腌（渍）法,是利用高浓度的食盐处理原料的方法,适用于蔬菜、肉类、禽类、鱼类以及某些低等动物性原料的处理。有时为了保持原料的色泽和改善原料的风味,还加入了香辛料等其他调料或辅助原料。另外,某些盐腌制品还经过了微生物的发酵,如火腿、香肠、腊肉等。所以盐腌制品具有鲜咸适口、香味独特、质感柔韧的特点。在腌制过程中,依据原料的不同,食盐的使用量为 5%～25% 不等。

（2）糖腌（渍）法,是利用高浓度的食糖处理原料的方法,主要适用于水果和少数蔬菜的处理,制品如各种果脯、蜜饯、果酱等。由于微生物的耐糖性高于耐盐性,所以,糖腌（渍）时的食糖浓度为

50％～70％,才可以阻止大多数微生物的生长繁殖,达到长期储藏的目的。

(3)酸渍法,是利用醋酸、乳酸储藏食品原料的方法,常用于对组织致密、含汁液少的蔬菜的处理。如将大蒜、黄瓜浸渍在食醋中制成糖蒜、酸渍黄瓜;利用乳酸菌发酵产生的乳酸加工泡菜、酸菜等。目前,餐饮行业对于经过熟处理的某些含胶原蛋较多的动物性原料如凤爪、猪耳、猪尾、猪蹄等也采用酸渍法制成质地爽脆、酸鲜适口的冷菜,同时达到储藏和赋味的双重目的。

(4)酒渍法,是利用酒精的抑菌杀菌作用储藏、加工原料的方法,适用于新鲜的鸡、鸭、虾、蟹或贝类及某些果蔬的处理。常选用含酒精的白酒、黄酒、香糟、甜米酒、果酒等浸渍原料。餐饮行业中酒渍法分为生醉和熟醉两种。生醉是将鲜活的原料如虾、蟹、贝类或鲜枣洗净后装入盛器后加入酒料等进行醉制的方法,如醉蚶、醉蟹、醉虾、醉枣等。熟醉是将原料经刀工处理切成片、丝、条、块或用整料,再经熟处理后醉制的方法,如醉蛋、醉鸡、醉冬笋、酒醉黄螺、醉腰丝等。用酒渍法储藏的原料或加工的制品,酒香浓郁、鲜爽适口,大多数保持了原料的本色本味。

❹ **烟熏储藏法**　烟熏储藏法即在对原料进行腌制的基础上,利用松枝、木屑、茶叶、甘蔗渣等不完全燃烧产生的烟雾对原料进行熏制的方法。由于烟雾中含有酚类、醛类物质,可以起到杀菌防腐的作用,熏制时的高温、腌制时的高渗透压也杀死了部分微生物,烟雾中的树脂可在熏制食品表面形成一层薄膜,可阻止外界微生物的侵染。因此,烟熏储藏法不但为原料增添了独特的烟熏风味,而且达到了长期储藏的目的。

烟熏储藏法主要适用于动物性原料如猪肉类及其制品、禽类及其制品、鱼类及其制品等的处理以及植物性原料如豆制品、乌枣、竹笋的处理。

虽然烟熏具有良好的储藏效果,而且具有良好的色泽和香味,但在不完全燃烧产生烟雾的同时也会产生致癌物,因此这种方法要慎用、少用。为了避免天然烟雾中的有害成分对人体的影响,我国科技工作者已研制出了新型的食品添加剂——烟熏香味料。它不但安全性高,同时具有良好的溶解性、渗透性、上色性、防腐性等性能,而且使用方便,将烟熏香味料溶于水并稀释后,采用浸渍、涂抹或喷洒的方法使其附着在原料的表面,晾干即可。目前,烟熏香味料在食品工业、餐饮行业中已得到了应用。

任务评价

项目小结

本项目介绍了对烹饪原料进行品质鉴定的意义、依据、标准以及鉴定的主要方法,还介绍了烹饪原料储藏与保鲜的概念和意义,重点讲述了引起烹饪原料储藏保鲜的理化因素,以及在日常工作和生活中常用的储藏方法。

同步测试

主要概念

• 品质鉴定

• 感官鉴定

• 储藏保管

植物性原料——粮食类

项目描述

　　粮食是最基本、最主要的烹饪原料。粮食主要用于制作主食。很多调味品和酒类也用粮食制作，如酱油、酱类、醋、味精、黄酒、米酒等。有些粮食还是制作某些菜肴的主要原料，如"八宝饭"、"拔丝红薯"等，并且是挂糊的常用原料。

扫码看课件

项目目标

　　了解粮食类原料的概况，理解粮食类原料的结构及营养成分、质地、风味等特点，了解粮食的主要品种特点，能利用所掌握的知识进行菜肴、主食、糕点和小吃的设计、加工和创新。

任务一　粮食类原料概述

任务描述

本任务对粮食类原料进行概述，并对粮食制品进行讲述，以便掌握和了解粮食类原料。

任务目标

掌握粮食类原料的常用品种，关键是掌握粮食类原料的烹饪运用。

　　粮食主要是对用于制作各类主食的植物性原料的统称。粮食类原料主要提供碳水化合物，其存在形式主要是淀粉。不同种类的粮食还分别提供一定量的蛋白质、脂类、维生素、矿物质等营养成分。在我国人民的膳食结构中，所需能量的80％来自粮食。

一、粮食作物种子的结构

　　种子是植物的繁殖器官，主要由种皮、胚和胚乳构成，谷类种子和豆类种子的构造还存在一定的差异。

　　❶ **种皮**　种皮是由胚珠的珠被发育而来，是种子的保护结构。组成种皮的细胞在成熟时都已死亡，这些细胞大多具有加厚的细胞壁，有的木质化或角质化，含丰富的纤维素和半纤维素、木质素等。豆类种子的种皮单独存在，而谷类种子的种皮和果皮愈合在一起称为谷皮，这种果实叫颖果。谷皮不能被消化，在加工时已去掉。

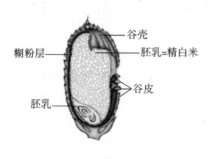

图 4-1　米粒的构造

标注：谷壳、胚乳=精白米、谷皮、糊粉层、胚乳

以米为例,谷类是由谷皮、糊粉层、内胚乳和胚芽等部分组成的。如图 4-1 所示。

❷ **胚乳**　胚乳是种子储存营养物质的地方,占粒重的 80%,蛋白质、淀粉、脂肪、无机盐、维生素主要存在于胚乳中。胚乳也是主要的食用部位,如大米、小麦、玉米等。而豆类种子在成熟的过程中胚乳中的营养物质转移到子叶中,这种胚乳退化、子叶肥厚发达的种子称为无胚乳种子。胚乳和子叶中储存的物质因种类不同而有差异,如大豆种子中蛋白质、脂类含量高,而豌豆种子中淀粉含量高。谷类种子胚乳表面有由大型多角形细胞形成的特殊结构——糊粉层。糊粉层细胞中含多种营养物质,主要是维生素 B_1、维生素 B_2 和矿物质、脂类。但糊粉层的营养物质随着加工精度的不同会受到不同程度的损失。

❸ **胚**　胚是幼小的植物体,由胚芽、胚轴、子叶和胚根构成。谷类在加工时,胚往往已经被去除。但胚中含有丰富的营养物质,加工中应尽量保存。

二、粮食的营养价值

(一)谷类的营养价值

❶ **蛋白质**　谷类不是含蛋白质丰富的食品,一般在 8%~12%,其中燕麦含量较高,可达 13.7%,大黄米(黍)为 13.6%,荞麦面为 10.6%,玉米、稻米和小麦为 8%~11%,但因为它们是主食,所以谷类是人体蛋白质的主要来源。谷类蛋白质主要存在于糊粉层和胚乳中,因此,精白面粉的蛋白质含量比标准粉的蛋白质含量低,如精白面粉为 10.3%,而标准粉为 11.2%。谷类蛋白质一般为半完全蛋白质,因此,所含的必需氨基酸中赖氨酸、苯丙氨酸和蛋氨酸的含量都较低,而各类粮食所缺的氨基酸又各不相同。如玉米中色氨酸含量很低,而小米中却含量较高。如果玉米和小米混食就可取长补短,发挥蛋白质的互补作用,提高蛋白质的生理价值。因此应多种粮食混食,或利用生理价值高的动物蛋白质、大豆蛋白质来补充谷类蛋白质的不足。

❷ **碳水化合物**　谷类的碳水化合物主要为淀粉,含量很高,可达 70% 以上,多集中在胚乳细胞内,淀粉经烹调后容易消化吸收,吸收率高达 90% 以上,是人类最理想而经济的热能来源。谷类的淀粉按其分子结构分为直链淀粉和支链淀粉两种,前者一般占 20%~30%,后者一般占 70%~80%。不同品种的谷类,两种淀粉的含量不同。直链淀粉的性质是易溶于水,性黏稠,可以被 β-淀粉酶完全水解成麦芽糖;而支链淀粉只有 54% 能被 β-淀粉酶水解,故支链淀粉较难消化,谷类中这两种淀粉含量多少会直接影响食用时的风味。小麦中直链淀粉较多占 27%,所以面粉的黏稠性大,食用时风味较好。而其他谷类直链淀粉则较少,黏稠性也差。

❸ **脂肪**　谷类的脂肪含量不多,在 1%~2%,主要存在于糊粉层和谷胚之中。谷类脂肪除中性脂肪外,还有少量植物固醇和卵磷脂。小麦、玉米的胚芽油,含亚油酸高达 60%,具有防止血胆固醇过高、防止动脉粥样硬化的作用,是一种营养价值很高的食用油,高血压、冠心病、肥胖病患者和老年人食用,具有保健作用。

❹ **无机盐**　谷类无机盐的含量在 1.5%~3%,其中主要是磷、钙、镁、铁,大部分集中在谷皮、糊粉层之中,故粗制米面无机盐含量较高。谷类中所含的磷、钙多以植酸盐的形式存在,绝大部分不能被机体吸收利用,好在谷类中含植酸酶可分解植酸盐,并释放出游离的钙和磷,而增加对钙、磷的吸收率。植酸酶在 55 ℃环境中活性最强,当米面经过蒸煮或焙烤时,约有 60% 的植酸盐可水解而被身体吸收利用。

❺ **维生素**　谷类是维生素 B 族的重要来源,维生素 B_1、维生素 B_2 和烟酸较多,谷胚中还含有维

生素 E,小米、黄玉米中含胡萝卜素较多,维生素主要集中在糊粉层和谷胚中,维生素 B_1 却有 60% 存在于胚乳与胚相连接处的盾片部分(吸收层),其余部分主要集中在糊粉层。烟酸大部分集中在糊粉层,其中有一部分为结合型,不易被人体吸收利用。玉米中的烟酸主要为结合型,必须经过加工烹调变成游离型烟酸,才能被人体吸收利用。由于维生素主要集中在糊粉层和谷胚中,因此精白米面中维生素含量比标准米面含量低,只有谷类原来含量的 10%～30%。

❻ **水分**　谷类中水分含量有很大的卫生意义。正常水分含量是 11%～14%。水分含量高能增加谷粒中酶的活动,促进谷类的代谢过程,以致分解产热,使温度升高,利于微生物和仓库害虫的繁殖,不利于谷类的储藏,谷类在储存过程中应将水分降到 14% 以下。

（二）豆类的营养价值

豆类的种类很多,有鲜豆和干豆之分。常用的鲜豆类有蚕豆、豌豆等;豆菜类有豇豆、扁豆、菜豆、毛豆等;干豆类有大豆、蚕豆、绿豆、豌豆、红豆等。

❶ **蛋白质**　豆类蛋白质含量很高,一般在 20%～40%,其中大豆最高,约为 40%。大豆不仅蛋白质含量高,而且生理价值也高,因为其中必需氨基酸的组成与动物蛋白质相近似,为完全蛋白质。

❷ **脂肪**　豆类脂肪的含量因种类的不同,差别很大。大豆含量最高,大豆为 16.0%,黑豆为 15.9%,故可作为食用油原料。大豆油含不饱和脂肪酸多,高达 85%,并且脂肪里还含有丰富的必需脂肪酸,如亚油酸达 50% 以上,此外豆油里还含有磷脂,所以大豆脂肪为优质脂肪。其他豆类(如绿豆、红豆、蚕豆、豌豆)的脂肪含量较少,为 1% 左右。

❸ **碳水化合物**　豆类中的芸豆、豇豆、红豆、绿豆、豌豆等碳水化合物含量最高,可达 50%～60%,且以淀粉为主。大豆的碳水化合物含量较少,为 20%～30%,且多为不能被人体消化吸收的多糖,如棉籽糖、水苏糖和纤维素,淀粉含量很少。人体肠道细菌可将其部分多糖分解,产生气体,而引起肠胀气。

❹ **无机盐**　豆类富含钙、磷、铁、镁、钾、硒等无机盐,大豆的钙含量为鸡肉的 21 倍多,为瘦猪肉的 32 倍;大豆的铁含量为瘦猪肉的 2.7 倍,鸡肉的 6 倍。豆类是难得的一类高钾高镁低钠食品,适合于低血钾病人食用。

❺ **维生素**　豆类一般富含维生素 B 族,每 100 克大豆中含维生素 B_1 0.41 毫克,含维生素 B_2 0.20毫克,含维生素 E 18.90 毫克,都比谷类含量高。此外,青豆、黄豆、绿豆等还含有一定量的胡萝卜素。

三、粮食在烹饪中的应用

粮食是人们饮食活动中最基本、最重要的烹饪原料,在烹饪中有着广泛的运用。

（一）粮食是制作主食的原料来源

大米、面粉是人们主食的来源,大米可做米饭和各种粥类;以面粉为原料也可加工制作多种主食,如馒头、包子、饺子、拉面、烩面等。个别地区还用红薯、土豆、玉米作为主食的原料来源,在宴席上还可以做成形式多样的面点品种。

（二）粮食是菜肴制作中的独特原料

粮食及其制品在菜肴中运用广泛,烹调方式多样,味型多样。如粉蒸菜、锅巴菜、珍珠丸子等。目前主食与菜肴组合的菜式应用的也比较多。尤其一些粮食制品含丰富的蛋白质,而且质感独特,是素馔和仿荤菜肴的重要原料,如腐竹过去称为人造肉。

（三）粮食是多种糕点、小吃不可缺少的原材料

除加工主食和菜肴外,粮食及其制品还用于制作有着浓厚地方特色的小吃、糕点,形成各地的饮食特色,如糍粑、凉粉、凉皮、酸辣粉、油条、麻花、馓子、凉面、油茶等。

任务评价

（四）粮食是烹调中常用的辅助原料

粮食及其制品如黄豆粉、糯米粉、面粉、绿豆粉、红薯粉、玉米粉等，常用作裹料使用，如挂糊、上浆、勾芡等。有助于被裹原料形成较嫩或酥脆的质感以及特殊的香味和颜色。

（五）粮食还可以用来加工风味独特的调味品

烹饪中使用的一些调味品也是用粮食加工的，如酱油、醋、甜面酱、豆瓣酱、黄酒、味精等。在烹饪工作中是不可缺少调味原料。

任务二　谷类粮食

→ 任务描述

本任务对谷类粮食进行讲述，以便掌握和了解谷类原料。

→ 任务目标

掌握谷类原料的常用品种，关键是掌握谷类原料的烹饪运用。

一、稻和大米

（一）稻

稻为禾本科稻属植物，生长于热带和亚热带地区，是主要的粮食作物之一，如图4-2所示。我国栽培的稻绝大部分是水稻，但也有少数适于南方山坡地、旱地和北方低洼涝地种植的陆稻。我国自古就是水稻的主要生产国，1973年在浙江余姚河姆渡遗址出土了7000年前的稻谷遗物，说明我国是世界上最早栽培稻谷的国家之一。目前，我国90%的稻谷分布在秦岭淮河以南地区，其中以湖南、湖北、四川、广东、广西、安徽、江西、江苏、贵州、福建等地生产为多，华北和东北等地也可生产。

图4-2　水稻

稻的类型和品种很多，按其生长所需的自然环境可分为水稻和旱稻，按其生长期的长短可分为早稻、中稻和晚稻，按其形态特征和生理特性可分为籼稻、粳稻和糯稻。

（二）大米

稻谷经碾制脱壳而成大米，按米粒的形态特征和生理特性可分为籼米、粳米和糯米三类。

❶ 籼米　我国籼米的产量居世界首位，四川、湖南、广东是籼米的主要产区。籼米的米粒一般呈长椭圆形或细长形，长约7毫米。横切面为扁圆形，色泽灰白，半透明，腹白较大。以直链淀粉为主要形式，质地较疏松，硬度小，加工时容易破碎，产生碎米。涨性小，黏性小，口感较干而粗糙。主要做米饭或粥等主食，也可用于糕点、小吃、菜肴的制作，或制成米粉，作粉蒸类菜肴的辅助原料。

❷ 粳米　我国粳米的产量仅次于籼米，主要产于华北、东北和江苏等地。粳米呈椭圆形，横切面接近圆形，色泽蜡白，透明度较高，腹白少而小，俗称"珍珠米"。其支链淀粉含量高于籼米，米粒坚

Note

实,硬度高,加工时不容易破碎。涨性小,黏性大,口感滋润柔软。用途与籼米的相同,由于米团黏性大,所以一般不作发酵性糕点。

❸ **糯米** 糯米又称江米、酒米,我国各地均有栽培。米粒一般呈椭圆形,粳糯短胖,又称圆糯米,籼糯稍长,又称长糯米。呈乳白色,不透明。几乎全部由支链淀粉组成,所以米粒硬度较低,涨性小,黏性大,煮熟后透明度高。难以消化,一般不作主食,主要用于制作特色食品,如八宝饭、粽子、汤圆等。单独使用也不做发酵性糕点。

❹ **特殊品种的稻米** 在各种米质的大米中,都有一些品质较优、富有特色的特种稻米。特种稻米是指具有特殊遗传性状或特殊用途的水稻,主要以其用途的特殊性区别于普通稻米,是我国极其珍贵的一类稻种资源。我国稻作区域辽阔,种植历史悠久,生态环境复杂,稻种资源极为丰富,品质优异和具有特殊米质的水稻品种遍布大江南北。其品质优良,香味浓郁,口感好,能增强人们的食欲,并且有些还兼具食疗的作用,受到国内外的广泛重视。

(1)香米,因煮熟后香气浓郁、质地滋润细腻而得名。著名的有四川岳池的黄龙香米、四川宣汉的桃花米、河南郑州的凤凰台大米、陕西洋县香米、山西晋祠大米、山东章丘明水香米等。

(2)黑米,又称乌米,是禾本植物黑稻谷的种仁,为米中珍品,素有贡米、药米、长寿米之美誉,具有特殊的营养价值。黑米之所以是黑色,是因为它外部的皮层中含有一种花青素类色素。无论是糯米、粳米还是籼米,只要是紫色或褐色,甚至基本上呈黑色的品种,人们都称为黑米。我国黑米品种多达300个,著名的有陕西洋县黑米、云南墨江紫米、广西东兰墨米等。煮粥时,浸泡时间要久一点,以使不易消化的外皮容易被煮烂。除了煮粥外,黑米还可以做成点心、汤圆、粽子、面包等,甚至还可以用来酿成黑米酒。选购黑米时,要看它的外观和色泽,一般以色泽鲜亮、颗粒丰满、大小均匀者为好。

(3)红米,是一种优质稻米,米粒细长稍微带有红色,煮熟后色红如胭脂,气香而味腴。江苏的胭脂赤,又称胭脂米,古时为御用胭脂米,已传至大江南北。常熟的鸭血糯,干后呈血红色,为红稻之佳品,熬粥亦佳。

(4)绿米,最初产于河北玉田,称为玉田碧硬米,米粒细长,微带绿色,烹煮时香气浓郁。

二、小麦和面粉

(一)小麦

小麦为禾本科小麦属植物,是世界上分布最广泛、栽培最多的粮食作物,如图4-3所示。小麦在我国已有5000多年的种植历史,我国也是世界上种植最多的国家之一,华北平原为我国冬小麦的主要产区,以河南省产量最多。

小麦按播种季节不同可分为冬小麦和春小麦,春小麦产量和质量都不如冬小麦。按麦粒的性质可分为硬麦和软麦,硬麦的特点是胚乳坚硬,含蛋白质较多,筋力强,能磨制高级面粉;软麦也称粉质小麦,胚乳呈粉状,性质松软,含淀粉量较多,筋力弱,其质量不如硬麦。按麦粒的颜色可分为白麦和红麦,白麦出粉率高,粉色洁白,质量较好;红麦适于收获期多雨的地区种植,分布面较广。

图4-3 小麦

(二)面粉

面粉是用小麦的种子碾磨加工而成的粉状原料。面粉是我国北方的主要粮食品种,是制作主食、小吃、糕点的主要原料之一。

不同品种以及不同地区出产的小麦在性质上有一定的差别,所以我国加工生产面粉时一般都将不同的小麦搭配制粉,使面粉的品质达到一定的质量要求。面粉按性能和用途分为专用面粉(如面包粉、饺子粉、饼干粉等)、通用面粉(如标准粉、富强粉)、营养强化面粉(如增钙面粉、富铁面粉、"7+1"营养强化面粉等)。按精度分为特制一等面粉、特制二等面粉、标准面粉,普通面粉等。按筋力分为高筋粉、中筋粉及低筋粉。

❶ **等级粉**　普通面粉的等级是按加工精度的高低,即主要从色泽和含麸量的高低来确定的。特制粉又称特粉、精白粉、富强粉,加工精度高,色白,含麸量低,灰分含量低于0.70%,筋力强,面筋质湿重高于25%,是面粉中的上品,可以制作精细点心或要求色白、筋力性强的高级品种,如"小笼汤包"、"口蘑鲜包"、"樱花包"等。标准粉又称八五粉,是面粉中常用的一类,色稍黄,灰分含量低于1.10%,筋力稍差,面筋质湿重高于24%,是兼顾营养价值和面粉品质两方面要求的粉,所以可制作一切面食品种,既可用于大众便餐,又可用于宴席品种,也是一些甜菜的主要原料。普通粉色较黄,灰分较多,含量低于1.40%,筋力差,面筋质湿重高于22%,但因为含较多的糊粉层,所以维生素、矿物质和膳食纤维丰富,营养价值高,一般用于大众化面食及带色的油酥品种的制作,如"油条"、"牛肉煎饼"、"锅盔"、"麻花"、"馓子"等。全麦粉是由整个籽粒磨成的面粉,粉色较黄,口感粗糙,但有丰富的膳食纤维、维生素、矿物质和脂类,营养价值最高。

❷ **专业粉**　专业用粉是利用特殊品种小麦磨制而成的,或在等级粉的基础上通过相互混合或加入脂肪、糖、发粉、香料以及其他成分混合均匀而制成的。面包粉用硬质小麦和部分中硬麦混合加工而成。面包粉要求蛋白质含量较高,通常为10.8%～11.3%。为了使单位重量的面粉能制出体积大、富有弹性、切断面结构均匀的面包,要求面包粉具有强度高、发气性好,吸水量大等特点。饼干、糕点粉是为制作饼干、糕点所特制的面粉,一般选用含淀粉多的软质小麦加工而成。由这种面粉制成的饼干、糕点具有细、酥、松脆的口感。饼干、糕点粉蛋白质含量要求比面包粉相对低些,蛋白质含量在8.5%～9.5%,对色泽要求不高。面条粉大部分用蛋白质含量高的硬质小麦磨制而成,其筋力强,弹性好,制出的面条耐煮、不断条。

❸ **筋力粉**　筋力粉主要根据其筋力的强弱来分,有高筋粉、中筋粉、低筋粉和无筋粉。前三都可分别对应特粉、标准粉和普通粉,后者为澄粉。澄粉又称为麦粉、小粉,是将面粉中的蛋白质除去后的一种面粉,干粉色白细腻,其主要成分是淀粉和可溶性蛋白质。以澄粉制成的面团色泽洁白,无筋力,可塑性强,熟制后色泽白而光亮,略透明,韧性强,口感细腻柔软,入口易化。通常用来制作象形面点或用于装饰的面塑原料,易染色和造型。

三、其他谷类粮食

(一)玉米

玉米又称苞米、苞谷、珍珠米,为禾本科玉蜀黍属草本植物,如图4-4所示。玉米原产于中美洲和南美洲,是世界上重要的谷类粮食作物之一,种植面积和总产量仅次于小麦和水稻,居第三位,单位面积产量居各类作物的首位。大约在16世纪传入我国,我国以马齿形和硬粒形为多,主要产于四川、河北、山东及东北各地。我国玉米种植面积和总产量仅次于美国,居世界第二位。

玉米品种甚多,按籽粒形态及结构分类,玉米可分为硬粒型、马齿型、半马齿型、糯质型、爆裂型、粉质型、甜质型、有稃型和甜粉型等九个类型,其中糯质型是在我国形成的,又称中国蜡质种。按用途与籽粒组成成分分类,玉米分为特用玉米和普通玉米。特用玉米是指具有较高经济价值的玉米,有特殊的用途和加工要求,一般指高赖氨酸玉米、糯玉米、甜玉米、爆裂玉米、高油玉米等。按直链淀粉和支链淀粉的比例不同,玉米分为粳玉米和糯玉米两类。籽粒味甜者多属糯玉米,供煮食和制作罐头,爆裂型适合制作爆米花,除马齿型和硬粒型外,均适合于制作玉米片,美洲国家多用作谷类早餐食物。此外广泛用于制取淀粉、玉米胚芽油、酒精和饲料以及提取玉米色素。

玉米籽粒中平均含淀粉72%、蛋白质9.6%、脂肪4.9%、糖1.58%,另外还含有1.92%的纤维

图 4-4 玉米

素和 1.56％的矿物质元素。玉米籽粒中的脂肪含量较多,高于面粉、大米及小米,蛋白质含量高于大米,略低于面粉及小米。此外,玉米籽粒还含有较多的维生素 B_1、维生素 B_2,单位重量的发热量也比较高。

我国各地都有玉米粗粮细作的习惯,用玉米掺和其他食物,制成玉米烤饼、金银花卷、发糕以及其他点心。玉米除作为主食应用外,也是小吃、糕点、汤羹的原料,如"丝糕"、"玉米烙"、"凤凰玉米羹"等。在菜肴制作中多运用嫩玉米粒,如"黄金万两"就是用嫩玉米配松仁炒制的。

玉米虽然含有较多的营养素,有较高的营养价值,但玉米中所含的赖氨酸和色氨酸却较低,影响玉米食用品质,所以在食用玉米时应与其他食物搭配食用。

（二）小米

小米又称粟、谷子等,为禾本科狗尾草属植物粟的种仁。小米在我国有悠久的栽培历史,主要产区集中于河北及西北、东北各省区。

谷子去皮即为小米,其特性是粒小、滑硬、色黄。按谷壳的颜色可分为白色、黄色、赤褐色、黑色等品种,以白色和黄色最为普遍。由于小米在碾制过程中只碾去外壳,可以保留较多的维生素,因此小米中维生素 B_1 和维生素 B_2 的含量很丰富,比大米和面粉高好几倍。小麦中赖氨酸含量较少,宜与豆类、蛋黄搭配食用。

（三）黄米

黄米又称黍、糜子、夏小米等,为禾本科黍属一年生草本植物。起源于我国,是具有五千年栽培史的粮食作物。黍在我国种植广泛,其适应性很强,特别耐旱,能在贫瘠的土地上生长。因其产量较低,近些年种植的不多。

黍有粳性和糯性两种类型。粳性多称为糜子,糯性多称为黍子。粳性的糜子米、糜子面多为主食;糯性的黍子米、黍子面既可作主食又可作副食。黍子面中的淀粉由于全部是支链淀粉,黏性很强,在北方常用来制作黏糕。

（四）高粱

高粱又称蜀黍、桃黍、荻粱等,为禾本科高粱属植物,为高产农作物。高粱主要产于我国东北地区,脱壳的种子成高粱米,其种子为卵圆形,微扁,质黏或不黏,颜色有褐、橙、白或黄色,白高粱的品种最好。高粱是制酒、酿醋的原料之一。它分糯性和粳性两种,前者宜于磨粉后加工制作糕团品种;后者宜于制作干饭、稀粥。高粱的营养价值较高,其中脂肪和铁的含量高于大米,但高粱皮层中含鞣酸,加工粗糙的高粱米则会出现发红和味涩的不良变化和口感,而且还会影响蛋白质的消化吸收。所以对高粱米应该精加工,主要食其种仁,质地滋润软糯,也便于消化吸收。高粱米中的蛋白质属于不完全蛋白质,不易吸收,食用时最好配以其他含有较优蛋白质的食物。

（五）大麦

大麦又名倮麦、饭麦、赤膊麦,为禾本科大麦属植物,起源我国的西部高原,已有几千年的种植历史。大麦籽实扁平,中间宽,两端较尖,籽与稃紧密结合,不易分离。大麦富含糖类 68%～70%,含粗纤维较多,磨成粉味道不如小麦粉。大麦中降低胆固醇的葡聚糖含量比燕麦还要高,常食用能使人体内胆固醇含量降低 2%之多。大麦最大用途是制造啤酒和麦芽糖,也可制成麦片做麦片粥、麦片糕。主要食用方法是煮粥熬汤。

(六)青稞

青稞又称裸大麦、裸麦、元麦,为禾本科大麦属植物,主要产于青藏高原。青稞是大麦的一个变种,成熟后稃易分离。青稞籽粒有黑、白、花、紫等颜色,是西藏等地居民的主食之一。通常加工成糌粑食用,还常用青稞酿制青稞酒,是藏族人民的主要饮料。

(七)燕麦

燕麦又称野麦、雀麦,为禾本科燕麦属植物。我国西北、内蒙古、东北一带牧区或半牧区种植较多,是当地的粮食品种之一和重要的牲畜饲料。燕麦性味甘平,有补益脾胃、强气力、增食欲之功效。燕麦含蛋白质是谷类中最高的,燕麦麦麸含大量纤维素,对维持血糖正常平衡和抑制胆固醇的吸收有明显效果。燕麦的主要食用方法是煮粥,制作小吃、糕点等,还可加工成麦片。

(八)莜麦

莜麦又称稞燕麦、玉麦,为禾本科燕麦属草本植物,主要产于我国西北地区,与西藏高寒地区的青稞有别。莜麦性味甘平,有补气健脾、壮筋益力、除湿利水等功效。莜麦中蛋白质、碳水化合物、脂肪等含量都超过小麦粉。莜麦加工成粉,可制成"莜面卷"、"莜面窝窝"、"莜面条"等风味独特的食品。

(九)荞麦

荞麦又称乌麦、三角麦、荞子,为蓼科荞麦属植物荞麦的种子。荞麦籽粒是有坚硬外壳的三棱形瘦果,外壳呈黑、褐或灰色。原产于黑龙江,现在南北各地都有栽培,是我国北方人民及西部少数民族喜爱的一种杂粮。荞麦有甜荞、米荞、翅荞和苦荞,以甜荞的品质好,又称普通荞麦。荞麦含有丰富的蛋白质、维生素 B_1、维生素 B_2、铁等。荞麦磨粉后可作主食,也可与面粉掺和,制作扒糕、面条等食品。

(十)薏米

薏米又称薏苡仁、苡米、苡仁等,为禾本科薏苡属植物薏苡的种仁。苡米性味甘、淡、微寒,具有补脾和胃、利湿止泄之功效。它含有丰富的碳水化合物,脂肪、维生素 B_1 等营养物质。薏米的食用方法主要是熬粥。

任务评价

任务三 豆类粮食

→ **任务描述**

本任务对豆类粮食进行讲述,以便掌握和了解豆类原料。

→ **任务目标**

掌握豆类原料的常用品种,关键是掌握豆类原料的烹饪运用。

一、大豆

大豆通称黄豆,为豆科大豆属一年生草本植物,古称菽、戎豆、荏菽。原产于我国,全国各地均有出产,其中以东北所产质量最佳。按种子的皮色可分为黑大豆、黄大豆、褐大豆、青大豆、斑大豆。黑大豆包括黑皮青仁大豆、黑皮黄仁大豆,细分为乌黑、黑两种。黄大豆可细分为白、黄、淡黄、暗黄等四种。全国绝大部分为黄大豆。褐大豆细分为茶色、淡褐色、褐色、深褐色、紫褐色等。青大豆包括青皮青仁大豆、青皮黄仁大豆,细分为绿色、淡绿色、暗绿色三种。斑大豆常见的是鞍垫、虎斑两种。按播种季节可分为春大豆、夏大豆、秋大豆、冬大豆。

大豆含有丰富的蛋白质和脂肪,是膳食中优良蛋白质的重要来源。大豆蛋白质中氨基酸的种类和比例接近人体的需要,当豆和豆制品与杂粮混合食用时,由于互补作用而使蛋白质的营养价值更高。大豆中含有豆甾醇,有降低胆固醇的作用,所含的油酸及亚油酸具有明显降低胆固醇、防止血管硬化、保护心脏的作用。大豆中还有一种抑胰酶的物质,对糖尿病有一定疗效。大豆食法甚多,可煮、炒、炸。加水磨细后可制成豆浆和各种豆制品;干磨成粉为黄豆粉,可制成馒头、蒸饼等食品,亦是代乳粉的主要原料;大豆浸水后发芽可为黄豆芽,可供菜用;大豆先炒成金黄色再磨成粉,可做豆面糕等点心。此外,大豆可供榨油,可供制酱等调味品。

二、蚕豆

蚕豆又称胡豆、佛豆、仙豆,为豆科豌豆属植物蚕豆的种子。原产于黑海以南地区和非洲北部,我国各地均有栽培。蚕豆具有软糯、口味清香等特点,含有丰富的矿物质和维生素,尚含有磷脂。其性味甘平,有止血降压、健脾利湿的功效。蚕豆可炒、煮、炸。煮烂捣成泥,可做馅心糕点;用水发芽后做菜,味道鲜美;嫩蚕豆可作新鲜蔬菜食用,既可作主料,又可作辅料,咸甜皆宜,不论拌、炝,还是炒、烩都能做出适口的佳肴;干蚕豆还可以用于制酱等。

三、豌豆

豌豆又称麦豆、寒豆、荷兰豆,为豆科豌豆属植物豌豆的种子。原产于欧洲,我国的主要产区有四川、河南、湖北、江苏、青海等省区。豌豆种子的形状因品种不同而有所不同,大多为圆球形,还有椭圆形、扁缩、皱缩等形状。颜色有黄、褐、绿、玫瑰等。豌豆磨成粉是制作糕点、豆馅、粉丝、凉粉、面条等的原料。豌豆可做菜,也可制作罐头,其鲜嫩茎梢"豌豆苗"营养丰富,是优质蔬菜。

四、绿豆

绿豆又称青小豆、菉豆、植豆,为豆科豇豆属植物绿豆的种子。绿豆原产于缅甸、印度等地,在我国有 2000 多年的栽培历史,在全国各地均有栽培。绿豆性味甘、寒,具有清热解毒、明目降压、去脂保肝、止渴利尿的功效。绿豆可与大米、小米掺和制作干饭、稀粥等。绿豆煮粥熬汤,有消暑除烦、解渴生津的作用,宜为夏季清凉饮料。用纯绿豆磨成的豆粉称原豆粉,可制绿豆糕或摊制豆皮及锅巴菜等,还可制作馅心及一般饼类。绿豆用水浸泡生芽后即成豆芽菜,可作烹调原料。绿豆也是制作北京小吃豆汁的原料。

五、红豆

红豆又称赤豆、赤小豆、红小豆,古称小菽、赤菽,为豆科菜豆属一年生草本植物。原产于亚洲,我国有 2000 多年的栽培历史。红豆性软糯,沙性大,以粒大皮薄、红紫有光且豆脐上有白纹者品质最佳。红豆既可食用又可药用,其叶、芽、花均可入药,如用于治疗水肿,因其药性平缓,必须多服,连服方可奏效。红豆主要的食用方法是煮汤,可做赤豆汤、小豆粥,也可煮烂制成赤豆泥、澄沙等,是制作甜馅的主要原料,与面料掺和后可做各式糕点。

六、黑豆

黑豆又称乌豆、黑大豆、冬豆子,为豆科大豆属植物。原产于我国,至今已有近7000年的历史。黑豆即是粮食和油料作物,也是一种很好的蔬菜,亦可用来加工成豆制品。黑豆在我国原来主要用于牲畜饲料,其实黑豆的营养价值很高,现在已日渐被人们所重视。黑豆性味甘平,具有利水消肿、清热解毒、养脾明目、补胃滋阴、调中强身的功效。黑豆含高纤维素,能改善糖尿病患者细胞的糖代谢,增加胰岛素受体对胰岛素的敏感性,能使血糖下降,还能降血脂。常食用黑豆,可润肌肤,增气色,养肝补血,补胃益精,健脑乌发,对于神经乏力、须发早白疗效显著。黑豆的食用方法也如同黄豆,可以整粒煮食、炒食或油炸食用,也可磨豆浆、豆粉等。现多用于制作豆豉,也可以生豆芽。

任务四　薯类粮食

→ 任务描述

本任务对薯类粮食进行讲述,以便掌握和了解薯类原料。

→ 任务目标

掌握薯类原料的常用品种,关键是掌握薯类原料的烹饪运用。

一、甘薯

甘薯又称番薯、红薯、地瓜等,为薯蓣科薯蓣属一年或多年生草本植物,如图4-5所示。原产于美洲,我国各地均有栽培,以黄淮平原、四川、长江中下游和东南沿海栽培面积较大。甘薯主要以肉质膨大的块根供食,其形状有纺锤形、圆形、圆筒形、梨形等。根据品种不同,甘薯表皮有白、黄、红、黄褐等色,肉质部分有白、黄红、黄橙、黄质斑紫、白质斑紫等色。主要有食用品种和加工品种两类。食用品种生食或蒸、煮、烤或做菜,肉质滋润,味甜、薯香味浓郁。甘薯性味甘平,具有补中和血、益气生津、健脾胃、宽肠胃之功效。甘薯含黏液蛋白,对心血管系统有保护作用,能防止脂肪在血管壁沉积,保持动脉血管弹性。常食甘薯能降低胆固醇含量,并能减少皮下脂肪,有健美益寿之功效。将鲜甘薯煮熟捣烂,与米粉、面粉等掺和后,可制作各类糕、团、包、饺、饼等。干制成粉又可代替面粉制作蛋糕、布丁等各种点心,还可酿酒、制淀粉、粉条等。也可以成为菜肴的主料或辅料,如"灯影苕片"、"炸红薯"、"红薯丸子"等。

二、木薯

木薯又称魁薯、树薯、木番薯,为大戟科木薯属植物,如图4-6所示。原产于非洲、美洲,我国南方栽培较多,尤以广东、广西为多。以地下肉质块根供食,呈长圆柱形,因品种不同皮色不同,有白、灰白、淡黄、紫红等颜色。块根肉质部分为白色,富含淀粉,也含一定的钙、磷、铁、维生素 B_1、维生素 B_2、维生素 C。木薯可用于制作菜肴,主要用于生产淀粉,其成品色白细腻,多用于加工高档菜肴,更适合加工西米。还是制作酒精、果糖、葡萄糖的原料。食用鲜薯的肉质部分时,必须经水浸泡,充分加热成熟,以破坏有毒成分。

图 4-5　甘薯

图 4-6　木薯

任务评价

任务五　粮食制品

 任务描述

本任务对粮食制品进行讲述，以便掌握和了解粮食制品原料。

任务目标

掌握粮食制品原料的主要品种，关键是掌握粮食制品原料的烹饪运用。

一、粮食制品概述

粮食制品在我国烹饪原料中占有很大比重，是中华民族以植物类原料为主的饮食结构中的主要组成部分。这些制品，绝大部分供家常食用，是蛋白质的重要来源。有些可用于宴席，以素馔宴席应用较多。豆制品有"植物肉"的美称，受到世界许多国家的重视。目前，我国对粮食制品的加工生产已基本实现机械化，使粮食制品的品种和数量有了很快的发展。一般来讲，粮食制品主要分为谷制品、豆制品和淀粉制品等三大类。

二、粮食制品的主要品种

（一）谷制品

谷制品分面制品和米制品两大类，它们分别由小麦制成的面粉和以大米为原料制作而成。

❶ **面筋**　面筋又称百搭菜、面根。以面粉加水和成面团后稍静置，再放入水中揉洗，待面团中所含淀粉、麸皮基本洗去后余下的一团白色、柔软、筋力较强的胶状物，即是面筋。面筋的主要成分是麦胶蛋白和麦谷蛋白。麦胶蛋白具有良好的延伸性，但缺乏弹性；麦谷蛋白则富有弹性，但缺乏延伸性。正是因为这些特性，面筋在菜肴制作中得到广泛的应用。在各种谷面面粉中，只有小麦粉中的蛋白质能吸水而成面筋。质量好的面筋呈白色或稍带灰色，具有轻微的面粉香味，并有较好的弹性和延伸性。生面筋因加工成熟方法的不同，其名称和用途也不相同。生面筋放入开水中，焖至浮起发硬捞出的，称为水面筋；生面筋揪成小剂，下入油锅炸至起泡，色泽金黄捞起的泡状球形物，称面筋泡；面筋洗出后，经自行发酵起泡后，上笼蒸熟而成的，称熟面筋或烤麸。面筋既可作主料，又可为配料，其本身没有什么味道，可与多种原料搭配，故也称百搭菜。面筋适宜的烹调方法多样，通过烧、

煨、卤、软炸、干煸、凉拌等烹调方法可制作出风味各异的名菜。如"烧煨面筋条"、"文武面筋"等。

❷ **米线** 米线又称米丝、米面等,它是大米经浸泡、磨粉、蒸煮、压条、成形、干燥加工制作而成。米线质量的好坏与生产米线的大米中直链淀粉的含量有直接关系,大米直链淀粉的含量在15%左右时,生产出的米线质量最佳。主要表现在米线韧性好,不易断条,煮后不粘条。比较著名的品种有广东"沙河粉"、江西的"古城粉"、福建"兴化粉"等。米线主要用来制作小吃或当主食食用,我国许多地区早餐有吃米线的习惯。在烹饪应用中,常用来炒或是与汤同煮。云南的"过桥米线"等在全国较为有名。

❸ **米粉** 米粉是用大米经磨制加工而成的粉末状原料,分生米粉和熟米粉两类。根据米粉磨制加工方法的不同又分干磨粉、湿磨粉、水磨粉。干磨粉是将干燥的大米磨成粉,也可将大米炒熟,然后再磨制,这样加工出来的米粉,质地干燥香松。湿磨粉是将大米先用冷水浸泡透,捞出晾干,再磨制成粉。米粉可根据菜肴制作时的要求,选用不同品质的大米磨制。籼米粉、粳米粉韧性没有糯米粉大。一般用油炸的方法制作菜肴时,多选用糯米粉。若成品口感要求松软,或是用来稀释面筋和调节面筋的涨度,应选用籼米粉制作。

❹ **通心粉** 通心粉又称通心面、空心面,以小麦粉为原料,是用挤压法制成的一种面条,如图4-7所示。在面粉中加水及配料,使含水量约达30%,经混合、模压成形后,干燥至含水量约12.5%即为成品。它起源于中国,13世纪后由意大利旅行家马可·波罗传至意大利。一般分长形和短形两大类。前者又分管状、棒状、带状;后者又分贝壳状、轮状、螺旋状、文字状、环状、星状、新月状等。按需要还可分空心和实心两种。实心长形与我国的挂面十分相似。通心粉可作主食、点心,有的则宜作菜肴配料。

❺ **年糕** 年糕是由糯米、粳米、籼米等制成的一类米制品,系春节期间的传统食品,如图4-8所示。因糕与高同音,有"年年高"的隐喻。年糕分淡、咸、甜三类,品种繁多。淡的如"宁波水磨年糕",由粳米浸泡、水磨、压干、蒸熟、捣烂、成形而成,切片后配菜或加糖食用。咸的如"广东咸年糕",由糯米粉、籼米粉等加水制成浆料,加入由萝卜丝、香肠、腊肉、猪油、糖、盐和胡椒粉等煮成的配料,混合均匀后蒸熟,再撒上蛋皮丝、葱末、香菜末等而成,食时切片油炸。甜的有"桂花糖年糕"、"猪油年糕"、"海南年糕"、"芋艿年糕"、"白果年糕"等,基本上由糯米粉、猪油块、各种果仁、糖花朵等经调制、蒸熟而成。因用料各异,风味亦各不相同。可蒸食、煮食、油炸或冷食,还常作为火锅原料运用。

图4-7 通心粉　　　　　　　　　　　　图4-8 年糕

❻ **锅巴** 锅巴又称饭焦,指米饭焦香、脆硬的底层。一般采用糯米、粳米制成,以片薄、色泽淡黄、酥香松脆为佳。中国锅巴历史悠久,现代食品加工已经采用烘箱烤制。按谷物的品种分为籼米锅巴、糯米锅巴、粳米锅巴、小米锅巴等。锅巴不但可以作为主食泡煮食用,而且是锅巴系列菜品的主要原料,也可配以其他高中低档的荤菜原料运用,适宜于咸鲜、酸辣、茄汁、荔枝等多种味型。作菜肴时宜将锅巴烘干后,在八成热的油温中油炸,锅巴涨发快,不吸油,产生松脆的口感。

(二)豆制品

豆类中的许多品种都可制成豆制品,如大豆、红豆、绿豆等。大豆制品是最为常见的品种。

❶ **豆腐**　中国是豆腐的发源地,相传创始人是 2000 多年前西汉的淮南王刘安。元代、明代间豆腐传到日本、东南亚等地,清代传至欧洲,现在世界上大多数地方都将豆腐视为健康食品,如图 4-9 所示。由于我国南北生活习惯及气候等差异,传统的豆腐有南豆腐和北豆腐之别。北豆腐多以氯化镁配制卤水制作而成,这种豆腐含水分较少,质地坚实,豆香浓郁,但纹理松散,显得粗糙,适宜用煎炸、炖的方法制作菜肴;南豆腐则是以硫酸钙配制卤水制作而成,这种豆腐含水分较多,质地光滑细嫩,富有弹性,适合于拌、炒、烩、烧和制羹汤。此外,还有内酯豆腐、蔬菜汁豆腐、营养豆腐、彩色豆腐、脆豆腐等。豆腐性味甘、凉。有益气补中、生津润燥、清热解毒、止咳消痰、宽肠降浊的功效。豆腐与荤素各种原料配用,可以制作数以千计的菜肴,适用于多种工艺加工和各种烹调方法,可做冷菜、热炒、大菜、汤羹、火锅等各种菜式。

❷ **豆腐干**　豆腐干又称豆干、干子、白干等,是将豆腐脑用布包成小方块,或盛入模具压制而成,如图 4-10 所示。它较干硬,含水量为豆腐的 40%～50%。著名的有安徽石矶菜干、四川五香豆腐干、苏州卤干等。质量好的豆腐干,表面较干燥,手感坚韧,质细,有香味。茶干、香干等通常作为菜点、凉菜和炒菜的配料。白干可切成片、丝、丁、粒等用作菜肴的配料,如淮扬名菜"大煮干丝"等。

图 4-9　豆腐

图 4-10　豆腐干

❸ **千张**　千张又称百叶、豆腐皮等,是将豆腐脑舀到布上分批折叠压制而成的片状制品。以薄而均匀、质地细腻、味道纯正、久煮不碎为质好。千张韧而不硬,嫩而不糯,是常用的烹饪原料。可通过熏、酱、烧、拌制成凉菜,也可通过炒、烧、煮、炖制成热菜,还可制作素鸡、素火腿、素香肠等。

❹ **豆浆**　豆浆为干黄豆经水泡涨后,磨研过滤出的浆汁。豆浆营养丰富,经济实惠,是广大人民喜爱的早点稀食之一。豆浆性味甘、平。有补虚润燥、清肺化痰的功效。豆浆中含有烟酸和易吸收的钙,因此可以增强微血管弹性,预防血管破裂,减少老年骨脆弱,故对动脉硬化、冠心病、骨质疏松症患者有益。豆浆除供饮用外,还是做豆腐、豆腐脑、豆花的原料。

❺ **腐衣和腐竹**　这两种制品都是我国的特产。将豆浆煮沸,搅拌后静置,脂肪和蛋白质上浮凝结成薄膜,挑出薄膜平摊干制成腐皮,又称油皮、豆腐皮、挑皮。如果将挑出的薄膜卷成杆状就制成腐竹,又称豆笋、豆棍、豆筋。腐衣和腐竹只是形状不同,组成物质和质地几乎是一样的。腐衣以最初挑起者为好,膜薄、半透明、油亮、淡黄色、手感柔韧,一般有 500 克在 20 张以上即为上品。腐竹以个体挺拔、色泽淡黄、有油光、手捏易碎者为上品。桂林腐竹、河南许昌腐竹、陈留豆腐棍等都是腐竹中的佳品。腐衣、腐竹清鲜素净,为制作菜肴,尤其是制作素菜的上等原料。使用前均需发制柔软。腐衣可单独成菜,也可与其他原料配用,通过炸、拌、烧、焖制而成菜,最适宜作汤,配以蔬菜、肉类,汤汁奶白鲜美;可作包卷料制作卷包类菜肴,如"干炸响铃";可作为仿荤菜原料仿制素肉松、素鸡、素鸭、素火腿、素香肠等。腐竹可作为主料和配料成菜,运用广泛,可用于冷菜、热菜、火锅等。

❻ **豆芽**　豆芽是豆类种子在一定湿度、温度条件下,无土培育的芽菜的统称,如图 4-11 所示。常见的有黄豆芽、绿豆芽、豌豆芽、黑豆芽等。黄豆芽子叶黄色,胚根较粗,白色,多用做热菜,可烧、炒、煮、氽等,还是制素汤的主要原料。绿豆芽子叶淡绿,胚根较细,青白色,常用做凉拌菜,也可做热菜、氽汤等。豆类含有较高的蛋白质、脂肪与碳水化合物,豆类经水浸泡发芽后,在酶的作用下,部分

营养成分降解或被利用,含量上有所下降,然而其生物效价和利用率显著提高,而且豆类在发芽过程中有害物质被除去。

⑦ **腐乳** 腐乳是豆腐经发酵、加调料等制成的产品,如图 4-12 所示。腐乳在发酵过程中,大豆蛋白水解成多种氨基酸,再加上用黄酒、白酒米醪、红曲、砂糖等配成的汤料加以调味,制成的腐乳味极鲜美,营养丰富。腐乳根据外观颜色不同,分为红色、白色、青色三种。根据风味不同分为南乳和北乳。米黄色腐乳味偏甜,红色和青色腐乳味偏咸。

图 4-11　黄豆芽

图 4-12　腐乳

（三）淀粉制品

淀粉制品主要是用薯类、谷类及豆类淀粉制作的产品。不同类别的淀粉制作出的产品特色各不相同,主要有凉粉、粉皮、粉丝、西米等。

① **凉粉** 凉粉一般是由粉块制成,如东北粉块,是用 70%～80% 的玉米和 20%～30% 的豆类为原料,经浸泡、发酵、湿磨成粉浆后用布滤出而成。凉粉可直接用来做菜。有的地方用凉粉雕刻出造型,既可以观赏又可以食用。新鲜粉块呈白色或青色,质地细腻,透明度好,无任何不良气味,其本身无味,在菜肴制作时应注意调味。

② **粉皮** 粉皮又称拉皮,是以豆类或薯类淀粉制成的片状制品,如图 4-13 所示。粉皮以纯绿豆粉制作为好,干粉皮以片薄平整、色泽亮中透绿、质地干燥、韧性较强、久煮不溶者为佳。名产有河北邯郸粉皮、河南汝州粉皮、安徽寿县粉皮等。干粉皮泡发后可调拌小吃或凉菜,也可烧、炒、烩等,还可制汤,适宜多种烹调方法。

③ **粉丝** 粉丝是用豆类、粮食、薯类等淀粉加工制成的干制品,如图 4-14 所示。粉丝按原料不同有绿豆粉丝和甘薯粉丝。绿豆粉丝是粉丝中质量最好的品种,其色泽洁白,光亮透明,粗细均匀,韧性好,煮后呈透明状,久煮不会溶化。甘薯粉丝以甘薯为原料制作而成。其色泽灰黄,暗而无光,韧性差,容易折断,久煮易糊。

图 4-13　粉皮

图 4-14　粉丝

④ **西米** 西米是用淀粉加工而成的圆球形颗粒制品。西米原产东印度和马来群岛等地,是由当地生长的西谷椰树的树干中提取的淀粉加工而成的。目前市场上所售的西米大多用木薯粉、小麦

粉、玉米粉、马铃薯粉等制成。西米色泽白净,光滑圆润,颗粒坚实。有直径为8毫米的大西米和直径为2~3毫米的小西米。以熟制后晶莹透明、口感爽滑、有一定韧性为佳。西米常用于制作甜羹、甜菜和一些工艺点心,如"白果西米羹"、"银耳莲子西米羹"等。

任务六　粮食的品质检验与储藏

任务描述

粮食及制品在储藏运输过程中原料容易受到外界的污染,或在自身酶的作用下会相继发生物理变化和化学变化。为了保证食品安全,加强粮食的品质检验,合理储藏原料具有重要意义。

任务目标

掌握粮食的品质检验技术,了解粮食的储藏技术。

一、粮食的品质检验

粮食是人们的主食原料,由于生产的粮食品种不同,全国各地人们的主食来源有很大的差别。在饮食行业,用来制作主食和点心的粮食主要为大米和面粉。

（一）稻米的品质检验

大米的品质是由多方面因素决定的,主要有大米的品种特点、成熟情况、含水量、加工的方法和程度,以及大米存放时间长短等。检验大米的品质以其粒形、腹白、硬度及新鲜度来判定。

❶ **米的粒形**　米粒形均匀、整齐、重量大,没有碎米和爆腰米的品质较好,相反则较差。碎米指米粒体积在整粒的三分之二以下的米,爆腰米为粒上有裂纹的米,易碎,口味较差。

❷ **米的腹白**　米粒上呈乳白色而不透明的部分称为腹白。有腹白的米体积小,硬度低,易碎,蛋白质含量低,品种较差。

❸ **米的硬度**　米能够抵抗机械压力的程度称为硬度。硬度大,品质就高,硬度小,品质就低,易成碎米。

❹ **米的新鲜度**　新鲜的米有清香味和光泽,无糠和夹杂物,无虫害,无霉味、异味,用手摸时滑爽干燥。而陈米则暗淡无光,有虫害痕迹,甚至发霉,粘连结块,煮熟食用质感粗糙,口味很差。

（二）面粉的品质检验

不同的面粉,其品质区别较大,主要以含水量、颜色、面筋质和新鲜度等几个方面进行品质的检验。

❶ **含水量**　面粉由于失去小麦表皮的保护,不仅易于感染微生物和遭受虫害的侵袭,而且容易受空气中湿度和温度的影响,吸收水分,促进化学变化而降低品质。因此,面粉的含水量是检验品质的一个重要方面。我国规定面粉含水量应在12%~13%。含水量正常的面粉用手捏有滑爽的感觉,如捏而有形且不散,则含水量过多,不易保管,易发霉变质。

❷ **颜色**　面粉的颜色已随着面粉加工的精度不同而不同。颜色越白,精度越高,维生素含量也越低。如果保管时间过长或保管条件比较潮湿,面粉的颜色就会加深,品质降低。

❸ **面筋质**　面粉中的面筋质由蛋白质构成,它也是决定面粉品质的重要指标。面筋质可使面粉制品体积增大,并保持固定形状。因此,面筋质含量高,品质就好。但也有一定的含量标准,如果过高,其他成分就相应减少,品质就不一定好。

❹ **新鲜度** 新鲜面粉有正常的气味,颜色较淡。如果带有腐败味、霉味,颜色发深,则面粉已陈。如因水分过多而产生发霉、结块现象,表明面粉已变质。面粉的新鲜程度是鉴定面粉品质最基本的标准。

二、粮食的储藏

粮食是有生命的活体,它不断地进行着新陈代谢,时刻受着外界条件的影响,因此搞好粮食的储藏工作特别重要。储藏粮食的方法,随品种、数量不同而异。一般来说,在保管中应注意调节温度、控制湿度、避免感染等几个问题。

（一）调节温度

粮食购进后,要加强检查,严防发热发霉。粮食本身在呼吸中会放出热量,但它又是热的不良异体,这样积聚在粮堆中的热,就会引起温度的升高。在外温度没有特殊变化的情况下,当粮食温度连续上升超过仓温 5 ℃时,就会发热;当上升到 34～35 ℃时,粮食就会出汗、发芽、黏性增加;当上升到 50 ℃时,会出现发酸发臭、颜色由黄转为黑红的剧烈变化,这表明粮食已完全变质而失去食用价值。如发现大米、面粉发热,应该迅速倒垛、串袋或摊晾。已发热的大米和面粉应当先用。一旦发现霉变就应立即处理,以减少损失,然后单独保管,以防霉菌蔓延。

（二）控制湿度

粮食具有吸水性能(即吸湿性),在潮湿环境中易吸收水分,体积膨胀;遇到适当温度就会发芽。同时,粮食中的水分增加,又使呼吸作用加强,加剧发热发霉,并引起虫害。大米和面粉都有较大的吸湿性,受潮后再受到一定的压力,就会发生结块或霉变。因此,除注意温度的影响外,堆放要架高,并有铺垫物,以防潮。另外,每次进货不能进的过多,以免一时用不完而吸湿霉变。

（三）避免感染

粮食中的蛋白质、淀粉具有吸收各种气味的特性。如果把粮食与有异味的物质(如煤油、肥皂、蚊香)混在一起存放就会感染异味,从而影响粮食的品质。

总之,储藏粮食时要做到:存放地点必须干燥、通风,切忌高温、潮湿;要避免异味、异物的污染,盛装器具要干燥、清洁;堆放要整齐,上下左右要保持一定的空间,与墙壁保持一定的距离;还应注意鼠、虫害等。

任务评价

项目小结

本项目介绍了粮食原料的分类方法及常见粮食及粮食制品的名称、产季、产地和特点,使学生了解粮食对人体的作用,了解粮食的品质检验与储藏方法。

同步测试

主要概念

· 植物性原料与粮食的关系

· 稻和大米

· 小麦和面粉

· 粮食制品

植物性原料——蔬菜类

项目描述

　　蔬菜是指可以烹调成为食品的一类植物或菌类,蔬菜是人们日常饮食中必不可少的食物之一。据统计,人体必需的维生素 C 的 90%、维生素 A 的 60% 来自蔬菜。此外,蔬菜中还有多种多样的植物化学物质,是公认的对健康有效的成分。

扫码看课件

项目目标

　　了解蔬菜的结构、分类、营养成分和烹饪应用,熟悉常见蔬菜类原料的品种和常见烹饪菜肴,了解蔬菜的品质检验和储藏。

任务一　蔬菜类原料概述

任务描述

本任务对蔬菜类原料进行概述,以便掌握和了解蔬菜类原料。

任务目标

掌握蔬菜类原料的性质、特点、营养价值等方面的内容,关键是掌握蔬菜类原料的烹饪运用。

　　我国蔬菜的发展历史经历了从采集野生植物到移植栽培,从自给自足到商品生产的过程,并在我国原有品种的基础上,积极引进国外的蔬菜品种,逐渐形成了现有的蔬菜体系。目前,我国蔬菜大约有两百多种,在人们的饮食生活中占有重要的地位。

一、蔬菜的种类

　　按照生长环境,蔬菜可分为栽培和野生;按照蔬菜的加工特点,可分为鲜菜、干菜、腌渍菜、蔬菜罐头等;按照生物学分类体系,可分为高等植物性蔬菜和低等植物性蔬菜,再按科分,分为十字花科、菊科、葫芦科、豆科蔬菜等。目前常用的是按商品学分类,分为根菜类,如萝卜、胡萝卜、根用芥菜等;茎菜类,如茎用莴苣、擘蓝、马铃薯、慈姑、莲藕等;叶菜类,如大白菜、塌棵菜、芹菜、菠菜、蕹菜等;花菜类,如花椰菜、黄花菜、韭菜薹等;果菜类,如菜豆、番茄、黄瓜、冬瓜等;其他,包括食用菌类、食用藻类。

二、蔬菜的结构

蔬菜大多数来源于被子植物。从结构上看，通常分为根、茎、叶、花、果实等五大部分。

植物的根可分为直根系和须根系两大类，供食用的根菜类一般都来自直根系的被子植物，它们的主根中薄壁组织比较发达，因而膨大，常为储存营养物质的场所，但维管柱、皮层等部位的机械组织较少，从而保证了食用的品质。

茎菜类或为具有初生结构的幼嫩茎，或为具有储藏作用的变态的地下茎或膨大的地上茎。从显微结构上看，具有发达的薄壁组织、机械组织，输导组织中的木质化细胞较少。

叶通常可分为叶片、叶柄和托叶三部分。由于托叶常早落，因此，叶菜类主要食用的是叶片和叶柄两部分，其中叶片的叶肉组织发达、表皮薄、叶脉细嫩，而叶柄中的基本组织发达，一般缺乏机械组织。

花可分为花柄、花萼、花冠、雄蕊群、雌蕊群等几部分，通过花柄着生于茎上或花茎上。因此，供食用的花菜类除均由薄壁组织组成的花朵外，还包括发达的薄壁组织的花茎（即花薹）部分。

果菜类是由被子植物的果实所提供的，包括果皮和种子两部分。果皮可分为外果皮、中果皮和内果皮三部分。在不同的果实中，三种果皮的组织结构变化较大，但具有食用价值的是薄壁组织。种子由胚、胚乳和种皮组成。除种皮外，均由薄壁组织组成，因而具有食用价值。

三、蔬菜的营养成分

（一）蔬菜的化学成分

蔬菜含有多种化学成分，各种成分的含量及组成比例因种类、品种而异。所以不同种类、品种的蔬菜，品质有很大差别。

❶ 水 蔬菜中含量最多的是水，大多数蔬菜含有 65%～90% 的水分。因为蔬菜以鲜食为主，所以正常的含水量是蔬菜的主要质量指标。一般来讲，蔬菜越是鲜嫩多汁，质量就越高。但是，含水量多的蔬菜不易储存，而且容易腐烂变质。

❷ 无机盐 蔬菜中含有钙、铁、钾、钠、镁等多种无机盐，其中钾的含量最多，钙、磷、铁的含量也很丰富。各类蔬菜无机盐的含量是不相同的，例如，叶菜类为 0.4%～2.3%，根菜类为 0.6%～1.5%，茎菜类为 0.3%～1.3%，瓜类为 0.2%～0.7%，茄果类为 0.4%～0.5%，鲜豆类为 0.6%～1.7%。

❸ 维生素 蔬菜中含有少量的 B 族维生素，如维生素 B_1（硫胺素）、B_2（核黄素）、B_5（烟酸）等。蔬菜中维生素 C 的含量特别丰富，是人体所需维生素 C 的主要来源。各种蔬菜的维生素含量不同。大多数叶菜类、茄果类如甘蓝、番茄、辣椒含有较多的维生素 C。维生素 C 的性质极不稳定，易受氧化，易被高温所破坏。所以蔬菜储存时间过长或烹调时间过长，都可造成其中的维生素 C 大量损失。呈绿、黄、橙等色泽的蔬菜富含胡萝卜素，胡萝卜素在人体内可转化为维生素 A，故又称维生素 A 原。胡萝卜素易溶于脂肪，故其吸收率与膳食里的脂肪含量有关。

❹ 糖类 蔬菜中的糖类可分为带甜味的糖和不带甜味的淀粉及纤维素。蔬菜含糖量一般较少，胡萝卜、南瓜、甜瓜、洋葱等含糖量较多，其他如青菜、黄瓜、黄豆、白菜、萝卜仅含有微量的糖。

淀粉在土豆、芋头、山药、慈姑等根茎类蔬菜中含量较多，其他蔬菜中含量较少。

纤维素具有较高的稳定性，能保护蔬菜不易受到微生物的侵害及其他外力的损害，因而表皮厚的蔬菜较易储存。

❺ 有机酸 蔬菜中除番茄含有较多的有机酸外，其他蔬菜有机酸的含量较少。菠菜、茭白、竹笋中含有较多的草酸和鞣酸。草酸和鞣酸能影响人体对钙的吸收。因此这几种蔬菜在制作菜肴过程中，须进行焯水处理，以除去草酸和鞣酸。

⑥ **挥发油**　许多蔬菜有特殊的香气,这是蔬菜中挥发性物质产生的作用。在蔬菜中挥发性物质的含量一般不多,大约含有 0.005%～0.009%,洋葱中约含有 0.037%～0.055%,它们是形成蔬菜特殊滋味的物质。

挥发性物质的香气能刺激食欲,帮助消化,并且具有杀菌、去腥的作用,所以富含挥发性物质的葱、姜、蒜被广泛用于菜肴的调味。

⑦ **色素**　蔬菜的各种颜色是由色素构成的。色素的种类很多,蔬菜中主要有下列几种。

(1)叶绿素是形成绿色的物质,菠菜、油菜等含叶绿素较多。叶绿素是不稳定的物质,不溶于水而溶于酒精,很容易氧化和被酸、热破坏,变成暗绿茶色或黄绿色。

(2)胡萝卜、番茄、红辣椒等蔬菜中,具有黄、红、橙等色素,其他绿色的蔬菜里也含黄、红、橙等色素,但被叶绿素所遮盖,显现不出来。一般来说,形成蔬菜黄、红、橙等颜色的原因是其富含胡萝卜素、番茄素和叶黄素。

(二)蔬菜的营养价值

大多数蔬菜的糖类、蛋白质、脂肪含量均不高,故不能作为热量和蛋白质的来源。蔬菜中维生素、无机盐及膳食纤维的含量很高,品种也极丰富,对人体的生理调节、酸碱平衡和新陈代谢等起着十分重要的作用。近年的研究认为,几乎所有的蔬菜都可抗癌,因为维生素 A、维生素 C、纤维素、酶干扰素、蘑菇多糖等均有抗癌功效。许多蔬菜还具有降血脂、降胆固醇和降血压的作用,有助于对心血管系统疾病的防治。

(三)蔬菜在烹饪中的应用

蔬菜由于品种多,形态各异,适宜于任何刀工处理和烹调方法,可用于冷菜、热炒、汤羹及甜菜等菜型的制作,在烹饪中发挥着重要而特殊的作用。可以作主料,单独成菜,具有清鲜爽口、调节口味的作用;可以作配料,用于荤菜制作的填充、围边、垫底、拼衬,具有调色、配形、装饰、点缀的作用;有些品种(如葱、姜、蒜、芫荽等)可兼作调味料,具有去腥膻、膻味、增香味的作用;可用于制作腌菜、酱菜、泡菜、干菜等食品,具有形成特殊风味食品的作用。

任务评价

任务二　根菜类蔬菜

▶ **任务描述**

本任务对根菜类蔬菜原料进行介绍,以便掌握和了解根菜类蔬菜原料。

▶ **任务目标**

掌握根菜类蔬菜原料的常用品种,关键是掌握根菜类蔬菜原料的烹饪运用。

一、根菜类蔬菜概述

以植物膨大的根部作为食用部位的蔬菜称为根菜类蔬菜。这种根为植物的储存器官,富含糖类等营养物质。根菜类蔬菜产量高,耐储存,适于加工腌制,在北方冬、春季节蔬菜短缺时占有重要的地位。

根菜类蔬菜中味道清鲜、甘甜、水分含量高的种类可直接代替水果,如豆薯、萝卜、红菜头等。更广泛的是作菜肴的主、配料使用,可切丝、丁、片等形状,以拌、炒、烩等烹调方法成菜,体现脆嫩、清香的特点;或切块、条、段,以烧、炖、煮、烩、蒸的方式成菜,突出软糯、鲜香的特点;可作主食、甜菜、糕点、小吃的配料和馅心,如炸红薯丸子、拔丝红薯、萝卜卷等;常用来作食用雕刻原料,如心里美萝卜、胡萝卜、红薯、红菜头等;常加工成风味独特的蔬菜制品,如腌萝卜干、酸辣萝卜条等;含有特殊芳香物质的种类是特色调味原料的来源,如辣根、大头菜等。

二、根菜类蔬菜主要品种

(一)萝卜

萝卜又称莱菔、芦菔、雹葖,为十字花科萝卜属一、二年生草本植物,如图5-1所示。萝卜主要以肉质根供食用,其嫩叶也可食用。多于夏秋季栽培上市,是全国各地的主要蔬菜之一。萝卜品种很

图 5-1 萝卜

多,按季节分有春萝卜、冬萝卜、水萝卜、四季萝卜等,按颜色分有青萝卜、白萝卜、红萝卜、心里美萝卜等。近年来又培育出了许多萝卜新品种,如天津沙窝青萝卜、东北红萝卜、辽阳大红袍、海城灯笼红等。新鲜萝卜含有丰富的维生素C、糖分和无机盐,还含有淀粉酶和芥籽油。淀粉酶有助于消化,芥籽油能促进胃肠蠕动,增加食欲。萝卜品质以新鲜脆嫩、外皮光滑、无开裂糠心、无黑心、不抽薹、无外伤者为佳。其烹饪方法多样,适于烧、炖、煮、炒、作汤等,常用于制作各种馅心和糕点小吃等,同时,也是食品雕刻和菜点装饰的重要原料,也适合腌渍、作酱菜、作开胃小菜等。嫩叶适合炒或凉拌,口感清鲜。

(二)胡萝卜

胡萝卜又称胡芦菔、红萝卜、甘荀,为伞形科胡萝卜属一、二年生草本植物,如图5-2所示。胡萝卜以肥硕的肉质根供食用,各地均有栽培,是全国各地的主要蔬菜之一。胡萝卜品种较多,一般按其肉质根形状分为三种类型:短圆锥形,为早熟品种,主要品种有烟台三寸胡萝卜,其皮肉均为橘红色,单根重100~150克,肉厚,心柱细,质嫩味甜,宜生食;长圆锥形,多为中、晚熟品种,主要品种有内蒙古黄萝卜、烟台五寸胡萝卜、汕头红萝卜等,味甜,耐储存;长圆柱形,为晚熟品种,根细长,肩粗壮,主要品种有南京长红萝卜、上海长红萝卜、湖北麻城棒槌胡萝卜等。胡萝卜含有大量的糖分和维生素A,在红黄两种胡萝卜中,黄的比红的营养价值高。胡萝卜已经是国内外公认的防癌食物,加之含其他维生素和氨基酸、矿物质等,故还有降血脂、降血压、增强心功能等作用。胡萝卜以颜色正、根皮光滑、形状整齐、质地均匀、心柱细、味甜、汁多脆嫩为佳。胡萝卜的食用方法因地而异,大致有炒、烧、生食、做馅、腌制及做荤菜(包括西餐菜肴)的配料,也可晒干成干制品。胡萝卜色泽鲜艳,常用于制作各种胡萝卜花点缀菜肴。

(三)芜菁

芜菁又称圆根、蔓菁等,为十字花科芸薹属两年生草本植物,如图5-3所示。原产于地中海沿岸,目前种植面积已显著减少。芜菁肉质根柔软致密,略带甜味,以肥大的肉质根供食用,其肉质根呈球形、扁圆形、矩圆形或圆锥形,皮多为白色,也有上部绿色或紫色、下部白色的。我国栽培的芜菁有两种类型:圆锥形类型,生长期长,肉质根较大,主要品种有山东菏泽芜菁等;圆形类型,生长期短,肉质根较小,呈扁圆或圆球形,主要品种有河南焦作芜菁、浙江温州盘菜等。芜菁可生食,也可炒、烧及做荤菜的配料,亦可盐腌、酱渍或干制,也可制作酸菜。

(四)芜菁甘蓝

芜菁甘蓝又称大头菜、洋大头菜、洋疙瘩、土苤蓝等,为十字花科芜菁的变种。无辛辣味,味甜美。烹饪中除鲜食用于拌、炒、煮等外,主要用于腌制或酱制。

图 5-2　胡萝卜

图 5-3　芜菁

（五）根用芥菜

根用芥菜又称大头菜、疙瘩菜、冲菜等，为十字花科芸薹属芥菜种中以肉质根为产品的一个变种，一、二年生草本植物。以肥硕的肉质根供食用，肉质根质地紧密，水分少，纤维多，有强烈的芥辣味并稍带苦味。以肉质根形状分为圆锥根类型、圆柱根类型、荷包根类型、扁圆根类型。以形态端庄、无空心、硬心、无分叉者为佳。根用芥菜主要用于腌制，也可焯水后凉拌，是常食用的开胃小菜和佐餐佳品。

（六）根甜菜

根甜菜又称红菜头、甜菜根、紫菜头、火焰菜等，为藜科甜菜属二年生草本植物甜菜的变种之一。根皮及根肉均为紫红色，横切面有紫色环纹。根甜菜含 8％～15％的糖分。烹饪中可生食，或炒、煮汤，亦是装饰、点缀及雕刻的良好原料。

（七）豆薯

豆薯又称地瓜、凉薯等，为豆科豆薯属一年生草本植物蔓性蔬菜。原产于热带美洲，我国南方及西南普遍栽种。肉质根呈纺锤形，根皮呈黄色，肉呈白色，脆嫩多汁，甜味重。种子和茎叶含鱼藤酮，有剧毒，不能食用。豆薯以个大均匀、皮薄光滑、脆嫩多汁、肉质白者为佳。豆薯可代替水果食用，也可做菜，适于炒、烧、炖等菜式，宜短时间烹调，突出其脆嫩质感。

（八）辣根

辣根又称山葵萝卜、马萝卜等，为十字花科辣根属多年生草本植物。原产于欧洲和西亚，我国有少量栽培。其肉质根形如树根，长 30～50 厘米，直径约 5 厘米，外皮较厚、粗糙，呈黄白色，根肉外层为白色，中心为淡黄色，具有特殊的辛辣味。辣根主要作为调味料使用，鲜用可打碎磨成浆，作芥末用，或干燥磨成粉，常作煮牛羊肉的调料或肉类罐头的香辛料等。

（九）牛蒡

牛蒡又称东洋萝卜、黑萝卜、大力子，为菊科牛蒡属二年生大型草本植物。以肉质根、嫩叶食用。蛋白质含量高，并含有约 7％的菊糖。根肉细胞中含较多的多酚物质及氧化酶，切开后易发生氧化褐变。去外皮后可炖、烧、煮食，也是制作酱菜、渍菜的原料。

任务三　茎菜类蔬菜

→ 任务描述

本任务对茎菜类蔬菜原料进行介绍，以便掌握和了解茎菜类蔬菜原料。

任务评价

掌握茎菜类蔬菜原料的常用品种,关键是掌握茎菜类蔬菜原料的烹饪运用。

一、茎菜类蔬菜概述

以植物的嫩茎或变态茎作为主要食用部位的蔬菜称为茎菜类蔬菜。该类蔬菜品种较多,按照供食部位的生长环境,可分为地上茎类蔬菜和地下茎类蔬菜。茎菜类蔬菜在加工过程中,有的需去掉较厚的茎皮,如茎用莴苣;有的需刮掉粗糙的或影响口感的薄皮,如芋头;有的则需除去干燥的外皮,如洋葱、大蒜。

在烹饪运用上,茎菜类大都可以生食,而且营养价值较高,用途较为广泛。其中马铃薯、芋头、山药、藕、慈姑、荸荠等,都富含淀粉,不仅可作蔬菜利用,还可提取淀粉和制糖。竹笋、芦笋等肉质嫩,蛋白质含量丰富,是加工罐头的良好原料。榨菜、茎蓝、草石蚕、菊芋等,肉质脆嫩,含粗纤维少,是加工腌酱菜的主要原料。洋葱、蒜头、姜等含有挥发油,是重要的香辛蔬菜,具有调味作用。

二、茎菜类蔬菜主要品种

(一)地上茎蔬菜

❶ 竹笋 竹笋简称笋,又称菜竹,为禾本科刚竹属竹类的嫩茎、芽的统称,如图 5-4 所示。原产于我国及东南亚,类型众多,分布极广。我国主产于长江、珠江流域以及福建、台湾等地。供食用的主要有毛竹、慈竹、淡竹等。竹笋呈锥形或圆筒棒形,外有箨叶紧密包裹。按照采收季节的不同,竹笋可分为冬笋、春笋、鞭笋。冬笋是冬季尚未出土但已肥大可食的冬季芽,质量最佳;春笋是春季已出土生长的春季芽,质地较老;鞭笋是指夏、秋季芽横向生长成为新鞭的嫩端,质量较差。以色正味纯、肥大鲜嫩、竹笋完整、无外伤及虫害等为佳。鲜竹笋在烹制中可采用拌、炒、烧、煸、焖等方法制作多种菜肴,也是火锅经常使用的涮料之一,或干制加工成玉兰片、笋干;或制作腌渍品、罐头制品等,在制作菜肴中具有提鲜、增香、配色、配形的作用。

❷ 茭白 茭白又称菰笋、茭笋、高笋、茭瓜,为禾本科多年生水生宿根草本植物菰的花茎,如图 5-5 所示。经菰黑粉菌侵入后,刺激其细胞增生而形成的肥大嫩茎。原产于我国,为我国特有的蔬菜之一,夏秋季收获。肉质茎呈纺锤形或棒形,皮呈青白色,光滑;茎肉呈白色,质地细嫩,味干香,口感柔滑。以皮光滑、嫩茎肥厚、肉色洁白、无糖心锈斑等为上品。茭白为家常佳蔬,亦是宴席蔬菜用料,适于拌、炒、烧、烩、制汤,如"茭白炒肉片"、"酱烧茭白"等;开水焯后,可作凉菜或拌料;也是面食馅心、臊子的用料,如"蟹肉茭白烧麦"、"茭白包子"等。

图 5-4 竹笋

图 5-5 茭白

❸ **茎用莴苣**　茎用莴苣又称莴笋、青笋、白笋等,为菊科莴苣属草本植物莴苣的嫩茎,如图 5-6 所示。原产亚洲西部及地中海沿岸,我国全年均有出产,以春末夏初为佳。茎呈长圆筒形或圆锥形、肥大如笋,肉质细嫩,多汁、味清淡。主要分为尖叶莴苣和圆叶莴苣两类。选择时心茎粗大、节间长、质地脆嫩、无枯叶空心和苦涩味等为佳。在烹饪制作中,可凉拌、炒、烩、烧等,如“凉拌莴笋”、“莴笋烧鸡”、“青笋炒肉片”等;还可腌制酱渍,也可干制。除嫩茎外,嫩叶也可食用,称为凤尾、莴笋尖,可炒、烩、拌、煮等,如“清炒莴笋尖”、“麻酱凤尾”。

❹ **芦笋**　芦笋又称石刁柏、龙须菜、露笋等,为百合科天门冬属多年生草本植物,如图 5-7 所示。原产于地中海东岸及小亚细亚半岛,世界各国都有栽培,以嫩茎供食用。出土前采收的色白柔嫩,称为白芦笋。幼茎见光后呈绿色,称为绿芦笋。以色泽纯正、条形肥大、顶端圆钝、幼芽紧实、上下粗细均匀、质鲜脆嫩者为佳。芦笋是一种有较高药用价值的营养蔬菜和保健食品。芦笋含有蛋白质、芦丁素、维生素 C、天门冬酰胺等,有暖胃、阔胸、利尿、消除疲劳、增进食欲的功能,还对防治冠心病、高血压有良好作用。在欧洲,芦笋被视为“蔬中之王”。烹饪中可炒食、做汤、凉拌、做装饰,如“奶油芦笋”、“虾仁芦笋”、“鲜菇龙须”等,也可用于制罐头。

图 5-6　莴苣

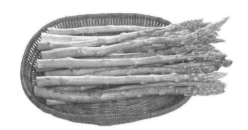

图 5-7　芦笋

❺ **茎用芥菜**　茎用芥菜又称为青菜头、菜头、棒菜、儿菜等,为十字花科芸薹属芥菜种的一个变种,如图 5-8 所示。原产于我国,为我国的特产蔬菜品种,冬春季上市。肉质茎肥厚鲜嫩,味辣。茎基部有瘤状突起,青绿色,分长茎和圆茎两类。长茎类又称榨菜类,肉质差,粗短,节间有各种形状的瘤状突起物,主要供腌制榨菜;圆茎类又称笋子菜类,肉质茎细长,下部较大,上部较小,主要用于鲜食。以茎肥大、鲜嫩、纤维少、质地细嫩紧密、无空心者为佳。烹饪中多用于鲜食,可炒、烧、煮或做汤。如“干贝菜头”、“鸡油菜头”;也可泡制成泡菜或用于榨菜的腌制。

❻ **擘蓝**　擘蓝又称苤蓝、球茎甘蓝、玉蔓青等,为十字花科芸薹属的二年生草本植物,如图 5-9 所示。原产于欧洲地中海沿岸,我国北方栽培较多。叶片长卵圆形,蓝绿色,叶柄细长,其茎肥大,呈球形,外皮呈绿白、绿或紫色。以肥大的球茎供食,含水量大,质地细密、脆嫩。常分为大型品种和小型品种两大类。优良品种有陕西大苤蓝、山西玉蔓青、云南长擘蓝等。烹饪中适合凉拌、炒、炖、煮、腌渍等方法。

图 5-8　茎用芥菜

图 5-9　擘蓝

⑦ 仙人掌 食用仙人掌又称龙舌、神仙掌、观音掌等,为仙人掌科仙人掌属多年生植物,如图5-10所示。原产于墨西哥等拉美国家,是当地喜食蔬菜,目前我国在海南、北京和成都已经大棚栽培成功。绿色扁平茎含水量高,纤维含量少,口感清香,鲜嫩多汁。食用时将绿色扁平茎去刺去皮、洗净,切配后用盐水煮或用沸水焯烫去黏液后再成菜。可凉拌,也可与其他荤素原料搭配后炒、煎、炸、炖或煲汤等。除鲜食外,可加工成果酱、蜜饯或酿酒。

(二)地下茎类蔬菜

① 荸荠 荸荠又称马蹄、地栗、红慈姑,为莎草科荸荠属多年水生草本植物,如图5-11所示。原产于印度,我国南方各省均有栽培,冬、春季上市。呈扁圆形,表面平滑,老熟后呈深栗色或枣红色,有环节3~5圈,并有短喙状顶芽。质地细嫩,肉白色,富含水分,味甜。常分为水马蹄型和红马蹄型。水马蹄型含淀粉多,质地较粗,适于熟食或制取淀粉;红马蹄型富含水分,茎柔甜嫩,粗渣少,适于生食及制罐头。选择时以个大饱满、皮色红黑、顶芽完整、质地细嫩、皮薄味甜、无渣者为佳。荸荠可代水果生食或制成甜菜,如"蜜炙马蹄"、"拔丝荸荠"等。也可采用炒、烧、炖、煮的方法烹制菜肴,常配荤料,如"荸荠炒肉片"、"荸荠丸子"等;还可提取淀粉。

图 5-10 仙人掌

图 5-11 荸荠

② 慈姑 慈姑又称茨菰、剪刀草、蔬卵等,为泽泻科慈姑属多年生水生草本植物,如图5-12所示。慈姑原产于中国,亚洲、欧洲、非洲的温带和热带均有分布。目前我国主要产于长江流域及南方各省、太湖沿岸及珠江三角洲地区,北方有少量栽培。每年11月至翌年2月收获上市。球茎呈长圆形,上有肥大的顶芽,有几条环状节;皮色呈白、黄白或紫,皮薄光滑;茎肉呈白色,富含淀粉。以球茎肥壮、表皮光滑、肉色洁白、洁净者为佳。烹饪中可炒、烧、煮、炖食,如"慈姑烧鸡块"、"椒盐慈姑"等;或蒸煮后碾成泥状,拌以肉末制成慈姑饼;也常作为蒸菜类的垫底;还可加工制取淀粉。

③ 芋 芋又称芋艿、芋头、芋根等,为天南星科芋属多年生草本植物,如图5-13所示。原产于我国和印度,主要以地下球茎供食,其叶柄和花柄也可入肴。地下肉质球茎呈圆、椭圆形,皮薄而粗糙,呈褐色或黄褐色。肉质细嫩,多为白色或白色带紫色花纹,熟制后芳香软糯。品种主要分水芋和旱芋两类。旱芋栽培较为普遍,但水芋品质较好。著名的优良品种有广西荔浦槟榔芋、台湾槟榔芋和竹节芋等。以球茎肥大、形状端正、组织饱满、未长侧芽、无干枯损伤者为佳。在烹饪制作中,芋可采用烧、炖、煮、蒸等烹制方法,荤素皆宜,如"荔浦扣肉"、"芋艿全鸭"等;也用以制作小吃糕点,如"五香芋头糕"等;或用于提取淀粉及制浆,也适于食品雕刻。

④ 藕 藕又称玉藕、莲藕、莲菜等,为睡莲科藕属多年生水生草本植物,如图5-14所示。原产于我国和印度,我国已有3000多年的栽培历史,地下茎呈节状,多为4~5节,以2~3节质地最佳。每节内有5~10个孔道,为通气组织。藕的品种按上市季节可分为果藕、鲜藕和老藕;按花的颜色可分为白花莲藕、红花莲藕。以藕节肥大饱满、色正脆嫩多汁、清香味甜、不带藕尾者为佳。在烹饪中,生食、拌、炝多选用白莲藕,质地脆嫩;烧、炖、煮、蒸等多选用红莲藕,清香粉糯,如"排骨藕汤"。可磨粉制藕圆子或藕饼,或用于酿式菜肴的制作,如"天香藕"、"锅贴藕盒";或用于蜜饯的制作,如"糖藕片";也可提取淀粉。

54

图 5-12　慈姑

图 5-13　芋

5 姜　姜又称生姜、鲜姜、黄姜等,为姜科姜属多年生草本植物,如图 5-15 所示。原产于东南亚热带地区,我国中部和南部普遍栽培。根状茎肥大,呈不规则块状,灰白或黄色,具独特芳香辛辣味。主要分为灰白皮姜、白黄皮姜和黄皮姜三个品种。若按采收上市期的不同,可分为嫩姜、老姜和种姜。以姜块完整饱满、节蔬肉厚、味浓者为佳。腐烂后的姜块中产生毒性很强的黄樟素,不宜食用。在烹饪制作中,嫩姜适于炒、拌、泡、蔬食及增香,如"子姜炒肉丝"、"姜爆鸭丝"等;老姜主要用于调味,可去腥除异、增香。此外,还可干制、酱制、糖制、醋渍加工成姜汁、姜粉、干姜、姜油等。菜肴"开胃姜丝"是很利口的凉菜。

图 5-14　藕

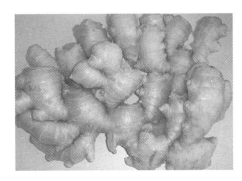

图 5-15　姜

6 马铃薯　马铃薯又称洋芋、土豆、山药蛋等,为茄科茄属多年生草本植物,但作一年生或一年两季栽培,如图 5-16 所示。原产于南美洲秘鲁境内,现世界广泛种植。以块茎供食,块茎呈圆形,茎皮呈红色、黄色、白色或紫色。按肉色分为黄肉种和白肉种,按形状分为圆形、椭圆、长筒和卵形等品种。马铃薯为世界上五大食物之一,营养极为丰富,主要以高分子淀粉形式存在,含钙、铁、磷、维生素等多种营养成分。以块形大而均匀整齐、皮薄光滑、芽眼浅、粉质细腻者为佳。青皮或发芽土豆有龙葵素等毒素,不宜食用。马铃薯可代粮食作主食、入菜、制作小吃,提取淀粉等,还常用于雕刻。在菜肴制作中,适宜于加工成多种形状,适宜多种烹调方法,适于多种调味,荤素皆宜,如"拔丝土豆"、"醋熘土豆丝"、"土豆烧肉"等。

7 薯蓣　薯蓣又称山药、山芋等,为薯蓣科薯蓣属多年生缠绕藤本植物,如图 5-17 所示。原产于我国和亚热带地区,以肥大的块茎供食,现今南北广为种植。块茎外皮呈黄褐色、赤褐色或紫褐色;块茎形状有长形棒状、扁形掌状、块状三种。较好的品种为河南沁阳所产的"怀山药",又称"淮山药",茎肉洁白,质地细腻,口感柔糯。以色正、薯块完整肥厚、皮细而薄者为佳。山药性味甘平,有补益脾胃、补肺润燥、补肾益精之功效。在烹饪制作中,常用作宴席甜菜用料,如"拔丝山药"、"蜜炙山药"、"虎皮山药"等。还可拌、烧、烩、焖、炸或煮粥、制作糕点,如"山药粥"、"薯蓣糕"等。

8 菊芋　菊芋又称洋姜、鬼子姜、洋大头等,为菊科向日葵属多年生草本植物。原产于北美洲,我国许多地区均有种植,秋冬收获。块茎呈不规则瘤形,茎皮呈红、黄或白,主要品种有白菊芋和紫菊芋两种。以块形丰满、皮薄质细、新鲜脆嫩者为佳。主要供腌渍,也可鲜食,采用拌、炒、煮、炖、炸

55

图 5-16 马铃薯

图 5-17 薯蓣

等。老熟后可制淀粉。

❾ **洋葱** 洋葱又称葱头、球葱、胡葱、圆葱等,为百合科葱属多年生草本植物,如图 5-18 所示。原产于伊朗、阿富汗,在我国有 100 多年的历史,现在生长区域几乎遍及全国,四季均能生长。叶鞘肥厚呈鳞片状,密集于短缩茎的周围,形成鳞茎。洋葱的品种较多,一般有普通洋葱、分蘖洋葱、顶生洋葱三个类型。从皮色看,有红皮、黄皮和白皮之别。红皮洋葱产量较高,栽培较普遍。以鳞片肥厚、抱合紧密、不抽芽、不变色、无腐烂、不冻者为佳。洋葱主要供熟食,亦可生食,一般作为荤菜配料。西餐菜肴中应用较多。

❿ **蒜** 蒜又称大蒜、蒜头、胡蒜等,为百合科葱属草本植物,如图 5-19 所示。原产于亚洲西部,汉代张骞出使西域后传至我国。大蒜的幼苗俗称蒜苗,清香鲜嫩,味微辣。大蒜的花茎称蒜薹,质地脆嫩,气味辛香,是晚春夏初佳蔬。大蒜生长后期的鳞茎,肥大厚实,称蒜头,由灰白色外皮包裹,内有小鳞茎 5～30 枚,称为蒜瓣。按蒜瓣外皮呈色的不同,分紫皮蒜和白皮蒜两类,蒜肉均呈乳白色;按蒜瓣大小不同,分为大瓣种和小瓣种两类;按分瓣与否,分为瓣蒜和独蒜。蒜瓣组织被破坏后,其中所含的蒜氨酸可被蒜酶分解成蒜素,具有强烈辛辣味和独特风味,尤以独蒜味最浓。选择时以蒜瓣丰满、鳞茎肥壮、干爽、无干枯开裂为佳。烹饪中常用作调味配料,具有增加风味、去腥除异、杀菌消毒的作用,可糖渍、腌渍或制成大蒜粉;也可作为蔬菜应用于烧、炒的菜式中,如"蒜茸生菜"、"蒜籽烧牛蛙"等。

图 5-18 洋葱

图 5-19 蒜

⓫ **百合** 百合又称白百合、蒜脑薯、蒜瓣薯、中蓬花等,为百合科百合属草本植物,如图 5-20 所示。原产于亚洲,我国自古栽培,秋季出产,以甘肃、湖南等地所产享有盛名。地下鳞茎近球形,由片状鳞片层层抱合而成。芳香中略带苦味,富含蛋白质和淀粉。百合以鲜品和干品供食用。鲜品以鲜茎完整、色味纯正、无泥土损伤者为佳。干品以粒形整齐、颜色透明或半透明、无霉变、无虫伤者为佳。百合味甘微苦,性平,有润肺止咳、清心安神之功。百合除作为药膳的常用原料外,在烹饪中主要作甜菜的用料;也可配荤素原料用于炒、煮、蒸、酿、炖等。菜肴如"百合炒肉片"、"西芹炒百合"等。也多用于煲粥。

⑫ **薤头**　薤头又称薤、荞头、荞葱、火葱等,为百合科葱属草本植物,如图 5-21 所示。原产于亚洲东部,我国各地均有栽培,夏秋季收获。鳞茎呈狭卵形,不分瓣,肉质白色,质地脆嫩,有特殊辛辣香味。主要品种有南薤、长柄薤和黑皮薤。以鳞茎肥壮、肉质紧密、肉色洁白、无枯黄叶、无泥沙等为佳。主要用于腌渍和制罐头,如"甜薤头";也可鲜食,作为配料、馅料、粥料等,如"薤头炒剁鸡"、"薤头炒肉"等。

图 5-20　百合

图 5-21　薤头

任务评价

任务四　叶菜类蔬菜

任务描述

本任务对叶菜类蔬菜原料进行介绍,以便掌握和了解叶菜类蔬菜原料。

任务目标

掌握叶菜类蔬菜原料的常用品种,关键是掌握叶菜类蔬菜原料的烹饪运用。

一、叶菜类蔬菜概述

叶菜类蔬菜是指以植物肥嫩、柔软的叶片、叶柄为主要食用部位的蔬菜。植物的叶分为叶片、叶柄和托叶三个组成部分。叶片是由表皮、叶肉和叶脉组成,为叶菜类主要的食用部分,其叶肉组织尤其发达,且表皮薄,叶脉细嫩。叶柄由表皮、基本组织、维管束组成。其基本组织发达,维管束中一般缺乏机械组织。托叶是保护幼芽的结构,通常早落,食用价值不大。

按叶菜类蔬菜的栽培特点、结构和物质组成不同,将其分为三类:一是普通叶菜,植株通常矮小,叶为散生状态,生长期短,成熟快,如小白菜、菠菜、苋菜等;二是结球叶菜,叶片、叶柄宽大肥厚,在营养生长末期包裹成紧密的叶球,进入休眠状态,耐储存,是冬春季常用的蔬菜,如大白菜、叶用甘蓝等;三是香辛叶菜,含较多的芳香物质,不仅作为蔬菜运用,还专门作为调味料运用,如葱、茴香等。叶菜类蔬菜由于常含叶绿素、类胡萝卜素而呈现绿色、黄色,是人体所需无机盐及维生素 B、维生素 C和维生素 A 的主要来源。尽管叶菜类蔬菜含水分多,但其持水能力差,若烹制时间过久,则不仅质地、颜色发生变化,而且营养及风味物质也易损失,所以多适于快速烹调或生食、凉拌。选择时以色正、鲜嫩、无黄枯叶、无腐烂者为佳。

叶菜类蔬菜在烹饪中起着重要的作用,是制作菜肴的主、配原料,也是菜点装饰的配色、配形原料,如制作"菜松"用于菜肴的围边、点缀,或直接利用叶作配形料、包卷料等,如白菜卷等,更是提取天然色素的来源,如绿色菠菜汁,也可加工蔬菜制品。

二、叶菜类蔬菜主要品种

（一）普通叶菜

❶ 小白菜 小白菜又称白菜、青菜、油菜等,为十字花科芸薹属白菜亚种的一个变种,一、二年生草本植物,如图5-22所示。小白菜叶呈绿色、淡绿色至暗绿色,叶片平滑或有皱褶,少数品种有茸毛,叶柄肥厚,按叶柄颜色分为白梗和青梗两类。按供应季节不同又分为秋白菜、春白菜、夏白菜三类。小白菜原产我国,栽培比较普遍。其特点是生长期短,适应性强,质脆嫩,是一种大众化的蔬菜,由于株形整齐,易于排列,是高档菜肴极好的围衬材料。烹饪中适用于旺火快炒,或拌、煮、醋熘、制汤及做馅,也可腌制小菜等。

❷ 乌塌菜 乌塌菜又称塌菜、塌棵菜,为十字花科芸薹属白菜亚种的一个变种,二年生草本植物,如图5-23所示。原产于中国,主要分布于长江流域,以经霜雪后味甜鲜美而著称,被视为白菜中的珍品。乌塌菜植株一般塌地或半塌地而生,叶呈椭圆形和倒卵形,叶色浓绿至墨绿,叶片细胞发达,叶面平滑或皱缩。乌塌菜有两种类型:塌地类型,叶丛塌地,叶片呈墨绿色,叶柄呈浅绿色,品种有常州乌塌菜;半塌地类型,叶丛半直立,叶圆形,墨绿色。烹饪中可炒食、作汤、凉拌。

图 5-22 小白菜

图 5-23 乌塌菜

❸ 叶用芥菜 叶用芥菜又称芥菜、辣菜等,为十字花科芸薹属一、二年生草本植物,如图5-24所示。原产于我国,全国各地普遍栽培和销售,北方秋末出产较多,南方冬季出产较多。叶绿间紫,叶形呈倒卵圆、披针形等;叶柄呈扁平状、箭杆状,弯曲包成叶球或有瘤状突起。品种分为花叶芥、大叶芥、瘤芥、包心芥、分蘖芥、长柄芥、卷心芥等。质脆硬,具特殊香辣味。嫩株可炒食,但多腌制或腌后晒干久储。名产较多,如福建的永定菜干、四川的芽菜和冬菜、浙江的梅干菜以及腌雪里蕻等。

❹ 荠菜 荠菜又称护生草、菱角菜、地菜、清明草等,为十字花科芸薹属一、二年草本植物,如图5-25所示。荠菜根呈白色,茎直立,株高30厘米左右,有分枝。基生叶塌地丛生,浅绿色,大头羽状分裂;茎生叶,披针形,基部抱茎,顶部叶肥大,叶被茸毛。总状花序,顶生或腋生,花小、白色、两性。原产我国,广布于全国各地,目前已人工栽培,春季大量上市。荠菜的品种可分为板叶和散叶两种:板叶种,叶浅绿色,大而厚,耐热,易抽薹,产量较高;散叶种,叶深绿,叶片短小而薄,耐热,香气浓,味鲜,产量低。烹饪中用于拌、炝、炒、煮等,还可作为配料及馅心。

❺ 豆瓣菜 豆瓣菜又称西洋菜、水莶菜、水田芥,为十字花科豆瓣菜属一、二年水生草本植物,如图5-26所示。豆瓣菜原产于地中海东部,南亚热带地区也有野生种。现已分布在热带地区许多国家,我国广东、广西、台湾、上海、福建、四川、云南等地都有栽培。栽培品种分开花和不开花两种类型。以茎叶供食用。豆瓣菜用于烹饪,可炒食,西餐中常用作沙拉、盘菜配料或汤料。

❻ 苋菜 苋菜又称苋,为苋科苋属中以嫩茎叶食用的一年生草本植物,如图5-27所示。苋菜世界各地均有分布,栽培做菜主要是中国和印度。我国自古即有栽种,现全国各地均有种植。从春季

图 5-24　叶用芥菜

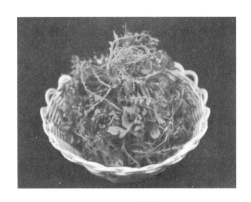

图 5-25　荠菜

到秋季均有应市。苋菜按叶片颜色的不同,分为三个类型:绿苋,叶片绿色,耐热性强,质地较硬;红苋,叶片紫红色,耐热性中等,质地较软;彩苋,叶片边缘绿色,叶脉附近紫红色,耐热性较差,质地软。苋菜质地柔嫩,多汁,烹调中适于炒或做汤,也可稍烫后凉拌。炒食时,加蒜茸能增加苋菜的风味,菜肴如"蒜茸炒苋菜"。

图 5-26　豆瓣菜

图 5-27　苋菜

⑦ 叶用甜菜　叶用甜菜又称君达菜、根达菜、牛皮菜等,为藜科甜菜属中以嫩叶做菜的栽培种,二年生草本植物,如图 5-28 所示。原产于欧洲地中海沿岸。叶长可达 30～40 厘米,叶波浪状,叶片肉质光滑,有绿色、紫红色等。叶用甜菜的品种依叶柄颜色不同可分为白梗、青梗和红梗三类。叶用甜菜质地软嫩,味似菠菜,适于炒、煮、凉拌或做汤。

⑧ 菠菜　菠菜又称菠棱菜、赤根菜、鹦鹉菜,为藜科菠菜属以绿叶食用的一、二年生草本植物,如图 5-29 所示。菠菜原产于伊朗,现为我国常见蔬菜之一,一年四季均有供应。菠菜根略带红色,有甜味,叶片呈戟形或卵圆形,柔嫩多汁,色绿味美。菠菜的品种按上市季节分为越冬菠菜、春菠菜、夏菠菜、秋菠菜,按叶形分为尖叶菠菜和圆叶菠菜两大类,以圆叶菠菜较好。菠菜的品质以色泽浓绿、叶茎不老、根红色、无抽薹开花、不带黄烂叶、无虫眼者为佳。在烹饪中应用广泛,常用于凉菜、炒、做汤、馅心、炸菜松,也可取嫩叶制得绿色色素,用于调制面团等。菜肴如"姜汁菠菜"、"菠菜猪肝汤"、"菠菜面"、"三色汤圆"等。还可以垫底、作点缀料等。

⑨ 落葵　落葵又称木耳菜、豆腐菜、藤菜等,以嫩茎叶作蔬菜,是落葵科落葵属一、二年生草本植物,如图 5-30 所示,原产于我国和印度,我国各地均有栽培。分为红落葵和白落葵,红落葵的茎呈淡紫色至粉红色,花为红色,叶片长与宽几乎相等,呈心脏形;白落葵茎呈淡绿色,花呈白色,叶为绿色,叶片卵圆形至长卵圆披针形。烹饪上多以煮汤或爆炒成菜。菜肴如"草菇木耳菜"、"蒜茸炒木耳菜"等。

⑩ 莼菜　莼菜又称水荷叶、湖菜等,为睡莲科莼属多年水生宿根草本植物,如图 5-31 所示。原产于我国,主要分布在长江以南湖面地区,以太湖、西湖所产为佳。莼菜按色泽分为红花品种(叶背、

图 5-28　叶用甜菜

图 5-29　菠菜

嫩梢、卷叶均为暗红色)和绿花品种(叶背的边缘为暗红色)。有黏液,食用时口感润滑,风味淡雅。烹饪中最适宜制作高级汤菜,润滑清香,菜肴如"西湖莼菜汤"、"清汤莼菜"等。春、夏两季取其嫩茎叶,用于拌、煸、炒等。莼菜性味甘凉、清暑热,可作为清凉饮料饮用。

图 5-30　落葵

图 5-31　莼菜

⑪　**金花菜**　金花菜又称黄花苜蓿、南苜蓿、草头,为豆科苜蓿属一、二年生草本植物,如图 5-32 所示。金花菜原产于印度,目前我国长江流域一带栽培较多,陕西、甘肃也有栽种。按栽培季节可分秋苜蓿和春苜蓿,以秋苜蓿栽培较多,每年秋末冬初上市。金花菜适于煸、炒等烹调方法,也可制作馅心,腌渍后可作腌菜,有些地区还同面粉拌和后蒸食。

⑫　**冬葵**　冬葵又称冬寒菜、滑菜、冬苋菜等,为锦葵科锦葵属二年生草本植物,如图 5-33 所示。植株较矮,茎直立,叶互生,掌状叶,浅裂,近圆形或半圆形扇状,叶柄长 10～12 厘米,浅绿色至深绿。主要品种有紫梗冬葵和白梗冬葵。冬寒菜清香鲜美,入口柔滑,有一定黏性。烹饪中主要用于煮汤、煮粥或炒、拌等。

图 5-32　金花菜

图 5-33　冬葵

⑬ **蕹菜**　蕹菜又称空心菜、藤藤菜、通心菜等，为旋花科番薯属一年生蔓性草本植物，如图 5-34 所示。蕹菜原产于中国和印度，目前以华南和西南地区栽培较多，其他地区也有出产。它分为白菜种、紫花种和小叶种三类。按繁殖方式分为子蕹和藤蕹。蕹菜茎中空，叶互生，叶柄长，叶片为长卵形，茎叶鲜嫩、清香、多汁。烹饪中多用于炒、拌，菜肴如"蒜茸蕹菜"等。

⑭ **生菜**　生菜又称叶用莴苣、鹅仔菜、莴仔菜等，为菊科莴苣属一、二年生草本植物，如图 5-35 所示。生菜原产于地中海沿岸，主要分布于欧洲、美洲，现全国各地均有栽培。生菜品种较多，常按叶子的形状分为长叶生菜、结球生菜、皱叶生菜三种。不同品种的生菜其叶形、叶色、叶缘、叶面的状况各异，但质地均脆嫩、清香，有的略有苦味。生菜的品质以不带老帮、无黄叶、烂叶、抱心、不抽薹、无病虫害者为佳。烹饪中常用于凉拌、炒食、做汤等，也常用于菜肴的垫底、围边等。西餐中常用于制作沙拉和各种菜肴的装饰。

图 5-34　蕹菜

图 5-35　生菜

⑮ **茼蒿**　茼蒿又称同蒿、蓬蒿、蒿菜等，为菊科茼蒿属一年生草本植物，如图 5-36 所示。原产于地中海沿岸，我国已有 900 年的栽培历史，现全国各地广为栽种。茼蒿分为大叶种、小叶种和花叶种三类。嫩茎叶和侧枝柔嫩多汁，有特殊香气。以青绿鲜嫩、粗壮、无枯烂叶者为佳。烹饪中可用于煮、炒、凉拌或做汤，菜肴如"蒜茸炒茼蒿"、"凉拌茼蒿"等，同时也是火锅常用的涮料。

⑯ **马兰**　马兰又称马兰头、鸡儿肠、红梗菜，为菊科马兰属多年生草本植物，如图 5-37 所示。马兰原产于亚洲南部及东部，我国食用历史悠久，以安徽、江苏等省采食较普遍。烹饪中宜于炒、拌等，也可作馅料，可与多种荤菜原料配用。马兰可干制久藏，泡发后与肉类同烧别有风味。

图 5-36　茼蒿

图 5-37　马兰

⑰ **枸杞头**　枸杞头又称枸杞菜、枸杞尖等，为茄科枸杞属一年或多年生灌木枸杞的嫩叶和嫩芽，如图 5-38 所示。原产于我国，分布于温带和亚热带地区，多野生于山坡、荒地、林缘、田边及路旁。人工栽培分细叶枸杞和大叶枸杞两个品种。细叶品种叶为卵状披针形，叶肉较厚，味浓；大叶品种叶为卵形，叶肉较薄，味淡。枸杞芽性味甘凉，有多种药用功效。其嫩茎叶多以炒食为主，也可制汤与肉类同煮，其味甚鲜。

⑱ **香椿**　香椿又称春芽、香椿头，为楝科香椿属多年生落叶乔木香椿树的嫩芽，如图 5-39 所

示。早春大量上市,原产于我国,我国是世界上唯一以香椿入馔的国家,以安徽太和香椿最为著名。香椿根据其初出芽苞和幼叶的颜色可分为紫香椿和绿香椿两类。香椿以鲜食为主,适于蒸、炒、拌、炝等烹调方法,可作主料,也可作配料,荤食、素食均可,也可腌制作小菜。

图 5-38　枸杞头

图 5-39　香椿

⑲　**紫背天葵**　紫背天葵又称血皮菜、观音苋、红凤菜等,为菊科秋海棠属草本植物,如图 5-40 所示。原产于我国西南各地尤其是四川栽培较多。茎呈绿色,节间带紫红色,叶呈卵圆形,叶片呈绿色,略带紫色,叶背呈紫红色,表面有蜡质而光亮。口感柔嫩滑爽,有特别风味。烹饪中多凉拌或炒食。

⑳　**紫苏**　紫苏又称白苏、赤苏、红苏等,为唇形科紫苏属植物紫苏的嫩茎叶,如图 5-41 所示。具有特异的芳香,原产于中国,现主要分布在印度、缅甸、中国、日本等地,其叶、梗、果均可入药,嫩叶可生食、做汤,茎叶可腌渍。

图 5-40　紫背天葵

图 5-41　紫苏

㉑　**荆芥**　荆芥又称假苏、线芥等,为唇形科荆芥属植物,如图 5-42 所示。有裂叶荆芥和多裂叶荆芥等,均可作蔬菜。河南一带用作凉菜,如"麻酱拌荆芥"等,或和入稀面烙制"荆芥托儿"等面食。

㉒　**蕨菜**　蕨菜又称拳菜、如意菜、荃菜等,属蕨科蕨属植物蕨的嫩茎,如图 5-43 所示。蕨菜叶,新生叶上部卷起,如手掌握物。烹调时须用重油,配荤,宜拌、炒,也可炖、烧、熘、烩,入口滑润,有特殊香味,为著名山珍之一;也可腌渍、酱制或制成罐头。

（二）结球叶菜

❶　**大白菜**　大白菜又称结球白菜、黄芽菜、菘菜等,为十字花科芸薹属一、二年生草本植物,如图 5-44 所示。中国自古栽培,是北方叶菜类蔬菜主要栽培品种。大白菜茎短缩肥大,叶柄宽而扁,叶色黄绿至深绿,叶球嫩黄至奶白,叶面多纹。品种很多,按生态可分为直筒形、卵圆形、平头形;按叶球抱合程度可分为结球变种、半结球种、花心变种、散叶变种。以新鲜、色正、整齐、结球坚实、无抽薹、无黄帮烂叶等为佳。烹饪中用于炒、拌、熘、烧以及馅心的制作;也可腌、泡制成泡菜、酸菜等;高

图 5-42　荆芥

图 5-43　蕨菜

档宴席菜选用菜心制作菜肴,如"开水白菜"、"扒白菜"等。此外,还常作为包卷料使用,如"白菜海鲜卷"等。白菜叶柄也是常见的食品雕刻原料,如"白菜菊"等。

❷ **结球甘蓝**　结球甘蓝又称卷心菜、包心菜、圆白菜等,为十字花科芸薹属二年生草本植物,如图 5-45 所示。原产于地中海沿岸,现我国各地均有种植,以秋冬季出产为佳。品种较多,按形状可分为尖头形、圆头形、平头形;按颜色可分为白卷心菜、紫卷心菜。质脆嫩、味甘甜。含维生素 C 和磷较多,含钙比白菜高一倍,含粗纤维较多。以包心紧实、鲜嫩洁净、无老根、无抽薹等为佳。在烹饪中荤素皆可,用来炒、醋熘、酸渍、腌、酱,在一般的面点中也可以作馅料。

图 5-44　大白菜

图 5-45　结球甘蓝

❸ **抱子甘蓝**　抱子甘蓝又称芽甘蓝、子持甘蓝、小包菜,为十字花科芸薹属两年生草本植物,是甘蓝种中腋芽能形成小叶球的变种。原产于地中海沿岸,我国近年引进,以鲜嫩的小叶球为食用部位。按叶球的大小又分为大抱子甘蓝(直径大于 4 厘米)和小抱子甘蓝(直径小于 4 厘米),后者的质地较为细嫩。以包心紧实、鲜嫩、干净者为佳。烹饪中可清炒、白烧、凉拌、煮汤、腌渍等。西餐中应用较广。

❹ **包心芥菜**　包心芥菜又称为结球芥,为叶用芥菜的一个类型。主要产于华东、华南地区,有广东潮州鸡心芥、厦门包心芥、福建龙溪包心芥等。包心芥菜肉质厚实脆嫩,主要用于腌渍。

❺ **结球莴苣**　结球莴苣又称为结球生菜,为叶用莴苣的一个类型,主要品种有团叶生菜、波兰生菜等。结球莴苣质地脆嫩爽滑,可生食凉拌,也可炒、烩。

(三) 香辛叶菜

❶ **芹菜**　芹菜又称胡芹、香芹等,为伞形科芹属二年生草本植物,如图 5-46 所示。芹菜分为水芹和洋芹。水芹为中国品种,根大,叶柄细长,香味浓,又可分为青芹、旱芹、水芹。洋芹又称西芹,为芹菜的欧洲品种。根小,株高,叶柄宽而肥厚,实心,辛香味较淡,纤维少,质地脆嫩。以色正、鲜嫩、叶柄完整、无黄烂叶等为佳。烹饪中常用炒、拌或做馅心,菜肴如"百合炒西芹"、"金钩拌西芹"等。高档宴席多用芹黄,菜肴如"芹黄肚丝"、"芹黄鸡丝"等。

❷ **芫荽**　芫荽又称香菜、胡荽、香荽等,为伞形花科芫荽属一、二年生草本植物,如图 5-47 所示。原产地中海沿岸及中亚,我国广为栽培。芫荽主根粗大,白色,叶丛生,长 5～40 厘米,叶片一或三回

63

羽状全裂,裂片卵型,叶绿色,叶柄浅绿色。富含维生素 C、胡萝卜素。质地柔嫩,有特殊的浓郁香味。以色泽青绿、香气浓郁、细嫩者为佳。在烹饪中常作为调味料用,有增香、去腥膻和增进食欲的作用,是拌、蒸、烧制牛羊肉、鱼类菜肴的良好佐料。多用于凉拌、火锅、菜肴的装饰和点缀等。叶柄粗长者可作主配料运用,菜肴如"炝炒芫荽梗"、"芫爆里脊丝"等。

图 5-46　芹菜

图 5-47　芫荽

❸ **韭菜**　韭菜又称草钟乳、长生韭、懒人菜、起阳草等,为百合科葱属多年生宿根草本植物,如图 5-48 所示。原产于我国,栽培历史悠久,主要以嫩叶和柔嫩的花茎供食用。韭菜按食用部位的不同,分为根韭、叶韭、花韭和花叶兼用韭,以春季出产的品质最好。按叶片宽窄分为宽叶韭和窄叶韭。宽叶韭质柔嫩,辛辣味较淡;窄叶韭纤维多,辛辣味浓。经遮光覆盖可产生黄化苗——韭黄,纤维少,质细嫩,口感柔滑。韭菜入馔,做主配料皆可,宜凉拌、炒、爆、熘等,或作调料或作馅心等,菜肴如"韭菜炒千张"、"韭菜炒鸡蛋"等。韭黄质地脆嫩,适于炒、拌等。

❹ **茴香**　茴香又称菜茴香、茴香菜、香丝菜,为伞形科茴香属多年生草本植物。嫩茎和叶作蔬菜,梗叶瘦小,叶呈浓绿色,深裂为丝状。含有大量的维生素 A 和矿物质,春末夏初上市。有大茴香、小茴香两个品种之分。烹饪中以嫩茎叶调味、拌食、炒或作馅心。

❺ **球茎茴香**　球茎茴香又称佛罗伦萨茴香、意大利茴香、甜茴香等,为伞形科茴香属植物茴香的变种。球茎供食,其根和种子也可作香料和蔬菜。食用前需将外部的硬叶柄去掉。西餐制作中,常榨汁或直接作为调味蔬菜使用。中餐中可凉拌、炒、作汤、腌渍,也可用于调味。

❻ **葱**　大葱又称和事草、菜伯、茏等,为百合科葱属多年生草本植物,如图 5-49 所示。大葱味辛,性微湿,具有发表阳、解毒调味的作用。大葱含有挥发油,油中主要成分是蒜素,又含有二烯丙基硫醚、草酸钙。此外,还含有脂肪、糖类、胡萝卜素、维生素 B、维生素 C、烟酸、钙、镁、铁等成分。大葱可分为普通大葱、分葱、胡葱和楼葱四个类型。普通大葱品种多,品质佳,栽培面积大。按其葱的长短,又有长葱白类和短葱白类之分。长葱白类味辣而肥厚,著名品种有辽宁盖平大葱、北京高脚白等;短葱白类葱白短粗而肥厚,著名品种有山东章丘鸡腿葱、河北的对叶葱等。分葱叶色浓,葱白为

图 5-48　韭菜

图 5-49　葱

任务评价

纯白色,分蘖力强,辣味淡,品质佳。楼葱洁白而味甜,分蘖力强,葱叶短小,品质欠佳。胡葱多在南方栽培,质柔味淡,以食葱叶为主。在菜肴应用中较广,即可作辅料又可做调味,既可以杀菌、消毒又可以增加香味,菜肴如"葱爆羊肉"、"京酱肉丝"、"葱烧海参"等。

任务五　花菜类蔬菜

任务描述

本任务对花菜类蔬菜原料进行介绍,以便掌握和了解花菜类蔬菜原料。

任务目标

掌握花菜类蔬菜原料的常用品种,关键是掌握花菜类蔬菜原料的烹饪运用。

一、花菜类蔬菜概述

花菜类蔬菜是以植物的花蕾器官作为食用对象的蔬菜。该类蔬菜品种不多,但经济价值和食用价值较高。

花是蔬菜植物的繁殖器官,通过开花、传粉、受精后形成果实。花通常由花柄、花托、花萼、花冠、雄蕊、雌蕊几部分组成。花柄是每一朵花所着生的小枝,有些植物的花柄肥大肉质化(如花椰菜),是食用的主要对象。花托是花柄顶端花萼、花冠、雄蕊、雌蕊着生的部分。花萼由若干萼片组成,一般为绿色叶状薄片,包在花的最外面,有些植物的萼片肥厚可食用(如朝鲜蓟)。花冠位于花萼的里面,由若干花瓣组成,花瓣细胞中含有花青素或有色体,因而具有鲜艳的颜色。雄蕊位于花冠的里面,一般直接着生在花托上,也有着生在花冠上,由花丝和花药两部分组成。有些植物的花冠、雄蕊、雌蕊部分肉质肥嫩,可食用。常用的花菜类蔬菜有黄花菜、花椰菜、韭菜花、南瓜花等。花菜类蔬菜特别鲜嫩,其中黄花菜大多数制成干制品。

二、花菜类蔬菜主要品种

（一）花椰菜

花椰菜又称花菜、菜花,为十字花科芸薹属甘蓝种中以花球为食用对象的一个变种,一、二年生草本植物,如图 5-50 所示。原产于地中海东部沿岸,是由甘蓝演化而来。目前世界各地广泛种植,我国各地均有栽培,每年冬春季大量上市。按生长期长短可分为早熟品种、中熟品种和晚熟品种三类,主要品种有澄海早花、荷兰雪球等。其叶片长卵圆形,叶柄稍长,由茎顶端形成白色肥大花球,为原始的花轴和花蕾。花蕾特别发达,呈白色或黄色,为可食部分。以花球色泽洁白、肉厚而细嫩、坚实、花柱细,无虫伤、不腐烂者为佳。花椰菜营养丰富,含有较多的维生素 A、维生素 B、维生素 C 和胡萝卜素,钙、磷、铁等无机盐含量也较丰富。尤以抗坏血酸的含量特别丰富,每百克约含 88 毫克,比同类的白菜、黄花菜、油菜多 1 倍以上。花椰菜肉质细嫩,味甘鲜美,食后容易消化,被视为菜中珍品,可适于炒、烩、扒、烧、拌等烹调方法。也可制作汤类,有时也作菜肴的配色料、配形料,还可酱渍、酸渍或作泡菜。

（二）茎椰菜

茎椰菜又称绿菜花、青花菜、西兰花等,为十字花科芸薹属甘蓝的又一变种茎椰菜的花球,如图

5-51所示。原产于意大利,现我国普遍种植。茎椰菜介于甘蓝、花椰菜之间,品质柔嫩,纤维少,水分多,色泽鲜艳,味清香、脆甜,风味较花椰菜更鲜美。以色泽深绿、质地脆嫩、花球半球形、花蕾未开、质地致密、表面平整者为佳。烹饪中可烫后拌食或炒,也可用于配色、围边,多用于高档宴席,菜肴如"兰花广肚"、"兰花鲜带子"等。

图 5-50　花椰菜

图 5-51　茎椰菜

（三）芥蓝

芥蓝又称芥兰,为十字花科芸薹属一年生草本植物,如图5-52所示。原产于亚洲,我国广东、广西、福建等地均有栽培,以花薹和嫩叶供食用。茎粗短,直立,绿色,叶形和叶色因品种而异,有长卵形、近圆形。叶色有绿色或灰绿色,叶片平滑或皱缩,叶质较厚。芥蓝品种繁多,有早熟、中熟和晚熟品种。烹饪中以炒、焓为主,保持爽脆清香口感,菜肴如"清炒芥蓝"、"上汤芥蓝"等。也可以作为高档菜肴的垫底,有配色作用。

（四）金针菜

金针菜又称黄花菜、萱草、忘忧草等,为百合科萱草属中红萱、萱草、黄花等植物的幼嫩花蕾,如图5-53所示。原产于我国,多分布于秦岭以南各地。花条肥嫩,色金黄,食时嫩脆。金针菜采摘季节性很强,以花黄、又未开花时的质量为好。常见品种有黄花菜、北黄花菜、红萱等。以新鲜花蕾或干花蕾供食。富含维生素C、维生素B_1、维生素B_2,以及胡萝卜素和烟酸,铁的含量也较高。在烹饪中用途广泛,可用于炒、烧、炖、氽汤,或作为面食馅心和臊子的原料,菜肴如"炒木须肉"、"黄花鸡蛋汤"等。另外,在实际烹饪中以干金针菜用的机会多,是常年用配料。选购时新鲜金针菜应挑选花苞紧密、含水量高、新鲜的为佳。干燥的金针菜则挑选干燥、颜色较暗者。

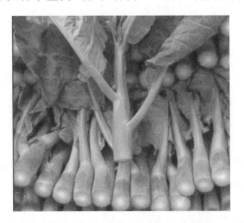

图 5-52　芥蓝

图 5-53　金针菜

（五）朝鲜蓟

朝鲜蓟又称洋蓟、洋百合、菜蓟,为菊科菜蓟属多年生草本植物,如图5-54所示。原产于欧洲地中海沿岸,我国有栽培。朝鲜蓟外面包着厚实的花萼,主要食用部位为幼嫩的头状花序的总苞、总花托及嫩茎叶。味清淡,质脆爽。以花序丰满、花瓣未开、外层花苞无开裂、有光泽、无虫蛀者为佳。朝鲜蓟是西餐烹调中的高档蔬菜,可凉拌、炒食、做汤或挂糊炸食。

(六)食用菊

食用菊又称甘菊、臭菊等,为菊科苘蒿属多年生草本植物,如图 5-55 所示。原产于我国,以花瓣或嫩芽叶供食。株高 60~150 厘米,全株被白色绒毛。叶片呈卵形或长卵形,长 40~10 厘米,宽 3~7 厘米,边缘羽状深裂,裂片具粗锯齿,头状花序顶生或腋生,直径 2.5~6.5 厘米。菊花食用在我国已有悠久历史,有文字记载的可追溯到战国时期。食用菊有清热解毒、清肝明目的功效,是药膳菜点的常用原料。以菊花制成的菜点品种很多,如"菊花拌鸡丝"、"菊花鱼圆"、"炸菊花丝"等。

图 5-54　朝鲜蓟

图 5-55　食用菊

(七)霸王花

霸王花又称剑花、量天尺、霸王鞭等,为仙人掌科量天尺属中以花器供食用的栽培种,多年生肉质草本植物,如图 5-56 所示。原产于中美洲,我国南方有栽培,主产于广州、肇庆等地。花呈漏斗形,长 25~30 厘米,宽 6~8 厘米,花开时直径达 11 厘米,夜开晨凋,可鲜用或凋后蒸熟干制。以新鲜、色正、朵形完整、无虫蛀、无损伤者为佳。烹饪中用以制汤,味鲜美,亦可作为配料使用。

(八)鸡冠花

鸡冠花又称鸡公花、鸡髻花、老来红等,为苋科青葙属一年生草本植物,如图 5-57 所示。原产于印度一带,现我国各地广为栽培。形状似鸡冠,红色或白色。鸡冠花味甘、涩、性凉,归肝、肾经,含苋菜红素,有凉血止血、滋阴养血之功效,是常用的滋补强身花类原料。可制作佳肴美点,各具特色鲜美可口,令人回味,菜肴如"鸡冠花蒸菜"、"鸡冠花炖猪肺"、"鸡冠花籽糍粑"等。

图 5-56　霸王花

图 5-57　鸡冠花

(九)南瓜花

南瓜花是葫芦科南瓜属南瓜的花苞,呈喇叭状,长 10~15 厘米,花口直径 10 厘米左右,呈红黄

67

色,上有白色斑点。选择时应选肉质厚实、色泽纯正、无碎烂、形态完整的花朵。中医认为其性凉,可清湿热、消肿毒,治黄疸、痢疾、咳嗽等。烹饪中可作荤炒配料,甜糯软滑,多用于炸制成菜。

（十）韭菜花

韭菜花又称韭菁,是百合科葱属多年生宿根草本植物韭菜的花,宜腌制成韭花酱,是佐餐妙品,别有风味,也是北方涮羊肉的必备调料之一。

任务六　果蔬类蔬菜

任务描述

本任务对果蔬类蔬菜原料进行介绍,以便掌握和了解果蔬类原料。

任务目标

掌握果蔬类原料的常用品种,关键是掌握果蔬类原料的烹饪运用。

一、果蔬类蔬菜概述

果蔬类蔬菜是指以植物的果实或幼嫩种子作为主要食用部分的蔬菜,大多原产于热带和温带,为蔬菜的又一大类原料。根据果实的生长发育特点,有成熟后肉质化程度高、果皮食用价值大的浆果、瓠果等,也有成熟后果皮干燥,只能食其嫩果、嫩种子的荚果等果实类型。果蔬类蔬菜种类较多,依据果实构造和商品分类特点,将其分为三大类:即豆类蔬菜（荚果类）、茄果类蔬菜（浆果类）和瓜类蔬菜（瓠果类）,其他果蔬类蔬菜种类较少。果蔬类蔬菜的种类不同,质地各异,风味各异,是春末到秋初的主要蔬菜。

豆科植物中以嫩豆荚或嫩豆粒供食的栽培种群称为豆类蔬菜。其果实呈长刀形,果皮嫩时肉质化（大豆、蚕豆除外）可食。成熟后果皮干燥而裂开,不可食用。豆类蔬菜均含有丰富的蛋白质和糖类,营养价值较高。目前世界上栽培较多的有菜豆、豇豆、扁豆、菜用大豆、蚕豆、豌豆等,除豌豆、蚕豆适宜冷凉气候条件外,其他均喜温暖,不耐寒,主要分布在热带和亚热带及温带地区。

葫芦科植物中以瓠果供食的栽培种群称为瓜类蔬菜。其果实果皮肥厚而肉质化,花托和果皮愈合,胎座呈肉质并充满子房。瓜类蔬菜中黄瓜、甜瓜、西葫芦和南瓜等分布世界各地,品种多,栽种面积大,经济价值高,冬瓜、丝瓜、苦瓜、瓠瓜、佛手瓜等主要分布于亚洲各地和南美部分地区,是该类地区的主要蔬菜。

茄科植物中以浆果供食的栽培种群称为茄果类蔬菜。其果实中果皮肉质化或内果皮呈浆状,是食用的主要对象。目前世界上普遍栽培的有番茄、茄子、辣椒等,茄果类蔬菜喜温暖,不耐霜,故以热带、亚热带地区栽培较多,其中番茄是世界主要蔬菜之一。

二、果蔬类蔬菜主要种类介绍

（一）豆类蔬菜

❶ 菜豆　菜豆又称豆角、芸扁豆、四季豆等,为豆科菜豆属菜豆的鲜嫩豆荚,如图5-58所示。原产于美洲,我国广为栽培。荚果呈弓形、马刀形或圆柱形;多为绿色,亦有黄、紫色或具斑纹;每荚种子2~8粒,肾形,呈红、白、黄、黑色或有斑纹彩色。富含蛋白质和胡萝卜素,钠含量甚低,所以适合忌盐患者食用。选购菜豆以色正、有光泽、无茸毛、肉质肥厚、鲜嫩饱满、种子不显露、无折断者为佳。

由于嫩豆荚中含有菜豆凝集素,生食可引起食物中毒,高温加热才能破坏毒素。适于长时间的烹制方法,如焖、煮、烧、煸等,菜肴如"干煸四季豆"、"油焖四季豆"等。

图 5-58　菜豆

图 5-59　豇豆

❷ **豇豆**　豇豆又称长豆、浆豆、带豆等,为豆科豇豆属一年生草本植物,如图 5-59 所示。荚果为长圆条形,呈墨绿色、青绿色、浅青白色或紫红色。供食用的有三种,即豇豆、长豇豆和饭豇豆。豇豆的豆荚较硬、较短,长 20～30 厘米;长豇豆的豆荚长而软,长可达 40～90 厘米。二者的嫩豆荚均可供作蔬菜。其中,长豇豆肉质肥厚脆嫩,品种又有粗细之分,分为菜豇豆和泡豇豆。菜豇豆色白粗壮,肉厚味甘,适于烧、焖、拌等;泡豇豆色绿细长,脆嫩清香,适于炒、烧、炝、拌、泡、干制等。饭豇豆的豆荚直立或展开,长 8～12 厘米,壁多纤维,不能食用,成熟种子供煮食。选择时以鲜嫩、充实饱满、不卷曲、不显籽粒者为佳。烹饪中,豇豆荤素搭配皆宜,以酱烧、烧肉为主,也可拌食、炒食、还可以干制,腌制等。菜肴如"蒜泥豇豆"、"姜汁豇豆"等。

❸ **刀豆**　刀豆又称大刀豆、皂荚豆、刀鞘豆等,为豆科刀豆属一年生缠绕草本植物,其荚果形状似刀故名,如图 5-60 所示。原产于亚洲热带和非洲,我国多省区栽培,秋季上市。嫩豆荚大而宽厚,表面光滑,浅绿色,质地较脆嫩,肉厚味美,品种有大刀豆、洋刀豆之分。烹饪中可炒、煮、焖或腌渍、糖渍、干制。成熟的籽粒供煮食或磨粉代粮。

❹ **扁豆**　扁豆又称鹊豆、沿篱豆、藤豆等,为豆科扁豆属一年生蔓生草本植物,如图 5-61 所示。原产于亚洲南部,我国南方栽培较多,夏、秋季上市。荚果微弯扁平,宽而短,倒卵状长椭圆形,呈淡绿色、红色或紫色,每荚有种子 3～5 粒。以嫩豆荚或成熟豆粒供食。以色正整齐、鲜嫩饱满、肥厚结实、无虫害、不带豆梗者为佳。烹饪中常炒、烧、焖、煮成菜,菜肴如"酱烧扁豆"、"扁豆烧肉"等,也可作馅,或腌渍和干制,干制后的豆荚烧肉风味独特。

图 5-60　刀豆

图 5-61　扁豆

❺ **菜用大豆**　菜用大豆又称毛豆、枝豆等,为豆科大豆属大豆的嫩籽粒,我国特产,如图 5-62 所示。嫩豆荚呈绿色,果皮上有白色或棕色茸毛,每荚含豆粒 1～4 粒,腰圆形,种皮呈绿色、绿黄色、青绿色、褐色或茶色。嫩豆粒味道鲜美,除富含蛋白质和脂肪外,还含磷、铁、钙、胡萝卜素、核黄素和抗

坏血酸等。烹饪中可炒、烧、煮、蒸、凉拌、速冻和加工罐头,并且有配色、配形及点缀装饰的作用。

❻ **豌豆** 豌豆又称青元、麦豆、荷兰豆等,为豆科豌豆属一、二年生草本植物,以软嫩荚果或幼嫩种子供食用,如图 5-63 所示。原产于埃塞俄比亚、地中海、中亚一带。豆荚呈绿色、黄绿色,矩形,长 5~10 厘米、宽 2~3 厘米,每荚含圆形绿色种子 2~10 粒。供蔬食的为菜用豌豆,有软荚和硬荚之分。软荚豌豆即甜荚豌豆,以嫩荚和嫩豆粒供蔬食,原产于英国。嫩荚质地脆嫩,味鲜甜,纤维少;当豆粒成熟后果皮即纤维化,失去食用价值。硬荚豌豆即矮豌豆,以青嫩籽粒供食用。烹饪中常用于炒、烩、烧、煮、拌,也可制泥炒食或作配料,宴席上亦常选用,亦可速冻罐藏。菜肴如"豌豆泥"、"金钩青元"、"腊味荷兰豆"等。

图 5-62 菜用大豆

图 5-63 豌豆

❼ **蚕豆** 蚕豆又称胡豆、罗汉豆、佛豆等,为豆科野豌豆属结荚果的栽培种,一、二年生草本植物,以幼嫩或老熟种子供食,如图 5-64 所示。原产于亚洲西部和非洲北部地区,我国主要分布在长江以南各省。蚕豆以豆粒的大小可分为大粒种、中粒种和小粒种。以色正、豆荚饱满、无发黑、无腐烂者为佳。蚕豆入馔味道鲜美,嫩豆粒呈浅绿色,肉质软糯,烹饪中适于烩、炒、拌、煮等制作方法,菜肴如"蚕豆清汤"、"虾仁蚕豆"等。老熟种子可去种皮油炸成菜,如"怪味蚕豆"、"香酥豆瓣"、"五香蚕豆"等,还是制豆瓣酱的主要原料。

(二)茄果类蔬菜

❶ **茄子** 茄子又称茄瓜、落苏、矮瓜等,为茄科茄属一年生草本植物,如图 5-65 所示。原产于印度,我国普遍栽培,是夏季的主要蔬菜之一。嫩果呈球形、扁球形、长条形或倒卵形;果皮被蜡质;色泽有黑紫色、紫红色、白色、绿白色,以紫色质量为好。果肉白色,为海绵状胎座组织。质地柔软,味清淡。富含糖类,铜含量高,并含有 Ca、P、Fe 及多种维生素以及少量的特殊苦味物质——龙葵碱。以果实端正、色正、有光泽、鲜嫩、萼片新鲜者为佳。烹饪中常用于红烧、油焖、蒸、炸、拌、烩。适于多种调味,并常配以大蒜烹制,菜肴如"蒜汁茄子"、"鱼香茄龙"、"煎茄荚"等。

图 5-64 蚕豆

图 5-65 茄子

②　**番茄**　番茄又称西红柿、红茄、洋柿子等，为茄科番茄属一年生草本植物，以幼嫩、肉质多汁的浆果供食，如图5-66所示。原产于南美洲秘鲁、厄瓜多尔等地，我国普遍栽培。番茄呈球形、梨形或樱桃形，果色为红色、粉红色、黄色、白色等，果肉质地肥厚绵软，多汁，味甜酸。番茄含30%的糖类及柠檬酸、苹果酸、游离氨基酸、色素以及丰富的维生素C、矿物质等，以色正、大小均匀、端正味纯、不破裂、不带梗萼、成熟适度者为佳。除生食外，烹饪中适于拌、炒、烩、酿、氽汤，还可制番茄酱，菜肴如"酿番茄"、"茄汁煨鱼"、"茄汁鱼片"等。

③　**辣椒**　辣椒又称海椒、番椒、辣子等，为茄科辣椒属一年生草本植物，如图5-67所示。原产于中南美洲热带地区，我国普通栽培。辣椒嫩果呈青色，成熟后呈红色或橙黄色。果形主要有圆形、圆锥形、长方形和灯笼形等。以嫩果供蔬食，老果调味。根据辣味的有无，通常将蔬食的辣椒嫩果分为辣椒和甜椒两大类。甜椒果形较大，其色有红、绿、紫、黄、橙黄等，果肉厚，味略甜，无辣味或略带辣味。辣椒果形较小，平常为绿色，成熟后为红色或黄红色，果肉较薄，味辛辣。现在又出现了许多辣椒新品种，色泽艳丽，除常见的红、绿两色外，又有橙红色、橙黄色、紫色、白色等，口感微甜、微辣或浓辣。辣椒富含维生素C和维生素A，红椒的色素成分是胡萝卜素和辣椒红素。选择时以果实鲜艳、大小均匀、无病虫害、无腐烂、无损伤者为佳。烹饪中辣椒的用途广泛，嫩果可酿、拌、泡、炒、煎或制作红油、制酱等，菜肴如"酿青椒"、"虎皮青椒"、"青椒炒肉丝"等。

图 5-66　番茄

图 5-67　辣椒

（三）瓜类蔬菜

①　**黄瓜**　黄瓜又称刺瓜、胡瓜、王瓜等，为葫芦科黄瓜属一年生草本植物，以嫩果供食，如图5-68所示。原产于印度北部地区，在我国栽培已有2000多年的历史，栽培地域广阔。黄瓜果实表面疏生短刺，并有明显的瘤状突起；也有的表面光滑。按果形可分为刺黄瓜、鞭黄瓜、小黄瓜，按季节可分为春黄瓜、夏黄瓜、秋黄瓜。选择时以青绿鲜嫩、带白霜、顶花未脱落、带刺、无苦味者为佳。烹饪时生熟均可，可拌、炒、焖、酿或作菜肴的配料，并常用于冷盘拼摆、围边装饰及雕刻，还常作为酸渍、酱渍、腌制菜品的原料，菜肴如"酱黄瓜"、"炝黄瓜条"、"蒜泥黄瓜"等。

②　**西葫芦**　西葫芦又称美国南瓜、菱瓜、搅瓜等，为葫芦科南瓜属一年生草本植物，以嫩果供食。原产于北美洲，我国长江流域及以北栽培较广。西葫芦依植株性状分为三个类型，即矮生类型、半蔓生类型、蔓生类型。果实多为长圆筒形或圆形，果面平滑，皮色呈墨绿色、黄白色或绿白色，有纹状花纹。果肉厚而多汁，味清香。以果形端正、色泽鲜艳、无腐烂、无病斑、无损伤者为佳。嫩瓜或老瓜均可供食。老瓜经水煮或速冻后，用筷子一搅即成瓜肉金黄色粉丝状或海蜇皮状，故称搅瓜。瓜丝可凉拌食用。烹饪中可炒、烧、烩、熘、制汤或作为荤素菜肴的配料以及饺子等的馅心。

③　**笋瓜**　笋瓜又称印度南瓜、北瓜、玉瓜等，为葫芦科南瓜属一年生草本植物，以嫩果供食，如图5-69所示。原产于南美洲智利、阿根廷等地，中国的笋瓜可能由印度传入，我国各地均有栽培。笋瓜多呈椭圆形，尖端突出，果面平滑；嫩果为白色，成熟果外皮呈黄色、乳白色、灰绿色等。可分为黄皮笋瓜、白皮笋瓜和花皮笋瓜三种。果肉厚而松，肉质嫩，味淡。烹饪中常切片、丝炒食，也可熘、烧、烩等，荤素均可搭配，也常用于馅心的制作。

图 5-68 黄瓜

图 5-69 笋瓜

❹ **丝瓜** 丝瓜又称胜瓜、天丝瓜、菜瓜等,为葫芦科丝瓜属一年生草本植物,以嫩果供食,如图5-70 所示。原产于印度尼西亚,我国普遍栽培,夏季上市。丝瓜按瓠果上有棱与否,分为普通瓜和棱角丝瓜。普通丝瓜又称圆筒丝瓜、水瓜,瓠果呈短圆柱形或长圆柱形,表面粗糙,无棱,有纵向浅槽,肉厚质柔软。棱角丝瓜又称粤丝瓜、胜瓜,瓠果为短或长圆柱形,具有 8~10 条纵向的棱和沟,表皮硬。嫩果的肉质柔嫩,味微清香,水分多。选择时以果形端正、皮色青绿有光泽、新鲜柔嫩、果肉组织不松弛、不带果柄者为佳。烹饪中适于炒、烧、扒、烩或作菜肴配料,并最宜做汤;宴席上还常用其脆嫩肉皮配色做菜,菜肴如"丝瓜卷"、"丝瓜熘鸡丝"、"丝瓜炒肉片"等。

❺ **苦瓜** 苦瓜又称凉瓜、癞瓜、菩提瓜等,为葫芦科苦瓜属一年生草本植物,以嫩果供食,如图5-71 所示。原产于印度及印度尼西亚,我国普遍栽培。瓠果呈纺锤形,表面有瘤状突起;幼果表皮为绿色、绿白色,果肉为白色或绿白色;成熟后果皮为橙黄色、橙红色。果肉味苦而清香、鲜美,富含维生素 C。选择时以质嫩、肥厚、籽少者为佳。烹制时去瓜瓤,可单独或配肉、辣椒等炒、烧、煸、焖、酿、拌、烩等,菜肴如"酿苦瓜"、"干煸苦瓜"、"凉瓜烩牛柳"等。

图 5-70 丝瓜

图 5-71 苦瓜

❻ **瓠瓜** 瓠瓜又称葫芦、瓠子、扁蒲等,为葫芦科葫芦属一年生草本植物,以嫩果供食,如图5-72所示。原产非洲南部及印度,主产于我国南方各地,夏季上市。瓠果呈长圆筒形或腰鼓形;皮色呈绿白色,且幼嫩时密生白色绒毛,其后渐消失;果实呈白色,厚实,松软。按果形分为四个变种,即瓠子、大葫芦瓜、长颈葫芦、细腰葫芦。选择时以果形端正、皮色鲜艳、果肉柔嫩、无腐烂、无病斑者为佳。烹饪中瓠瓜可单独或配荤素料炒、烧、烩、瓤,且最宜做汤。

❼ **佛手瓜** 佛手瓜又称安南瓜、合掌瓜、洋瓜等,为葫芦科佛手瓜属多年生草本植物,多作一年生栽培,如图 5-73 所示。原产于墨西哥和印度群岛,我国冬季温暖地区有栽培,夏、秋季上市。瓠果呈短圆锥形,表面具有不规则浅纵沟,果皮呈淡绿色。果肉脆嫩、微甜,具有清香风味。选择时以果实鲜嫩、色正、无损伤者为佳。佛手瓜可生食,其嫩果可炒、熘、拌,老熟后可煮、炖,也可腌渍;此外,其嫩叶、块根亦可入馔。

图 5-72　瓠瓜

图 5-73　佛手瓜

⑧ **冬瓜**　冬瓜又称白瓜、地芝、东瓜等,为葫芦科冬瓜属一年生蔓性草本植物,如图 5-74 所示。原产于我国南部和印度,为盛夏主要蔬菜之一。瓠果呈扁圆形或长圆筒形;大小因种而异,小的 1～2 千克,大的可达 50 千克以上。按皮色分为青皮冬瓜和白皮冬瓜。冬瓜具有清热、利尿、消暑作用,尤适合肾病患者。富含维生素 C,钾含量高、钠含量低。烹饪中可单独烹制或配荤素料,适于烧、烩、蒸、炖,常作为夏季的汤菜原料。宴席上常选形优的进行雕刻后作酿制品种,如"冬瓜盅";亦可制蜜饯,菜肴如"干贝烧冬瓜"、"酸菜冬瓜汤"、"琥珀冬瓜"等。

图 5-74　冬瓜

⑨ **南瓜**　南瓜又称番南瓜、番瓜、倭瓜等,为葫芦科南瓜属一年生草本植物,如图 5-75 所示。原产于中南美洲热带地区,我国各地广为栽培。瓠果呈长筒形、圆球形、扁球形、狭颈形等;表面多有纵沟或瘤状突起,老熟后披白粉;果皮幼嫩时为青绿色,成熟后为赤褐色、黄褐色并具斑纹;果柄有棱,瓜蒂膨大成五角形。选择时以果实结实、瓜形整齐、组织致密、瓜肉肥厚、色正味纯、瓜皮坚硬有蜡粉、不破裂者为佳。嫩南瓜味清鲜、多汁,通常炒食或酿馅,如"酿南瓜"、"醋熘南瓜丝"等。老南瓜质沙味甜,富含淀粉、蔗糖、葡萄糖、胡萝卜素,是菜粮相兼的传统食物,适宜烧、焖、蒸或作主食、小吃、馅心,菜肴如"铁扒南瓜"、"南瓜蒸肉"、"南瓜饼"等。南瓜还是雕刻大型作品的常用原料。

⑩ **蛇瓜**　蛇瓜又称为印度丝瓜、蛇豆、蛇形丝瓜等,为葫芦科栝楼属一年生草本植物,如图 5-76 所示。原产于印度。主要以嫩果供食,嫩茎和嫩叶也可食用。果实呈细圆柱条状;果皮光滑,绿白色,有深绿色或浅绿色相间的条斑;长 1～2 米,直径 3～4 厘米,重 0.5～1.5 千克。果肉疏松,白色,具特殊清香,老熟后瓜瓤呈红色。以果实鲜嫩、无断裂、无损伤者为佳。烹饪中以炒食、做汤为主,亦可腌渍、干制。

图 5-75　南瓜

图 5-76　蛇瓜

⓫ **节瓜** 节瓜又称毛瓜、水影瓜,为冬瓜的变种,为葫芦科冬瓜属一年生草本植物,以嫩果供食。烹饪用途与冬瓜类同。

⓬ **玉农瓜** 玉农瓜又称飞碟瓜,是从美国引进的蔬菜品种,由南瓜与其他瓜类品种杂交培育而成。一般直径 5~7 厘米,大的可达 12 厘米,重量 50~300 克,有黄色和绿色等品种,外皮表层有光亮的植物蜡,边缘有疣状突起的褶皱,外皮色泽有白玉色和金黄色。质地细嫩清脆,水分含量高,略带甜味。黄色品种富含胡萝卜素,耐储存。

任务七　食用菌类与藻类

任务描述

本任务对食用菌和藻类原料进行介绍,以便使学生掌握和了解原料。

任务目标

掌握食用菌类与藻类原料的常用品种;关键是掌握食用菌类与藻类原料的烹饪运用。

一、食用菌类与藻类概述

食用真菌是指以具有肉质或胶质的子实体供食用的大型真菌,在生物学分类上分别属真菌门的子囊菌亚门和担子菌亚门。属子囊菌亚门的较少,如马鞍菌、羊肚菌、冬虫夏草等,绝大多数属担子菌亚门,如蘑菇、香菇、银耳、猴头菇等,是真菌中进化较高等的一类。

真菌的营养体为菌丝体,由交错分枝的菌丝组成。菌丝呈管状,由壳多糖或纤维素构成其细胞壁,细胞内储存有丰富的内含物如油滴、糖原、蛋白质等营养物质。菌丝不断生长发育,在繁殖季节产生大型的繁殖结构——子实体,子实体产生无数孢子,成熟的孢子散落或传播开来后,在适宜的环境下又萌发成新菌丝。由孢子萌发,经菌丝发育成子实体,再产生第二代孢子的整个过程就是食用菌的生长史。

食用菌的生长繁殖速度快,产量高,培养条件简单。其生活方式大致有三种:一种与植物的根系共生,如口蘑、牛肝菌、块菌等;另一种腐生在已枯死的植物体上,如木耳、香菇、银耳等;还有一种既能寄生在虫体、活的植物体上又能生活在枯木上,如冬虫夏草、榛蘑等。大多数食用菌是腐生类型的,目前人工能栽培的食用菌大都是这一类型,如蘑菇、平菇、草菇、竹荪、猴头菇等。

我国栽培食用菌的历史悠久,早在北魏时期贾思勰所著《齐民要术》一书中就有记载,目前我国仍然是人工栽培食用菌种类最多的国家之一。全世界食用菌共有约 500 种,我国有 400 多种,广泛被食用的有 30 余种。

藻类是原生生物界一类真核生物,主要水生,无维管束,能进行光合作用。体型大小各异,小至长 1 微米的单细胞的鞭毛藻,大至长 60 米的大型褐藻。但藻类没有真正的根、茎、叶。藻类植物的种类繁多,目前已知有 3 万种左右。大多数藻类都是水生的,有产于海洋的海藻,也有生于淡水中的淡水藻。在水生的藻类中,有躯体表面积扩大(如单细胞、群体、扁平、具角或刺等),体内储存比重较小的物质,或生有鞭毛以适应浮游生活的浮游藻类;有基部生有固着器或假根,生长在水底基质上的底栖藻类;也有生长在冰川冰雪地上的冰雪藻类;还有水温高达 50~80 ℃温泉里生活的温泉藻类。藻体不完全浸没在水中的藻类也很多,有气生藻类、土壤藻类等。

我国利用藻类作为食品,不但有悠久的历史,食用的种类和方法也较多。

二、食用菌类与藻类主要品种

(一)食用菌类

❶ 木耳　木耳又称黑木耳、光木耳、云耳等,为木耳科木耳属菌类,如图5-77所示。我国东北、华中、东南、西南各地均产。子实体为耳状或杯形,渐成叶状,胶质半透明,有弹性,平滑或有皱纹,密生单细胞短毛,初为红褐色,干燥后为深褐色至近黑色。常见的品种有细木耳和粗木耳两类,细木耳质优,成菜甜、咸均可;粗木耳一般用于咸味菜肴。木耳含有较多的蛋白质、碳水化合物及磷、铁等矿物质。木耳中的胶质体有很强的吸附力,有洗涤胃肠的作用。选择时以朵面乌黑光润、朵背略呈灰白色、朵形大而适度、涨性好、干燥、蒂端不带树皮、气味清香者为佳。鲜木耳不宜食用,一般晒干后再泡发食用。烹制上可作主配料,可与多种原料搭配,适用多种烹调方法,炒、烩、拌、炖、烧等,并常用来配色,菜肴如"香菜拌木耳"、"炒木须肉"等。

❷ 银耳　银耳又称白木耳、雪耳等,为银耳科银耳属菌类,如图5-78所示。子实体由许多瓣片组成,状似菊花或鸡冠,白色,胶质,半透明,多皱褶;干燥后呈黄或白色,质硬而脆。野生银耳主要产地为四川、湖北、福建、广西、云南、台湾等省,以四川通江的银耳为最佳。现在已开始用锯木屑、黄豆粉等原料大量进行人工栽培。银耳对人体有滋阴润肺、养胃生津、补肾益精、强心健脑的作用。选择时以子实体大而完整、色洁白光亮、体轻干燥、味清香、胶质厚重者为佳。银耳柔嫩脆滑,清素高雅,适于佐荤配素,通常把银耳做成甜食,也可采用炒、熘、炖、烩等方法与鸡、鸭、虾仁等配制成佳肴,菜肴如"冰糖炖银耳"、"芙蓉银耳"、"珍珠银耳"等。

图5-77　木耳

图5-78　银耳

❸ 香菇　香菇又称香菌、冬菇、香蕈等,为光茸菌科香菇属菌类,如图5-79所示。野生香菇多分布于我国南方地区,多在春秋季生于阔叶树的倒木上。目前,我国已广泛应用木屑、麦麸、米糠等原料进行人工栽培。菌盖半肉质,淡褐色或紫褐色;表面覆以一层褐色小鳞片,露出白色菌肉;菌肉厚而致密,白色;菌褶白色;味鲜而香,质地嫩滑而具有韧性。气候越冷,香菇菌伞张得越慢,肉质厚而结实,品质好。表面有菊花纹的称为花菇,无花纹的称为厚菇,二者均又称为冬菇。春天气候回暖,菇伞开得快,大而薄,称为青菇或薄菇,品质稍次;菌盖直径小于2.5厘米的小香菇称为菇丁,质柔嫩,味清香。香菇含碳水化合物、维生素、矿物质丰富,对人体有较好的药物作用,对癌细胞有较强的抑制作用。选择时以子实体完整、色正味纯、无杂质、无霉烂、无异味者为佳。在烹饪中应用广泛,鲜、干均可使用,可作主料,也可作配料,可炒、炖、煮、烧、拌、作汤制馅及拼制冷盘,并常用于配色,菜肴如"香菇菜心"、"油焖香菇"、"香菇炖鸡块"等。

❹ 平菇　平菇又称冻菌、北风菌、蚝菇等,为侧耳科侧耳属菌类,如图5-80所示。平菇在春、秋、冬生于阔叶树枯干上,通常为人工栽培。子实体肉质化肥厚,扇形菌盖,菌褶如扇骨;菌柄偏生或侧生,有的无柄;质地嫩滑可口,有类似于牡蛎的香味。选择时以形体完整、色正味纯、鲜嫩、无异味、无霉烂者为佳。平菇多以鲜品供食用,也可加工成干品、盐渍品。采用炒、炖、蒸、拌、烧、煮等方法成

菜、制汤,菜肴如"平菇炒菜心"、"平菇炒肉片"、"椒盐平菇"等。

图 5-79 香菇

图 5-80 平菇

❺ **蘑菇** 蘑菇又称白蘑菇、双孢蘑菇、肉蕈等,为蘑菇科蘑菇属菌类,如图 5-81 所示。原产于欧洲、北美和亚洲的温带地区,我国广为栽培。菌盖初为半球形,后平展,宽 5～12 厘米,白色、光滑、略干渐变淡黄色,边缘初期内卷。菌肉白色,较厚,菌褶初为粉红色,后变为褐色至深褐色,褶密、窄、离生,不等长。菌柄白色光滑,具有丝光,近圆柱形,内部松软或中突。质地致密,鲜嫩可口。多在冬春之季上市,选择时以菇形完整、菌伞不开张、色泽正常、质地肥厚致密者为佳。烹饪中多适于凉拌、炒、烧、氽汤,或作菜肴配料及馅心用料等,菜肴如"蘑菇烧鸡块"、"鲜蘑里脊片"、"软炸蘑菇"等。

❻ **金针菇** 金针菇又称朴蕈、构菇、毛柄金钱菌等,为口蘑科金钱菌属菌类,如图 5-82 所示。我国各地均有栽培。菌盖早期呈球形,后展开为扁平状,中央部分往下凹,边缘极薄,边缘呈淡黄色,有时呈白色。菌肉白色或黄色,较厚而柔软。菌褶呈白色或象牙白色,宽广、较稀疏,不等长,与菌柄离生至弯生。菌柄圆柱状,往往稍弯曲;基部相连,上部呈黄褐色,下部密生黑褐色短绒毛;纤维质中空。选择时心形状完整、色正味纯、鲜嫩者为佳。烹饪中可凉拌、炒、扒、炖、煮汤及制馅等,菜肴如"凉拌金针菇"、"金针菇炒鸡丝"、"金针菇肺丝汤"等。

图 5-81 蘑菇

图 5-82 金针菇

❼ **草菇** 草菇又称苞脚菇、兰花菇,为光柄菇科小包脚菇属菌类,如图 5-83 所示。草菇在我国主要产于广东、广西、福建、江西、湖南、四川等地。幼嫩时如鸟蛋形,顶端略带黑褐色,向下颜色渐淡,基部呈白色;成熟期发展成钟形,渐伸展后中央稍突起。菌褶密集,初为白色,渐变为粉红色,与菌柄离生。菌柄白色,内实,近圆柱形。菌托较大而厚,呈杯状,白色至灰白色。肉质滑爽,味鲜美,带甜味,香气浓郁。选择时以色正味纯、外形端正、子实体肥厚、味清香、无黏液者为佳。烹饪中可炒、炸、烧、煮、蒸或作汤料,也可干制、盐渍或罐存,菜有如"草菇蒸滑鸡"、"鼎湖上素"、"苦瓜酿草菇"等。

❽ **竹荪** 竹荪又称僧笠蕈、长裙竹荪、竹参、竹笙,为鬼笔科竹荪属菌类,如图 5-84 所示。有人工培植的品种和天然野生品种。寄生物种为南竹、平竹、慈竹和苦竹,主要产于云南、四川、贵州的山区。竹荪子实体色彩绚丽,别具一格,由菌盖、菌柄、菌托和菌裙组成,菌盖浓绿色,像一顶钟形的帽子,着生在菌柄的顶端,菌盖显露出椭圆形和多角形的孔格。菌柄为白色的海绵组织,中空,形似管状,圆柱体呈上细下粗的纺锤体。菌托呈碗形,包在菌柄的基部,白色或粉红,着紫色斑块。子实体

成熟后，雪白的菌裙开放。食用时需切去有臭味的菌盖和菌托部分，其肉质细腻，脆嫩爽口，味鲜美。选择时以色正、质地细嫩、形状完整者为佳。烹饪上常用炒、烧、扒、焖的方法，尤适于制清汤菜肴，并常利用其特殊的菌裙制作工艺菜，菜肴如"推纱望月"、"竹荪宝葫芦"、"白扒竹荪"等。

图 5-83　草菇

图 5-84　竹荪

❾ **猴头菇**　猴头菇又称猴头菌、猴菇、刺猬菌等，为齿菌科猴头菇属菌类，如图 5-85 所示。在我国主要产地为河北、山西、内蒙古、黑龙江、吉林、河南等省份，以东北大、小兴安岭所产最著名。子实体块状，基部狭窄，白色，干燥后淡褐色；除基部外，均密生肉质、针状的刺，整体形似猴头，故名猴头菇。肉质柔软，嫩滑鲜美，微带酸味，柄蒂部略带苦味。选择时以形整无缺、茸毛齐全、身干体大、色泽金黄者为佳。烹饪中多用干品，使用前需发制。猴头菌味道鲜美，清香可口，自古就是庖厨之珍品，适宜多种烹调方法，可炒、烧、扒、烩、炖等，菜肴如"扒猴头"、"荷花猴头"、"砂锅猴头"等。

❿ **口蘑**　口蘑又称白蘑、蒙古口蘑等，为口蘑科口蘑属菌类，如图 5-86 所示。口蘑为我国著名野生食用菌之一，分为白蘑、青蘑、黑蘑和杂蘑四大类共 40 余种，以白蘑质量最佳。常在夏、秋两季雨后生于草原上。因旧时以张家口为集散地，而称为"口蘑"。菌盖初呈半球形，后平展，边缘稍内卷，初为白色，后变红褐色或淡黄色，干燥后表面呈圆纹状；菌肉白色，厚而致密，易破裂，菌柄粗壮，基部稍膨大。肉质厚实而细腻，香味浓郁，以味鲜美而著称。选择时以形状完整、色正味纯、鲜嫩、无杂质、无腐烂、无异味者为佳。口蘑除鲜食外，主要干制。烹饪上可作为各种荤菜素料的配料，适宜多种烹调方法，作汤尤为醇香浓郁，菜肴如"奶汁口蘑广肚"、"口蘑炒鸡丁"等。

图 5-85　猴头菇

图 5-86　口蘑

⓫ **羊肚菌**　羊肚菌又称羊肚菜、羊肚蘑，为羊肚菌科羊肚菌属菌类，如图 5-87 所示。多见于春夏之交的阔叶林中，世界各地均有分布。菌盖呈圆锥形，表面有许多凹陷，似翻转的羊肚，为浅黄褐色；菌柄为白色，有浅纵沟，基部稍膨大，中空，质嫩滑，富弹性，味鲜美。选择时以子实体完整、鲜嫩、无霉烂、无异味者为佳。羊肚菌一般鲜食，也可干制，适宜多种烹调方法，可瓤馅作造型菜，或炖、烧、煮汤，菜肴如"醉羊肚菌"、"烧羊素肚"等。

⓬ **鸡枞菌**　鸡枞菌又称伞把菇、鸡肉菌等，为口蘑科白蚁菌属菌类，主产于我国的南方及西南各省。菌盖初呈圆锥形，伸展后中央有显著凸起，湿时有黏性，表面平滑呈微黄色，常呈辐射状开裂，

菌肉厚,菌褶细密白色,老熟后呈微黄色;菌柄呈白色至灰白色,表面平滑,常扭曲。有黑皮、白皮、黄皮和花皮等类型,以黑皮为佳。质地细嫩,气味纯香,味如鸡肉,极鲜美。选择时以子实体完整、鲜嫩、无霉烂、无异味者为佳。烹饪中可拌、炒、烧、烩、制汤等,常用于宴席中,菜肴如"鸡枞蒸鸡块"、"鸡枞烧鸡块"等。

⑬ **牛肝菌**　牛肝菌是大型的著名野生食用菌,为牛肝菌科多种菌类的通称,如图5-88所示。该属有多数菌类可供食用,如美味牛肝菌、黄皮牛肝菌、桃红牛肝菌等。但也有少数有毒,如细网牛肝菌、红网牛肝菌。我国各地均产,以四川、云南、陕西、湖北等省产量较高。菌盖厚,肉质化,光滑或有绒毛,呈浅黄、褐、紫、橙等色;菌盖下面无菌褶,但具无数小孔;菌柄粗壮,中实,常有网纹,基部常膨大。滋味鲜美,肉质肥厚,口感黏滑。选择时以子实体完整、鲜嫩、无霉烂、无异味者为佳。烹饪中适于多种烹调方法,如炒、炖、烧或做汤,菜肴如"滑炒牛肝菌"、"牛肝菌炖鸡汤"等。

图5-87　羊肚菌

图5-88　牛肝菌

⑭ **榛蘑**　榛蘑又称蜜环菌、栎菌、蜜蘑等,为伞菌科蜜环菌属菌类,如图5-89所示。在我国主要产地为河北、山西、内蒙古、吉林等省份。菌盖呈淡土色、淡黄褐色,老后为棕褐色;菌褶呈白色或肉粉色;菌柄圆柱形;菌肉呈白色,质嫩。质地鲜嫩,口感清脆,具榛香味。选择时以子实体完整、鲜嫩、无霉烂、无异味者为佳。榛蘑除鲜食外,也可干制。烹饪中适宜炒、烧、烩、熘或做汤等,可配荤素料。

⑮ **鸡油菌**　鸡油菌又称鸡蛋黄菌、杏菌等,为鸡油菌科鸡油菌属菌类,如图5-90所示。鸡油菌是我国各地林区、草区秋季所产的名贵的野生食用菌。子实体肉厚,为杏黄色或蛋黄色;菌盖初凸出,后展开,中央下凹,呈喇叭形,边缘常分裂成瓣;菌褶呈棱条状;菌肉纤维质,白色至黄色;菌柄细长,光滑。味鲜美,因含有鸡油菌素,而具杏仁水果香味。选择时以子实体完整、鲜嫩、肥厚、无杂质、无霉烂者为佳。鸡油菌鲜、干均可食用。烹饪中常配肉炒、炖、或做汤,菜肴如"鸡油菌炒肉片"、"鸡油菌炖排骨"等。

图5-89　榛蘑

图5-90　鸡油菌

⑯ **松茸**　松茸又称松口蘑、松蕈等,为口蘑科口蘑属菌类,如图5-91所示。松茸是名贵的野生食用菌,我国吉林、黑龙江、云南、贵州、广西、四川、西藏等地的松林或针、阔叶树混杂林中均有生长。

菌盖呈半球形至平展,表面有鳞片和毛状残片,淡褐色或赭黄色,成熟时近褐色。菌柄呈柱状,上下粗细近等,外被有褐色毛状残片。幼时盖缘与菌柄相连,菌肉呈白色,菌褶弯生呈白色。肉质肥厚致密,口感鲜嫩,甜润甘滑,香气尤为浓郁,其风味和香味在食用菌中属于首位,被誉为"蘑菇之王"。选择时以子实体完整、鲜嫩、肥厚、无杂质、无霉烂者为佳。松茸适于鲜食,烹饪中可用于烧、炒、做汤或与肉合烹,菜肴如"清炖松茸"、"松茸烧鸡"等。也可干制或腌渍,但风味不及鲜品。此外,还可制取菌油,用于菜肴的增香。

⑰ **冬虫夏草**　冬虫夏草又称虫草、夏草冬虫,为麦角菌科虫草属菌类,如图 5-92 所示。冬虫夏草主要分布于我国西藏、青海、四川、云南等地高山草原上。外壳一般为淡黄褐色,虫壳有环纹,某些品种腹面有足。长 2～5 厘米,质嫩而脆,味淡。富含多种氨基酸、不饱和脂肪酸、糖醇、维生素 B_2 和多种矿物质,其中所含的虫草酸和虫草素等特殊物质具有明显的药理作用,为增强体质的滋补用料。选择时以形体丰满、色正、有光亮、菌座粗壮、无异味、无杂质、无腐烂者为佳。烹饪中可炒、烧、炖、煮汤食,多用于炖制菜肴,菜肴如"冬虫夏草炖肥鸭"、"虫草炖甲鱼"等。

图 5-91　松茸

图 5-92　冬虫夏草

⑱ **块菌**　块菌又称黑菌、猪拱菌、松露等,是块菌科块菌属几种菌类的通称,如图 5-93 所示。块菌生于松、杉、麻栎、马桑等针、阔叶混交林的浅表层或植物根际的土中,我国主要产于云南、西藏和西南山区。块菌的子囊果直径一般为 1.5～10 厘米,呈不规则块状或球状,表面有桑葚状疣突。生长在土中时为白色,挖出地面为黄褐色,成熟时则为暗褐色、棕黑色。菌体内部有白色的网状纹路。有独特的芳香气味,稍带土霉味。块菌制作的菜肴如"块菌馅饼"、"块菌牛排"、"松露汤"、"松露沙拉"等。

(二)食用藻类

❶ **海带**　海带又称昆布、纶布、江白菜等,为海带科海带属植物,如图 5-94 所示。我国东海、黄海、渤海沿海岸均产,一般在夏季采收。藻体扁平呈带状,为褐色、绿色、棕色,表面黏滑。长 2～4 米,由叶、柄、茎和叉状分枝固定器等部分组成。海带分天然和人工养殖两种,多为盐渍品或干品。干品可分为盐干和淡干两种。干制品表面有甘露醇析出的白粉,淡干质量较优。以身干体厚、叶长且宽、色泽黄褐或深绿、尖端及边缘无白及附着物、无泥少杂质者为佳。海带含较多的碘、钙、铁、蛋白质等营养物质,性寒,具有消炎、解热、补血、降血压和预防治疗甲状腺肿大、淋巴结肿大等功效。干品需水发后使用。海带适用于多种烹调方法,可炒、烧、烩、炖、煮等,菜肴如"麻辣海带丝"、"油焖海带"、"酥海带"等。

❷ **紫菜**　紫菜又称子菜、索菜、膜菜等,是紫菜属藻类植物的统称,如图 5-95 所示。紫菜以温带海域为主要产地,自然生长在浅海潮间带的岩石上。膜状,体扁平,薄如纸片,黏滑,下部有盘状或半球形假根。我国浙江、福建、广东、山东、江苏等沿海出产有十多种。人工栽培的主要有两种,即北方

图 5-93　块菌

图 5-94　海带

的条斑紫菜和南方的坛紫菜。选购紫菜,以表面光滑滋润、紫褐色或紫红色、片薄大小均匀、入口味鲜不咸、有紫菜特有的清香、无杂质者为上品。紫菜营养成分丰富,口感脆嫩爽口。在烹饪中常作辅料或包卷料等,拌、炝、煮、烩、氽汤皆可,菜肴如"紫菜寿司"、"紫菜蛋卷"、"紫菜汤"等。

❸ **石花菜**　石花菜又称海冻菜、红丝菜、凤尾等,为石花菜科石花菜属多年生藻类植物的统称,如图 5-96 所示。多生于海中岩礁石上,藻体直立丛生,高 20 厘米左右。主枝为圆柱形或扁压,羽状分枝如花状。常为紫红色或深红色,基部有假根状固着器。以干燥、色白黄、无杂质者为佳。石花菜含大量的半乳糖胶体物质,是提取琼脂的主要原料。加热至 80 ℃左右会溶解,冷后呈透明的凝胶状,所以制作菜肴时不可长时间加热。最适合凉拌食用,用温水泡软洗净后即可拌制成菜,菜肴如"凉拌石花菜"等。

图 5-95　紫菜

图 5-96　石花菜

❹ **海白菜**　海白菜又称海波菜、海条、青苔菜等,为石莼科石莼属孔石莼和石莼的俗称,如图 5-97所示。分布在温带至亚热带海洋中,生长在高潮带至低潮带和大干潮线附近的岩石上或石沼中。我国辽宁、河北、山东和江苏沿海均产。藻体高 10～40 厘米,为由两层细胞组成的膜状体。呈宽叶片状或裂成许多小叶片,孔石莼的叶片上有形状大小不一的孔。藻体无柄,藻体基部细胞向下延伸出假根丝,形成多年生固着器。海白菜营养丰富,口感脆嫩爽口,类似紫菜的运用,作调料或卷包料等,可用于拌、蒸、煮、烧、炸、氽汤皆可,菜肴如"海白菜蛋汤"、"拌海白菜"等。

❺ **裙带菜**　裙带菜又称海芥菜,为翅藻科裙带菜属一年生藻类,如图 5-98 所示。我国浙江、山东、辽宁等沿海均产,目前已经被大量人工养殖。裙带菜藻体呈黄褐色,外形很像破的芭蕉叶扇,高 1～2 米,宽 50～100 厘米,明显地分化为固着器、柄及叶片三部分,以叉状分枝的假根状固着器固着在岩礁上,柄稍长,扁圆形,中间略隆起,叶片的中部有由柄部伸长而来的中肋,两侧形成羽状裂片。叶面上有许多黑色小斑点。产地以鲜品上市,其他地区多以盐渍品或干品应市。干品以身干盐轻、颜色全青碧绿、少黄叶、味清香者为佳。裙带菜营养丰富,美味适口,食用价值较高,有降低血压和增强血管组织的作用。烹饪中多用水浸泡去除盐味后凉拌,是常见的火锅原料。

❻ **螺旋藻**　螺旋藻是颤藻科螺旋藻属淡水藻的统称,主要有钝顶螺旋藻和极大螺旋藻两种,原

图 5-97　海白菜

图 5-98　裙带菜

产于中美洲和非洲的碱性湖泊中,我国有养殖。螺旋藻藻丝长 200～500 微米,是由多细胞组成的螺旋状盘曲的不分枝的丝状体,外观为青绿色或蓝绿色。螺旋藻的蛋白质含量高达干重的 60%～70%,是蛋白质的良好来源,1 克螺旋藻的营养等于 1 千克各种蔬菜营养的总和。目前主要用于生产螺旋藻保健品,有胶囊或片剂形式,还用于生产保健食品,如螺旋藻面包、啤酒、食醋、酱油和饮料等。

❼ 葛仙米　葛仙米又称天仙菜、珍珠菜、田木耳等,为念珠藻科念珠藻属的拟珠状念珠藻。目前均为野生,春夏季节小雨后发生于潮湿阴暗处,生于水中的砂石间或阴湿泥土上。我国各地均产,以湖北、四川为多。藻体由链状排列的细胞互相缠绕而成,外包胶质物质,形成大型的球状体或不规则状群体。新鲜时呈蓝绿色,干制后呈球形,似黄豆,墨绿色。味似黑木耳,滑而柔嫩。烹饪中洗净去泥沙后可炒食、拌食或做汤,菜肴如"烩葛仙米"等。

任务评价

任务八　蔬菜制品

任务描述

本任务对蔬菜制品原料进行介绍,以便使学生掌握和了解原料。

任务目标

掌握蔬菜制品原料的主要品种,关键是掌握蔬菜制品原料的烹饪运用。

一、蔬菜制品的分类

以新鲜蔬菜为原料,经干制、腌制、酱制、渍制、泡制等方法加工的产品称为蔬菜制品。蔬菜制品具有独特的口感和风味,且耐储藏,它既可作主料,也可作配料使用,有些品种还可作调料。蔬菜制品的种类很多,按其加工方法可分为脱水菜、腌渍菜、蔬菜蜜饯、蔬菜罐头、速冻菜等几大类。

（一）脱水菜

新鲜蔬菜经自然干燥或人工脱水干燥制成的加工品称为脱水菜。其特点是便于包装、携带、运输、食用和保存。脱水菜的品种有黄花菜、玉兰片、香菇、黑木耳、银耳等。

（二）腌渍菜

腌渍菜是将新鲜蔬菜用食盐腌制或盐液浸渍后的加工品。其特点是耐储存,组织变脆,风味独特。腌渍菜的品种有泡菜、榨菜、咸菜、酱菜、梅干菜、冬菜等。

（三）蔬菜蜜饯

蔬菜蜜饯是以蔬菜为原料，利用食糖腌制或煮制的加工品。其特点是耐储存，色、香、味好。蔬菜蜜饯的品种有冬瓜条、糖姜等。

（四）蔬菜罐头

蔬菜罐头是将完整或切块的新鲜蔬菜经预处理、装罐、排气、密封杀菌等处理后制成的成品。其特点是耐储存，便于运输。蔬菜罐头的品种有清水笋、清水马蹄、金针菇、芦笋罐头等。

（五）速冻菜

速冻菜是将整体或切分后的新鲜蔬菜经快速冻结后的一种加工菜。其特点是耐储存，解冻后品质和风味接近于新鲜蔬菜。速冻菜的品种有速冻菜豆、速冻土豆、速冻生姜、速冻洋葱等。

二、蔬菜制品主要品种介绍

（一）玉兰片

玉兰片是以冬笋为原料，经蒸煮、烘干等工序制成的形似玉兰花瓣的干制品。按生产季节和花色可分为尖片、冬片、春片、桃片四个等级。尖片又称笋尖、玉兰宝，以冬笋的嫩尖制成，表面光洁，笋节很密，肉质细嫩，味鲜，片长不超过 8.5 厘米，为玉兰片中的上品。冬片以冬至前后的冬笋制成，长 8.5～13 厘米，宽约 3 厘米，片面光洁，质嫩而脆，节间紧密。桃片又称桃花片，以春分前后刚出土或未出土的春笋制成，长 13～15 厘米，宽约 6 厘米，片面光洁，节间较紧密，质较脆嫩。春片又名大片，以清明前后出土的春笋、毛笋制成，片长不超过 23 厘米，宽约 10 厘米，节距较疏，节棱突起，笋肉薄，质较老。玉兰片以色泽玉白、表面光滑、肉质细嫩、体小厚实、笋节紧密、无老质、无焦片、无霉变者为佳。玉兰片经水发后才能食用。烹饪中用于制作各种荤素菜肴，具有提鲜、配色、配形的作用。

（二）梅干菜

梅干菜是茎用芥菜或雪里蕻腌制的干菜，又称咸干菜、梅菜。主要产于浙江绍兴、萧山、桐乡等地和广东惠州一带。质量好的梅干菜含水量 18% 左右，色黄亮，粗壮柔软，大小均匀，菜形完整，无杂质及碎屑。将梅干菜切碎，与晒干的嫩笋片拌和，即为浙江余姚、慈溪一带的传统土特产干菜笋。烹饪中适合蒸、烧、炒或作汤、馅料等，菜肴如"虾米干菜汤"、"梅干菜烧肉"、"干菜包子"等。

（三）酱菜

酱菜是利用蔬菜中一些植物的根、茎等为原料，用酱（豆酱或面酱）腌制而成的制品。制品不经过发酵，呈现原料本身的风味。根据调味和用料习惯不同，北方多生产咸味酱菜，南方多生产咸甜味酱菜。酱菜的质量以菜块匀整、颜色新鲜呈酱色、咸味适口有鲜味、具清香气、脆嫩者为佳。著名的品种有甜酱黑菜、八宝菜、八宝酱瓜、甜酱黄瓜等几十个品种，著名产地有北京六必居酱菜、扬州酱菜、镇江酱菜、杞县酱菜等。酱菜通常为佐餐小菜或用来提味、配色。

（四）榨菜

榨菜是以一种茎用芥菜为原料加工制成的，因在制作中需经压榨，故名榨菜。榨菜以四川涪陵生产的最为著名，浙江也有大量生产。榨菜可直接食用，作开胃小菜，也可用于拌、炒、烩、做汤、做馅料、做面臊等，菜肴如"拌榨菜丝"、"榨菜炒肉丝"、"榨菜肉丝汤"等。

（五）芽菜

芽菜为四川宜宾、泸州和重庆永川等地的著名特产，是利用光杆芥菜为原料加工制作而成的腌制品。芽菜成品呈红棕色和黄褐色，具有独特的香气，味鲜美。芽菜是川菜中重要原料，在烹饪中用作馅料、面臊及菜肴调味等，菜肴如"芽菜包子"、"鸡米芽菜"、"烧咸白"等。

（六）大头菜

大头菜是我国南方广为腌制的咸菜品种，由根用芥菜腌制而成，俗称大头菜。以四川内江所产最为著名，云南也产大头菜，又名云南黑菜。质脆嫩，咸鲜适口，有酱香。烹饪中适于直接食用、凉拌或炒食，也作为菜肴小吃的调味料，菜肴如"大头菜炒回锅肉"、"香菜拌大头菜"、"葱丝拌大头菜"等。

（七）冬菜

冬菜主要品种有川冬菜、京冬菜和津冬菜等，是利用箭杆青菜（叶用芥菜）和大白菜等制作的腌制品，因在冬季加工而得名。京冬菜、津冬菜因主要产于北京、天津而得名，以大白菜等为原料，川冬菜以箭杆菜、十月菜为原料。以肥嫩、无粗筋、味鲜有香气并呈鲜黄色者为佳。烹饪中作配料，适于炒、爆、熘、制汤等，或作调料使用，菜肴如"冬菜鳝鱼"、"冬菜炒肉丝"、"冬菜扣肉"等。

（八）泡菜

泡菜是将新鲜幼嫩的蔬菜经预处理后，装入专门的泡菜坛内，在低浓度食盐溶液中进行发酵而制成的一种酸菜。凡质地脆嫩、肉质肥厚而不易软化的新鲜蔬菜均可作为泡菜原料，如嫩姜、白萝卜、胡萝卜、卷心菜、大白菜、黄瓜等。泡菜在烹饪中可直接食用，可切碎炒食，也可用于炒、烩、烧、煮等菜肴中，是典型的开胃菜品，也是川菜家常味、鱼香味等味型的必备调料，同时可作为菜肴的配料。

蔬菜制品的品种还有许多，如糖蒜、白糖姜片、酱黄瓜、糖醋洋姜片等，这里不再一一讲述。

任务评价

任务九　蔬菜的品质检验与储藏

任务描述

蔬菜在生产、储藏、运输过程中容易受到外界的污染，或在自身酶的作用下会相继发生物理变化和化学变化。为了保证食品安全，加强蔬菜的品质检验，合理储藏原料具有重要意义。

任务目标

掌握蔬菜的品质检验技术，了解蔬菜的储藏技术。

一、蔬菜的质量要求

蔬菜应新鲜、清洁、无冻伤、发芽、腐烂变质等现象。蔬菜应保持其完整性，没有机械损伤（如压伤、碰伤、破损等情况）。蔬菜应没有虫害，否则会影响外观，降低品质。蔬菜不应沾有污物和虫卵，否则易使人患寄生虫病。蔬菜不应含有对人体有害的物质，如氰苷、龙葵素、亚硝酸盐及杀虫剂残留等。

二、蔬菜的品质检验

蔬菜的品质检验，主要是根据其新鲜程度、收获的最佳期、品种的优越性等进行鉴别。这里我们对收获的最佳期和品种的优越不做阐述，仅就鉴别其新鲜度来阐述。

蔬菜的新鲜度一般可从其含水量、形态、色泽等方面来检验。

（一）含水量

蔬菜的共同特点是含有较多的水分。保持原有正常水分，表面有润泽的光亮，梗叶、花蕾等有一定的脆性，刀断面或折断面有充足汁液渗出的，即为新鲜的蔬菜。如外形干瘪、失去水色光泽、缺少

83

脆性,说明新鲜度降低。

(二)形态

含水量下降会影响蔬菜原来鲜嫩的形态,因此,从形态的改变也说明蔬菜的新鲜程度。形态饱满、光滑、无伤痕即为新鲜的蔬菜。如形状干缩变小、表面粗糙发蔫且有病虫害及伤口疤痕,都是不新鲜的蔬菜。尤其是叶菜类、花菜类、果菜类等蔬菜变形特别明显,根菜类、茎菜类蔬菜相对变形要慢得多。

(三)色泽

蔬菜都有其固有的颜色。颜色鲜艳且有光泽的都是新鲜的,如叶菜类蔬菜,颜色都为翠绿色。根茎类的萝卜则有红、黄、青、白等颜色,番薯也有黄、红、白等颜色。果菜类的番茄是红色,茄子有紫黑色、青色和白色。蔬菜随着其新鲜度的降低,其光泽、颜色也逐渐向黄色、紫色、黑色、灰色转变。当然,不同成熟度的蔬菜其色泽也是不同的。

三、蔬菜的储藏

新鲜蔬菜是极易腐烂的烹饪原料,质量容易发生变化,变化的原因主要有两个方面。一方面是自身的生理变化。蔬菜是具有生命的植物,在收获之后,由于酶和自身呼吸的作用,生理上会不断地发生变化而引起品质的变化。另一方面,蔬菜一般含有较多的水分及糖类,具有微生物繁殖的良好条件,只要温度、湿度适宜,空气中的微生物就能从蔬菜的伤处浸入,然后繁殖扩展,引起蔬菜腐烂。因此,蔬菜要勤购勤销,不要大批积压,造成浪费。

储藏蔬菜应控制、阻止微生物生长,一般应控制温度(低温保存)和降低湿度(干燥保存)。蔬菜在温度高、湿度大的情况下,就会加快呼吸,新陈代谢过程加快,消耗大量的营养成分,从而降低品质。低温储藏时,又要防止冰冻现象。因为含水量大的蔬菜,温度降到 0 ℃以下就会因冻结使蔬菜结构受损,水分外渗,口味变异,外形、内部结构、颜色也发生变化。蔬菜在低温环境下一般处于休眠状态,如土豆、洋葱、大蒜、萝卜等。当温度升高到适宜数值时,就会发芽长叶,造成蔬菜中水分和营养成分的大量消耗,严重的会失去食用价值。

散装的蔬菜应放在阴凉、通风处。堆放时注意,不要与水产品、酒类、咸鱼及活禽放在一起。如发现有变质腐烂的蔬菜就应及时清除。做到先进先用、后进后用。

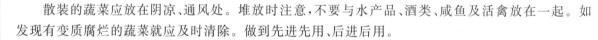

项目小结

本项目主要介绍了蔬菜的种类及分类、蔬菜的结构、蔬菜的营养成分、蔬菜在烹饪中的作用以及蔬菜的品质检验和储藏。学好本项目内容,将为进一步学习烹饪工艺打下良好的基础。

任务评价

同步测试

主要概念

· 根菜类蔬菜

· 茎菜类蔬菜

· 叶菜类蔬菜

· 花菜类蔬菜

· 果蔬类蔬菜

Note

项目六

植物性原料——果品类

项目描述

我国地域辽阔,气候、水土类型多样,栽培和野生的果类资源十分丰富。据统计,我国果类资源跨 37 科,分属 300 种,品种达 10000 多个。果品类原料在烹饪中的应用很广,从日常小吃到豪华宴席,都有干鲜瓜果的使用。

扫码看课件

项目目标

了解果品的特点及分类,掌握果品在烹饪中的运用,熟悉各类果品,了解果品的品质检验与储藏。

任务一 果品类原料概述

▶ **任务描述**

本任务对果品类原料进行概述,以便掌握和了解果品类原料。

▶ **任务目标**

掌握果品类原料的性质、特点、营养价值等方面的内容,关键是掌握果品类原料的烹饪运用。

一、果品的定义

果品是人们日常生活中必不可少的食物,也是烹饪原料的重要组成部分。无论是凉菜、热菜,还是果盘、茶酒、点心都应用得非常广泛。所谓果品,是木本植物和草本植物的果实及其加工制品等一类烹饪原料的统称。商品经营中的果品包括鲜果、果干、果仁和糖制果品。

二、果实的组织结构及种类

不同的果实品种与其组织结构有密切的联系。

（一）果实的组织结构

果树在传粉受精后,花的各部一般都凋谢枯萎,只有胚珠和子房继续发育成为果实。胚珠和子房大而形成的果实称为真果,如桃、柑橘等;由花的其他部分与子房一起形成的果实称为假果,如梨、苹果等。

果实的构造比较简单,通常由果皮和种子组成。果皮则有三层不同的组织组成,即外果皮、中果皮和内果皮。外果皮是果实最外层的表皮,一般很薄,有角质层和皮孔,与中果皮有明显的差别。不同果实的外表皮有较大的不同,有的外表皮有蜡质和果粉,如葡萄;有的外表皮有绒毛,如桃、杏。中果皮又称果肉,是果皮最大的部分,在结构上变化最大,有的完全由薄壁组织构成,富含糖分和汁液,为主要的食用部分,如桃、杏、苹果等;有的纤维发达,汁液少,味苦涩而不能食用,如核桃。内果皮与种子接近,构造也有变化,有的变成种子的硬壳,如桃、杏、椰子等;有的则生长为肉质的囊状物,成为食用部分,如柑橘、柚子等。果实的种子部分一般由种皮和胚构成,种皮通常只有一层,有的则有两层,称为外种皮和内种皮。外种皮坚而厚,具有各种色泽或有花纹与绒毛。内种皮一般薄而柔软,紧附胚,胚即果仁,通常由胚芽、胚轴、胚根和子叶构成。富含各种营养成分可供食用。但以胚为食用部分的果品,其果皮一般不能食用。

（二）果实的种类

根据果实构造的特点,果实一般可分为七大类。

❶ **仁果类**　仁果类主要有苹果、梨、海棠、沙果、山楂等。这类果实由花托和萼筒部分发育而成,果实的中心部分可转化为果心,由子房壁发育而成,里面含有种子、籽粒较多,食用部分为中果皮。

❷ **核果类**　核果类主要有桃、李、杏、樱桃、杨梅、橄榄、枣等。这类果实由子房发育而成,食用部分是中果皮。内果皮成为包在外面的坚实果核。

❸ **浆果类**　浆果类主要有葡萄、猕猴桃、香蕉、阳桃、柿子、龙眼、荔枝、石榴等。这类果实的食用部分因柔软多浆液,故称浆果,种子包含在食用部分内。

❹ **柑橘类**　柑橘类主要有柑橘、金柑、柚子、柠檬等。这类果实由子房发育而成,外果皮和中果皮界限不明显,内果皮的内侧生长许多肉质化的囊状物,称为砂囊,富含浆液,为主要食用部分。

❺ **坚果类**　坚果类主要有核桃、栗子、榛子、银杏等。这类果实外面有坚硬的壳,里面有果仁,为食用部分。

❻ **复果类**　复果类主要有菠萝、草莓、树莓等。这类果实由整个花序发育而成,花托、子房、肉质为食用部分。

❼ **瓜果类**　瓜果又称瓠果,果实由花托、外果皮、中果皮、内果皮、胎座、种子构成,可食用部分主要为中、内果皮及胎座。常见品种有西瓜、甜瓜、哈密瓜、白兰瓜等。

三、果品的营养特点及主要化学成分

果品一般都具有固有的色泽、不同的风味特色和食用价值,这是由它们所含有的各种化学成分决定的。了解果品中各种化学成分,有助于认识果品的营养价值,也有助于对其品质的检验和储藏保管。

（一）水

任何一种果品都含有水。水在果品中的存在不是孤立的,它与糖、有机酸、果胶、无机盐、色素等可溶性物质结合在一起,存在于细胞与细胞之间,并多数显得很不稳定。

果品含水量最多的是水果和瓜类,在 $70\%\sim90\%$,如西瓜、草莓、柑橘、桃、李、杏等,含水量最小的是苹果,一般在 20% 以下,果干、蜜饯与果脯的水分也较少。

果品的含水量越多,则肉质越嫩,越新鲜;含水量越少,则肉质越老,有的鲜果容易萎蔫,影响色泽。

（二）糖

糖是果品的主要营养成分,除蜜饯和果脯在加工时人为地增加糖量以外,一般果品的含糖量在

$10\%\sim15\%$,少数果品如枣、香蕉、山楂等含糖量在 20% 以上。果实充分成熟时含糖量达到最高峰。

糖在果品的组织生理过程中具有重要作用,果品中普遍存在的有蔗糖、果糖、葡萄糖。糖是果品甜味的主要来源,其甜度与糖的种类、结构有密切的关系,不同种类的果品含糖的种类也不同,仁果类的苹果、梨含果糖较多,核果类的桃、李、杏含蔗糖较多,浆果类的含葡萄糖较多,但这三类的甜味都有差别。影响果品的甜味度,除与果品中的自身含糖量和糖的种类有关,还受到果品中有机酸、单宁等其他物质的影响,所以评定果品的好坏通常取决于果品中糖和酸的比例,常以糖与酸的比值来表示,糖酸比值大的口味甜,同一类品种的果品糖酸比值也不相同,所以甜酸味差别也较大。

（三）有机酸

果品中的有机酸主要有苹果酸、柠檬酸、酒石酸三种,是果品酸味的主要来源,所以又称为果酸。有机酸的存在与果品的种类有关,柑橘类含柠檬酸、葡萄含酒石酸,而大多数果品则含苹果酸。

有机酸在果品中的存在量较少,除部分水果中的柠檬酸可达 $5\%\sim6\%$ 以外,多数果品的平均含酸量只有 $0.1\%\sim0.5\%$。

（四）淀粉

成熟的果实中一般不含淀粉或仅含少量淀粉,未成熟的香蕉和晚熟种的苹果在采收时尚含有淀粉,不过在储藏的过程中,淀粉也会在酶的作用下转换成糖。

淀粉遇到碘溶液会生成蓝色,可以使它来作为判断采收果实成熟度的参考。

（五）纤维素

纤维素是与淀粉相似的多糖类物质,不溶于水,是构成果实细胞壁和输导组织的主要成分,在果实的表皮细胞中纤维素又常与木质果胶等结合成为复合纤维素,对果实起到保护作用。

果品中含纤维素的多少,会直接影响果品的品质,如果纤维素太多或较粗,食用时就感觉粗老,含纤维素较多的果品主要有梨、桃、柿、枣、杏等。例如,梨含有多量的石细胞,质地就变得比较粗。

人体内消化道中,没有促使纤维素消化的酶,因此,吃水果以后,其中纤维素不能被消化吸收,但它能促进肠的蠕动,刺激消化腺的分泌,起着间接帮助消化的作用。自然界中许多霉菌含有分解纤维的酶,所以被微生物污染而腐烂的果实,往往呈软烂松散的状态。

（六）果胶物质

果胶物质是植物组织中普遍存在的多糖化合物,也是构成细胞壁的主要成分,它分为原果胶、果胶和果胶酸三种形态存在于果实组织中,各种形态的果胶物质有不同的特征。

原果胶大多存在于未成熟的果实中,它不溶于水,与纤维素一起将细胞与细胞紧紧地结合起来,使果实显得坚实脆硬,随着果实的成熟,原果胶在果实中原果胶酶的作用下分解成为果胶。

果胶是溶于水的物质,存在于成熟的果实中,它与纤维分离后进入果实细胞中,细胞之间结合更松弛,果实变得柔软,当果实进一步成熟时,果胶继续在果实中果胶酶的作用下分解成果胶酸。

果胶酸存在于进一步成熟乃至熟透的果实中,由于果胶酸是果胶酶作用下的水解产物,没有黏胶力,因此,含果胶酸物质高的,果实松散,有的变绵,俗称返砂,不易储存。

（七）单宁物质

许多果实中含单宁物质,它是几种酸类化合物的总称,溶于水,有涩味。单宁含量低的果品使人感到有清凉味,若含量高就不堪食用。未成熟的柿子含单宁量高,每 100 克果肉含有 0.5～2 克,故涩味很强,一般果实含单宁为 $0.2\%\sim0.3\%$。

单宁物质在果实中多酚氧化酶的作用下,能氧化生成一种深褐色的物质,称为根皮鞣红。所以含有单宁物质的果实在切开后不久便会变色,如梨、苹果等。果肉变色的过程与单宁含量的多少有关系,也和果肉中酶的活动状态有关系。抑制果肉中酶的活性,就可以控制果肉变色。

单宁与铁器接触容易变色,所以用刀切开果实后常变色。

87

（八）糖苷

糖苷是糖与醇、醛、酚、单宁酸、含硫或含氮化合物等构成的脂态化合物。在酶或酸的作用下，可水解成糖和苷配基。

果实中存在着各种苷，大多数都具有果味，有一部分含有剧毒。在果品中值得重视的是杏仁苷，它存在于桃、杏、樱桃等核果类果肉及种仁中，而以苦杏仁中含量最多，含苦杏仁苷约 3.7%，苦杏仁苷在酶的作用下分解生成苯甲醛，表现出桃、杏等果实特有的芳香，同时也产生出有剧毒的氢氰酸。因此，多吃苦杏仁会中毒。

（九）含氮物质

水果中存在的含氮物质主要是蛋白质，其次是游离的氨基酸。水果中存在的含氮物质很少，一般的含量在 0.2%～1.2%，而核桃仁、杏仁中高达 15%～20%。游离氨基酸的存在对果品的品质有一定的影响，如在储藏新鲜水果中，由于温度过高或过低，经常可以出现果实中心部位变黑的一种生理病害。这是由于果实存在酪氨酸在酶的作用下产生黑色素的结果。此外，由于氨基酸与糖作用结果，常常使加工的果品变色（变红、变褐、变黑），尤其在高温情况下更加厉害。

（十）色素

各种果实均有不同的颜色，它们都是由多种色素混合而成的，也是由于所含色素数量的差异，以及它们之间相互影响的结果。另外，随着果实生长条件的改变或成熟度的变化，色素也会随之变化。这些色素一类是水溶性色素，如花青色素、花黄色素，另一类是非水溶性色素，如叶绿素、胡萝卜素等。

❶ 叶绿素　果皮所表现的绿色，就是细胞内存在大量叶绿素的缘故。叶绿素不溶于水，随着果实成熟，叶绿素在酶的用下能水解生成叶绿酸盐等溶于水的物质，其绿色就逐渐消退，而显出黄色或橙色，这个变化称为果实底色变化，因此可用来判断果实的成熟度。

❷ 类胡萝卜素　绿色果实中还含有类胡萝卜素，在叶绿素被分解以后，这些色素便能显示出它的颜色来。类胡萝卜素是胡萝卜素、叶黄素、番茄红素的总称。它们的颜色从黄到橙，属于非水溶性色素。果实中的杏、黄肉桃表现的橙黄色，都是类胡萝卜素显现出来的颜色。

❸ 花青素和花黄素　花青素能溶于水，呈溶液状态存在于果皮或果肉中，是果实显现红色、紫色的原因。在不同 pH 值中，花青素显现出不同的颜色。一般在酸性的条件下为红色或橙红色，而在碱性条件下为蓝色或绿色，在中性条件下为紫色。果实中花青素的形成与太阳照射有关，往往是随着果实的成熟，叶绿素逐渐褪去，花青素才显现出来。果实表面颜色的变化在采收分级工作中，常为判断果实成熟度和品质的标准。

某些白色或黄色的果实，如白葡萄和柑橘类果皮，除含类胡萝卜素外，还含有花黄素，其性质与花青素相似。

（十一）芳香油

果实中的香味来源其本身含有的各种不同的芳香物质。这些芳香物质是油状的，故又称芳香油。它们经常与许多化学物质混合存在，其中主要化学成分有醇、醛、酚、烷、酸烷和烯等。芳香油多存在于果皮的许多特殊细胞组成的储油结构中，称为油胞，而在果肉中含量少。柑橘类水果含芳香油较丰富，含量为 1.2%～2.5%，其他水果含量较少。

（十二）维生素

果品中的维生素含量较丰富，存在于果品中的维生素主要有如下两种。

❶ 维生素 C　新鲜果品是提供人体维生素 C 的丰富来源。以每 100 克果品计算，一般含维生素 C 为几毫克至十几毫克，鲜枣中含维生素 C 为 240 毫克。

维生素 C 易溶于水，被氧化后即失去作用。果品本身含有一种抗坏血酸酶，可促使维生素 C 氧化失效。在储存或制作菜肴的过程中应尽量减少果品中维生素C的损失。低温保管果品可减小维生素C的损失。

❷ **维生素P**　维生素P又称柠檬素,为水溶性物质,多数新鲜水果中含有这种维生素。鲜枣中含量最高,每100克中含维生素P达330毫克。

(十三) 无机盐

果品中含有许多无机盐,其中以钙、磷、铁为主要成分,一般为每100克含无机盐0.5毫克左右。果品中的橄榄含钙量较高,山楂其次。富含磷的果品有香蕉、草莓、柿、杏等。含铁的果品有樱桃、香蕉、杏、葡萄等。

(十四) 酶

酶是有机体生命活动中不可缺少的因素。果品的化学物质不断地进行变化,就是因为果实中存在着各种各样的酶,并在起着催化作用的结果。

果实中主要有两类酶:一类是水解酶,一类是解碳链酶。水解酶类包括转化酶、果胶酶、蛋白酶等,是促使物质进行合成与分解的酶。解碳链酶主要使有机化合物中的碳链分解,最后分解成氧化碳和水,并放出大量的热量。作用于呼吸过程和发酵过程中的各种酶,如氧化酶、脱氧酶等都属于这一类。

果实的成熟与酶的作用有着密切的关系。例如,苹果在成熟过程中,化学物质的合成大于分解,因此,淀粉、蔗糖含量较高,随着果实成熟度的增加,酶的活动逐渐趋于水解,化学物质的水解作用增加,淀粉转化为糖,果实变甜。

果实的储存与酶的活动有着密切的关系,酶的作用受果实储存的温度、湿度、空气等条件的影响。例如,新鲜水果储存在温度高的情况下,酶的活动加强,果实的后熟作用加快,物质成分分解也快;反之,果实在0 ℃条件下储存时其分解作用进行缓慢。空气中氧的成分多少也会影响酶的作用。还有果实遇到机械操作、微生物的浸染、萎蔫或不适宜的冷冻等都会影响酶的作用,从而降低果品的储存性能。

四、果品在烹饪中的运用

果品在烹饪中应用的虽然没有蔬菜那样广泛,但也是常用的一类原料,从大型的宴席到日常的小吃,都有干鲜果品的使用。

(一) 作为菜肴的主料

果品用于甜菜制作,花色品种甚多,菜肴如"拔丝苹果"、"蜜炙黄桃"、"挂霜桃仁"、"什锦果羹"等。

(二) 作为配料

果品作为制作菜肴的配料十分普遍,可以配荤菜,也可以配素菜。果品在营养组合和风味上都有独到之处,菜肴如"核桃仁炒鸡丁"、"板栗烧鸡块"、"栗子炒鸡丁"等。

(三) 作为菜肴的装饰料

特别是在花式冷盘的制作及花式菜肴的烹制中经常用到,以樱桃、橘瓣、葡萄美化菜肴的色形。有的还可以做食品雕刻用于造型,如"西瓜灯"、"西瓜盅"等。

(四) 用于制作糕点

在糕点中果品大多数用作馅心,以用果脯、蜜饯及松子仁、瓜子仁、桃仁等为多,如"月饼"、"枣泥包子"等。

果品含糖较多,属于酸甜口味,并含有多种芳香美味物质,我国南方一些菜品运用橘子汁、柠檬汁等作为调料使用效果较好,如"柠檬瓜条"等。

任务评价

任务二 鲜果类果品

任务描述

本任务对鲜果类原料进行讲述,以便掌握和了解鲜果类原料。

任务目标

掌握鲜果类原料的常用品种,关键是掌握鲜果类原料的烹饪运用。

一、鲜果类果品概述

鲜果通常指新鲜的、未经加工的、肉质柔软多汁的植物果实。鲜果是果品中种类最多、数量最大的一类,其品种不同、口味不同,并且带有明显的地域特色,而且色泽鲜艳,香气宜人,营养丰富,是人们日常生活中必不可少的食物。鲜果的特点:果皮肉质、多汁、柔软或脆嫩,含水量高;色泽丰富,有浓郁的果香;一般呈现酸甜适度、以甜味为主的口味。

二、鲜果类果品主要品种

(一)梨

梨又称快果、果宗等,为蔷薇科梨属植物的果实,如图 6-1 所示。梨可分为中国梨和西洋梨两大类。中国梨为我国特产,是我国重要的果树品种,南北都有栽培,以华北和西北为多,至今已有 2000 多年的栽培历史。西洋梨原产于欧洲中部、东南部及中亚地区。西洋梨在欧洲的栽培历史也很悠久,约在 1870 年由美国引入我国山东的烟台等地。梨是我国果品经营的四大水果(苹果、梨、柑橘、香蕉)之一,也是我国主要出口水果之一。梨属植物约有 30 种,我国有 13 种。作为市场经营的品种主要有秋子梨、白梨、沙梨和西洋梨。秋子梨果实呈圆形或扁圆形,优良品种有北京的京白梨、辽宁的南果梨等。白梨果实为卵形,优良品种如鸭梨、雪花梨、秋白梨、蜜梨、油梨等。沙梨果实近圆形,果皮绿色或褐色,优良品种有安徽的砀山梨等。洋梨在山东烟台与辽宁大连栽培较多,果实呈瓢形或圆形,果肉脆嫩多汁,香味浓。梨在每年 7—10 月中旬上市,早熟品种不耐储存,中晚熟品种可长期储存,所以四季都有供应。梨可供鲜食,也可以制作菜肴,炒、熘、扒、蒸、炖均可,菜肴如"八宝梨罐"、"京糕拌梨丝"、"雪梨炒牛肉片"等,以制作甜菜和冷菜为主。梨还可以加工成梨膏、梨脯、梨干,还是制醋、酿酒的原料。

(二)苹果

苹果又称平安果、智慧果,为蔷薇科苹果属植物苹果的果实,如图 6-2 所示。苹果原产于欧洲东南部、中亚和我国新疆一带,是世界主要水果品种之一。我国栽培已有 1000 多年的历史,现今发展为五大产区,其中渤海湾产区为主要产区。苹果的品种很多,市场常见的有几十种,根据果实成熟期可分为早熟种、中熟种和晚熟种。早熟种又称伏苹果,成熟期在 7 月上旬至 8 月上旬。生长期短,肉质松,味酸,不耐储存,产量较少,优良品种如祝光、黄魁等。中熟种 8 月中旬至 9 月中旬成熟,较耐储存,有的果实质松,有的质脆,优良品种如红玉、黄元帅、红元帅等。晚熟种 9 月下旬至 10 月下旬成熟,果实质地坚实,脆甜稍酸,耐储存,优良品种如富士、国光、青香蕉等。苹果除鲜食外,烹饪中多用于甜菜的制作,适于酿、拔丝、蜜炙、扒等方法,菜肴如"蜜炙苹果"、"菊花苹果"、"拔丝苹果"等。苹果还可以加工成果干、果脯、果汁、果酱、果酒、苹果醋等多种制品。

图 6-1　梨

图 6-2　苹果

（三）山楂

山楂又称红果、山里红，是蔷薇科山楂属植物山楂的果实，如图 6-3 所示。山楂是我国特有的水果，栽培历史悠久，我国南北均有栽培，品种很多，辽宁、山东、河北、河南、北京和天津的部分地区为山楂的主要产地，其中北方的大山楂质量最好。每年 9、10 月成熟上市。山楂肉质细腻，果味酸甜，储存后质地变软。果肉营养价值明显高于其他果品，山楂每百克含维生素 C 为 89 毫克，仅次于猕猴桃和鲜枣，铁和钙的含量也很高。以个大均匀、色泽深红、果肉较硬、酸中带甜、无虫蛀、伤痕者为佳。山楂果肉中含有鲜艳的天然红色素和丰富的果胶，可以加工成多种食品和饮料，如制作果冻、果酱、果茶、果酒、果脯、山楂片、山楂糕等。"冰糖葫芦"、"天津糖墩儿"是颇具特色的北方冬季食品。山楂常用于制成甜菜，菜肴如"蜜之果"、"烤红果"等。

（四）枇杷

枇杷又称卢枝，为蔷薇科枇杷属植物枇杷的果实，如图 6-4 所示。枇杷原产于我国西部，因其叶形似琵琶而得名。枇杷果呈圆球形或长圆形，根据其品质特点可分为草种枇杷、红种枇杷和白沙枇杷。草种枇杷呈卵圆形，皮厚韧，果肉和果面均为淡黄色，核大肉薄，肉质较粗，味甜中带酸，这类枇杷上市较早，主产于浙江一带。红种枇杷果实为圆形或倒卵形，果皮为橙红色或浓红色，较厚，易剥离，味甜质细，品质较好，这类枇杷上市较草种枇杷略迟，主要产于浙江、福建、安徽的一些地区。白沙枇杷果实呈圆形或稍扁，果皮薄，易剥离，果面为淡黄或微带白色，果肉洁白或微带黄色，汁多味甜，果肉质细而鲜美，核小，这类枇杷上市较晚，质量最好。枇杷风味优美，通常在鲜果稀少的春末夏初上市。以新鲜成熟、果皮茸毛不脱落、个大均匀、柄长适中、汁多味甜、果肉厚而质细者为佳。枇杷可以鲜食，也可以加工成罐头、果酒、果酱、果膏等。枇杷入馔主要做甜菜，菜肴如"西米枇杷"、"豆茸酿枇杷"等。

图 6-3　山楂

图 6-4　枇杷

（五）桃

桃又称桃子，是蔷薇科桃属植物桃的果实，如图6-5所示。桃表面有茸毛，核果近球形，中果皮肉厚多汁，是食用的主要部位。桃原产于我国，现在全国各地均有栽培，以浙江、江苏、山东、河南、河北和陕西栽培较多。根据其分布的地区和果实的类型可分为北方桃品种群、南方桃品种群、黄肉桃品种群、蟠桃品种群、油桃品种群。北方桃品种群产于长江以北及黄河流域，以山东、河北栽培最多，果形圆，果顶尖而突起，缝合线较深而明显，肉质紧密汁少，较耐储运，如山东肥城桃、天津水蜜桃等。南方桃品种群产于长江流域及以南地区，以江苏、浙江、上海栽培较多，果实顶部平圆，果肉柔软多汁，不耐储存运输，如上海水蜜桃、奉化玉露桃等。黄肉桃品种群产于西北、华北、西南地区，以黄皮黄肉而得名，果肉紧密强韧，适合于加工罐头，如甘肃宁县黄甘桃、武台黄桃等。蟠桃品种群以江浙两省栽培最多，果形扁圆，两端凹入，肉质柔软，味甜多汁，如撒花红蟠桃、白芒蟠桃等。油桃品种群产于新疆、甘肃一带，表面无毛，肉质硬脆，汁少味酸，如新疆黄肉李光桃、甘肃紫胭桃等。桃的成熟季节从5月下旬至9月上旬，以7月、8月成熟较多，果肉有粘核的，也有不粘核的，晚熟品种大多汁多味甜。桃的色香味俱佳，因此有寿果、仙果之称。桃在烹饪中常用于甜菜制作，适于酿、蜜、炙等，菜肴如"蜜炙黄桃"等。桃可以生食，还可以加工成桃脯、蜜桃、桃果酱及罐头、饮料等制品。

（六）李

李又称李子、嘉庆子，为蔷薇科李属植物李的果实，如图6-6所示。李在我国栽培历史悠久，全国各地均有栽培，从颜色上分红皮、红肉、红皮黄肉、青皮红心、青皮青肉和黄皮黄肉等种类。著名品种有：携李，果汁丰富有酒香；青脆李，肉脆而甜；金塘李，味鲜甜有香气。每年6—8月成熟，有香气，不耐储存。李含有丰富的碳水化合物，但鲜食时食用量不宜过多，宜在完全成熟后食用。李不仅可以鲜食，还可以加工成李干、蜜饯、果酱和罐头，烹饪中可制作甜菜。

图6-5　桃

图6-6　李

（七）樱桃

樱桃又称荆桃、含桃、莺桃，为蔷薇科樱属植物樱桃的果实，如图6-7所示。我国是樱桃起源地之一，根据其品种特征可分为中国樱桃、甜樱桃、酸樱桃和毛樱桃。其中以中国樱桃和甜樱桃两类品质较好，著名品种如大鹰嘴、红樱桃等。樱桃成熟期早，有早春第一果的美誉。樱桃的果质以果粒均匀、柄短核小、味甜多汁者为好。樱桃可鲜食，或加工成果酱、果汁、果酒、罐头。菜肴中常用其制作围边装饰，也可以制作甜菜，菜肴如"水晶樱桃"、"樱桃龙眼甜汤"等。

（八）梅

梅又称青梅，为蔷薇科杏属植物果梅的果实，果梅树是我国特有的果树之一，如图6-8所示。我国栽培历史悠久，多分布于长江以南各省。梅的外形与杏相近。梅以清酸称绝，少量食用爽口生津。梅的品种很多，其分类方法不尽相同，一般按果实的颜色分为白梅、青梅、花梅三大类。白梅熟时为白色，质粗味苦，多制梅干用。青梅将熟时为青色，熟时为青黄色，味酸稍带苦涩，肉质清脆。花梅又称红梅，果实向阳面熟时有红晕，质细脆而味清酸，为梅中上品。以果色新鲜、质脆清酸、肉厚核小者为佳。梅中含有大量的有机酸,少量食用可开胃生津止渴。梅多用于加工,如饯制的话梅、陈皮梅,还可制酸梅汤、梅酱、梅醋和梅酒等。作为烹饪原料可做"梅子脆皮鹅"、"明炉梅子鸭"等菜肴。

图 6-7　樱桃

图 6-8　梅

（九）草莓

草莓又称凤梨草莓,为蔷薇科草莓属多年生草本植物,如图 6-9 所示。草莓果实为聚合果,花托肉质化,柔软多汁,其上着生多枚种子状瘦果。草莓原产南美,现我国南北均有栽培,一般 5 月上旬到 6 月上旬逐渐上市,著名品种如章姬、甜查理、明晶等。草莓果肉多汁,酸甜适口,芳香宜人。草莓的营养价值很高,钙、磷、铁和维生素 C 含量都很高。以果形整齐粒大、色泽新鲜、汁液多、香气浓、无污物者为佳。草莓除直接生食外,大都拌以奶油或甜奶,制成奶油草莓食用,风味别致。在宴席上多用于水果拼盘,也可以加糖制成果酱,或制果汁、果酒和罐头,西餐常用。

（十）柑橘

柑橘为芸香科柑橘属植物柑橘的果实,如图 6-10 所示。柑橘是世界重要的水果品种,也是我国的四大水果之一。我国已有 4000 多年的栽培历史,主要分布在长江以南,以四川、广东、广西、福建、湖南、湖北、江西、浙江为多。柑橘具有产量高、品种多、分布广、耐储存、供应时间长的特点。我国的柑橘包括柑和橘两大类型,共同特点是果实为扁圆形,果皮为黄色、鲜橙色或红色,薄而宽松,容易剥离,故又称宽皮橘、松皮橘。橘类果实大小不一,果皮有橙黄、橙红、朱红等色泽,皮质细薄,白皮层也较薄,细胞平滑或突起,囊瓣为 7～11 瓣,果皮极易剥离,胚为深红色,子叶为淡绿色,味甜多酸。著名品种有广东椪柑、福建芦柑、广东芦柑、四川红橘、浙江黄岩蜜橘等。柑类多为橘与其他柑橘的杂交种,果实比橘大,近球形,果皮为橙黄色,细胞突起,白皮层一般较厚,囊瓣为 9～11 瓣,果皮比橘紧,但可以剥离,胚为淡绿色,子叶为乳白色,果实汁液丰富,味酸甜,著名品种如广东蕉柑、温州蜜柑等。柑橘上市季节从 10 月上旬可延至 12 月,晚熟品种可达次年 3 月、4 月成熟。果肉中维生素 C 含量丰富,比柠檬、苹果和梨都多。胡萝卜素和维生素 P 的含量也很高。柑橘除鲜食外,在烹饪中主要适用于拔丝或制作甜羹,还可用于冷盘拼摆,菜肴如"拔丝橘子"、"水晶橘子冻"等。柑橘也可加工成罐头、果酱、果汁、果粉、果醋、果酒和蜜饯。

图 6-9　草莓

图 6-10　柑橘

（十一）甜橙

甜橙又称橙子、黄果，为芸香科柑橘属植物甜橙的果实，如图 6-11 所示。甜橙原产于我国，栽培历史悠久。果实近球形，果皮薄而紧，不易剥离，囊瓣也不易剥离，鲜食须用刀剖食。皮薄而光滑，果大汁多，味甜酸可口，香气较足，维生素 C 含量大于柑橘。每年 11—12 月成熟，耐储存。甜橙主要产于广东、广西、福建等地。根据甜橙的果形特点，可分为普通甜橙、脐橙和血橙。普通甜橙品种较多，果实长圆或扁圆，无脐，果肉橙色或黄色，如新会橙、香橙、广柑、冬橙等。脐橙果顶开孔，内有小果瓣露出呈脐状，实际上脐内是一个发育不完全的次生小果，果肉为橙色，如华盛顿脐橙，为世界著名橙种。血橙无脐，果肉呈赤红色或橙色而有赤红色斑条，如红玉血橙。橙可供鲜食，还可以制水果拼盘、果羹、果汁。由于橙皮较硬，易于成形，也可用橙皮做菜肴盛器。

（十二）柠檬

柠檬又称洋柠檬、柠果、益母果，为芸香科柑橘属植物柠檬的果实，如图 6-12 所示。我国广东、广西、四川、福建均有栽培，每年 10 月上市。柠檬果为椭圆形，长 5～7 厘米，两端尖，有乳头状突起，表面光滑，成熟时为黄色，果皮厚，密布腺点，囊瓣为 8～10 瓣，具有浓烈的香气和酸味，含有丰富的柠檬酸，有"柠檬酸仓库"之美誉。著名品种如尤力克柠檬、里斯本柠檬。柠檬一般不生食，大多切片加入饮料或作菜点的配料。可以加工成天然果汁、柠檬露、柠檬粉、柠檬酸、柠檬酒，配制汽水、糖果或制成蜜饯、果酱。

图 6-11　甜橙

图 6-12　柠檬

（十三）柚

柚又称香栾、朱栾、文旦等，为芸香科柑橘属植物柚的果实，如图 6-13 所示。柚在我国栽培历史悠久，现我国长江以南地区及东南亚一带均有栽培。果实大，圆形、扁圆形或倒阔卵形，直径可达 25 厘米，成熟时呈淡黄色或橙色，果皮厚，难剥离，果肉分红肉和白肉两大类，红肉汁胞为粉红色或粉色，白肉汁胞为红色或带淡黄色。柚子可鲜食，也可制蜜饯、罐头和果汁。皮可加工成柚皮，也可制菜肴，如"柚羹汤丸"、"柚皮炖鸭"、"豉汁柚皮"等。

（十四）杨梅

杨梅又称树梅、圣生梅，为杨梅科杨梅属杨梅的果实，如图 6-14 所示。杨梅是我国特产果品之一，栽培历史悠久，现南方各省均有栽培。杨梅核果为球形，直径 2～3 厘米，外果皮由多数囊状体即果肉柱密生而成，多汁液及树脂，味酸甜，成熟时呈红色、紫红色或白色，以果肉红色和紫红色品种为多。以果身饱满、成熟度适中、果身表层无水、个大、肉柱圆钝汁多、味甜、核小者为佳。主要供生食，也可加工成蜜饯、果酱等制品。烹饪中用于制作甜菜，如"杨梅丸子"、"杨梅羹"等。

（十五）菠萝

菠萝又称凤梨、黄梨、旺梨，为凤梨科凤梨属草本植物菠萝的果实，热带四大名果之一，如图 6-15 所示。原产于巴西，我国台湾、广东、广西等地均有栽培。果实球果状，果肉爽嫩多汁，甘酸适口，香

图 6-13　柚子　　　　　　　　　　　　　　　　图 6-14　杨梅

味浓郁。鲜食时,应用淡盐水浸泡,以去除皂素。烹饪中可制作多种咸、甜菜式,菜肴如"凤梨炒鸡片"、"菠萝烧排骨"等。此外,由于果肉中含蛋白酶,还可以提取致嫩剂。

（十六）波罗蜜

波罗蜜又称菠萝蜜、树菠萝、苞萝等,为桑科波罗蜜属木本植物波罗蜜的果实,如图 6-16 所示。波罗蜜原产于印度和马来西亚,我国广东、海南和云南南部均有栽培,每年 9—10 月成熟。波罗蜜为聚花果,果形椭圆,果实最大者重 20 千克,外层有六角形瘤状突起,剥开果肉如橘囊,肉厚汁多,味甜美异常,果仁可煮食或炒食。波罗蜜品种可分为两类:硬肉类,果实肥美多汁,香气浓厚;软肉类,果皮柔软,果肉松脆,香味甜味稍差。波罗蜜可供鲜食,也可制蜜饯。果核可炖肉食用。

图 6-15　菠萝　　　　　　　　　　　　　　　　图 6-16　波罗蜜

（十七）番荔枝

番荔枝又称赖球果、佛头果、释迦果,为番荔枝科番荔枝属植物番荔枝的果实,如图 6-17 所示。原产于热带美洲,我国浙江、福建、广东、广西等地均有栽培。果实有的长成圆形,有的似心脏形,果皮凹凸不平,有许多突出的绿瘤所连接,外面常铺有白色的粉霜。果皮和果肉很难分离,形成一个肉粒聚合而成的浆果,外形酷似荔枝,故名番荔枝。每年 6—11 月成熟。果肉为白色,含糖量达 15%,相当于甘蔗的甜度,有如柔滑的奶脂,香甜润滑,风味独特。番荔枝含有丰富的维生素 C,最宜鲜食,同时也是酿酒和制作清凉饮料的好原料。

（十八）橄榄

橄榄又称白榄、山榄、青果,为橄榄科橄榄属植物橄榄的果实,如图 6-18 所示。原产于我国南方,有 2000 多年的栽培史,我国广东、福建、四川等地均有栽培。果实为核果,卵形,长 3 厘米左右,果核两端锐尖,横切面为圆形至六角形,肉质坚脆,初入口时酸中带涩,经细嚼后渐觉甜味。著名品种如福建檀香榄、广东猪腰榄、汕头白榄等。橄榄果肉富含钙质,有生津止泻、治喉痛、消酒毒、解鱼毒之功效。除鲜食外,可加工成各种蜜饯果品。在烹饪中可用于制橄榄汤、炖肉和制粥。

（十九）杧果

杧果俗称芒果,又称檬果、蜜望子、望果,为漆树科杧果属植物杧果的果实,如图 6-19 所示。杧

图 6-17　番荔枝

图 6-18　橄榄

果原产于印度,已有 4000 多年栽培史。我国台湾栽培最多,广东、广西、福建、云南等地也有栽培。其核果为肾形,长 5～10 厘米,淡绿色或淡黄色,并带有橙黄色红晕,每年 4—6 月成熟。著名品种如夏茅香杧、红花杧等。以成熟度高、香气重、肉质纤维少、核小者为好。杧果可鲜食,也可制作蜜饯、果汁、罐头。在烹饪中可作为甜菜原料,菜肴如"杧果布丁鱼"、"杧果海鲜船"等。

（二十）龙眼

龙眼又称桂圆、圆眼,荔枝奴,为无患子科龙眼属植物龙眼的果实,如图 6-20 所示。龙眼原产于我国,已有 2000 多年的栽培历史,现主要产于福建、广东、广西、云南、四川及台湾,福建的产量占全国产量的 50%,此外越南、泰国、缅甸、印度也有较多栽培。果实呈圆形或扁圆形,外壳浅黄色或褐色,有不明显的小瘤体,质薄粗糙,果肉为白色;肉质透明、多汁、味甜。按其果实的大小可分为大果、中果、小果;按其颜色可分为青壳、花壳和黄壳;从果汁上可分为沙肉、水肉。中国共有龙眼 400 多种,其主要品种为福建产乌龙岭、鸡蛋龙眼、赤壳,广东产乌圆,广西产大乌圆,这些品种具有果大、皮薄、核小、果汁清甜等特点,鲜果干制后称桂圆,去壳、去核即为桂圆肉。龙眼营养价值很高,含有大量蛋白质、糖分及钙、磷、铁,有开胃健脾、补虚长智之功效。龙眼可鲜食,也可制作甜羹,菜肴如"桂圆莲子八宝粥"、"冰糖炖桂圆"、"桂圆鸡"等。

图 6-19　杧果

图 6-20　龙眼

（二十一）荔枝

荔枝又称离支、火荔、丹荔,为无患子科荔枝属常绿乔木荔枝的果实,如图 6-21 所示。荔枝原产于我国,至今已有 2000 多年栽培史,现主要产于广东、福建、广西、四川等地。荔枝核果为球形或卵形,外果皮革质,有瘤状突起,熟时为赤色。假种皮为白色,半透明,与种子易分离,味甘多汁。种子为深棕色,内含淀粉。按成熟季节可分为早熟、中熟和晚熟三大类。著名品种有广东的糯米糍、妃子笑、尚书怀,福建的元

图 6-21　荔枝

红、黑叶及香荔枝。以色泽鲜艳、个大均匀、肉厚质嫩、汁多味甘、富有香气、核小者为好。荔枝多鲜食,还可以制作罐头、果汁、果酱、果酒、蜜饯或荔枝茶。烹饪中多制甜菜,菜肴如"荔枝羹"、"荔枝炖莲子"等,还可以炒、炖、烧,菜肴如"荔枝炖鸭"、"荔枝熏香鱼"等。

（二十二）枣

枣又称枣子、红枣、大枣、刺枣等,为鼠李科枣属植物枣的果实,如图 6-22 所示。枣是我国原产果品,有 4000 多年栽培历史。除东北严寒地区及西藏外,全国各地均有栽培,尤以山东、河南、河北、山西、陕西、甘肃等地居多。枣呈卵形,果肉细腻味甘甜,每年 8 月、9 月上市。鲜枣品种很多,可供鲜食的优良品种如北京郎家园脆枣、山东乐陵无核枣、山东德州苹果枣、山西太谷蜜定枣等。成熟的鲜枣易腐烂,在常温下保存时间很短。品质好的鲜枣果皮为玉白色,肉质松脆甜蜜。鲜枣营养丰富,含有大量的糖类、有机酸和钙、磷、铁等物质,尤以维生素 C 和维生素 P 含量丰富。鲜枣除供鲜食外,烹饪中可制作甜菜,如拔丝、炸、蜜汁等,菜肴如"拔丝蜜枣"、"江南醉枣"等。还可以加工成红枣、乌枣、蜜枣、酒枣、枣干、枣粉、枣饮品等。

（二十三）哈密瓜

哈密瓜又称厚皮甜瓜,为葫芦科黄瓜属植物,是甜瓜的一个变种,如图 6-23 所示。哈密瓜是新疆特产,已有 1700 多年的栽培史,有 60 多个品种,主要产于哈密、吐鲁番等地。按上市季节分为夏瓜和冬瓜,按品系可分为密极甘和可口奇。夏瓜 6—8 月成熟,冬瓜 9—10 月成熟,主要品种有夏皮黄、巴登、红心月亮等。哈密瓜肉质细脆,多汁味甜,含糖量高达 8%～18%,清香爽口,风味独特。通常作为瓜果鲜食,也可以用于制作甜菜,菜肴如"密瓜炒百合",还可以制作瓜盅,制成果脯罐头等。

图 6-22　枣

图 6-23　哈密瓜

（二十四）西瓜

西瓜又称寒瓜、水瓜、夏瓜,为葫芦科西瓜属一年生蔓性草本植物西瓜的果实,如图 6-24 所示。西瓜原产于非洲撒哈拉沙漠,我国除少数寒冷地区外,全国各地均产。西瓜多呈圆形、椭圆形,现在培育有方形,色分为绿、绿中夹蛇纹、白色等。瓤多汁,肉色呈鲜红色、淡红色、黄色,味甜性凉,食之爽口,被称为"瓜果之王"。西瓜品种较多,各地都有优良品种。西瓜是我国夏季重要的水果,西瓜汁液里几乎包含着人体所需的各种营养成分。在烹饪中既可作为菜肴的主料,又可以作为辅料,菜肴如"拔丝西瓜"、"冰镇西瓜羹"等,又可以用于瓜盅、瓜灯的制作。瓜皮可用以凉拌、炒等,瓜子是风味独特的炒货。

（二十五）香蕉

香蕉又称甘蕉,为芭蕉科芭蕉属草本植物香蕉的成熟果实,如图 6-25 所示。我国广西、广东、云南、海南、福建、台湾等地均有栽培。香蕉果实长而弯,果肉软,味道香甜,是岭南四大名果之一。香蕉的品种大体可分四大类,有香蕉、大蕉、粉蕉、龙牙蕉。产季因地区品种不同而先后不一,一般 7—11 月为旺产季节。成熟的香蕉色泽金黄,果肉为浅黄色或白色,香甜可口,营养丰富。除鲜食外,在烹饪上可制作软炸、拔丝等甜菜,菜肴如"夹沙香蕉"、"拔丝香蕉"等。

图 6-24　西瓜

图 6-25　香蕉

（二十六）葡萄

葡萄又称草龙珠、山葫芦、蒲桃等，为葡萄科葡萄属藤本植物葡萄的果实，如图 6-26 所示。葡萄原产于西亚，汉代张骞出使西域后传入我国，已有 2000 年的栽培史。全世界葡萄有 8000 余种，我国有 1000 多种。葡萄果实为圆形或椭圆形，成熟后为紫色或黄绿色，味酸甜，多汁，大者如乒乓球，小者如珍珠。吐鲁番葡萄品种资源丰富，最著名的是以制葡萄干为主的无核白，以鲜食为主的马奶子、红葡萄。以果穗完整、颗粒均匀、大而饱满、皮色光亮有弹性、表皮有粉状物为佳。葡萄鲜食、干食均可。葡萄除鲜食外，还用于酿葡萄酒、制酱和罐头等，还可在菜肴中作为点缀和用于制作甜菜，菜肴如"水晶葡萄"、"挂霜葡萄"等。

（二十七）椰子

椰子又称椰瓢、越王头，为棕榈科椰子属椰子树的果实，为热带主要果品之一，如图 6-27 所示。原产于马来西亚，我国椰子栽培多在东南沿海地带，分布于海南岛、西沙群岛、雷州半岛、云南南部边区，品种主要有高椰和矮椰两大类。椰子果实较大，外形多为圆形和椭圆形，成熟时，皮为黄褐色或黑褐色，汁清香，味甜，肉色呈乳脂状，质脆，具有花生仁和核桃仁的混合香味，果肉能当水果鲜食。烹调时多用炖，菜肴如"椰汁咖喱鸡"、"海南椰子盅"等，制作的甜点如"银耳椰子盅"等，还可以加工制成椰子酒、天然椰子汁、椰子软糖、椰茸等。

图 6-26　葡萄

图 6-27　椰子

（二十八）火龙果

火龙果又称青龙果、红龙果，为仙人掌科量天尺属植物量天尺的果实，如图 6-28 所示。原产于中美洲热带沙漠地区，我国广西、广东等地均有栽培。果实呈橄榄状，外皮为鲜红色有宿存的萼片。果肉部分是其胎座，有红色、黄色、白色，果肉中有无数芝麻大小的种子，又称芝麻果。果味甜而不腻，清淡有芳香，是一种营养丰富、低热量、高纤维的水果。火龙果主要鲜食，也可作沙拉或用于热菜烹制，菜肴如"火龙果明虾"、"火龙果牛仔粒"等。除鲜食外，还可榨取果汁、酿酒、制罐头、果酱等。花也可干制成菜，可提炼食用色素。

（二十九）猕猴桃

猕猴桃又称毛桃、苌楚、藤梨，为猕猴桃科猕猴桃属落叶木质藤本植物猕猴桃的果实，如图 6-29 所示。原产于我国中部、南部和西南部，野生和人工栽培并存。新西兰、英国、美国等国于 20 世纪早期引种，称为奇异果。品种主要有黄皮藤梨、大藤梨等。浆果呈球形或长椭圆形，长 2.5～5 厘米，重约 30 克，最重可达 100 克。果实为棕褐色，有毛，果肉为浅绿色或翠绿色，细腻多汁，内有很多黄褐色小粒种子，果肉味甜酸，有香味。果实除供鲜食外，还可作菜肴，如"果味鱼仁"等，还可加工成果汁、果酱、果干等，并常用于围边点缀和配色，也用于饮料、鸡尾酒的调制等。猕猴桃含有蛋白酶，可起嫩化的作用。

图 6-28　火龙果

图 6-29　猕猴桃

任务评价

任务三　干果、果干类果品

任务描述

本任务对干果、果干类原料进行讲述，以便掌握和了解干果、果干类原料。

任务目标

掌握干果、果干类原料的常用品种，关键是掌握它们的烹饪运用。

一、干果

干果是各种干制果实的总称，这部分原料大多需经熟制，香味浓郁，营养价值高，风味独特，在菜肴及面食小吃中有广泛的应用。

（一）核桃

核桃又称胡桃，为胡桃科胡桃属植物核桃的果实，如图 6-30 所示。原产于欧洲东南部、西亚和我国。现我国普遍栽培，主要产于河北、山东、山西、陕西、云南、河南、贵州、新疆、甘肃、四川等地。核桃品种较多，习惯上以出仁率高低分为泡桃、尖桃和铁桃三大类，市场上供应以泡桃为主。优良品种有山西汾阳的光皮绵核桃，果形圆，壳薄，仁肉洁白肥硕；新疆库车的纸皮核桃，核桃仁含油量高达 75%；云南大理的泡核桃，壳薄，干燥，面光纹浅。以片大身干、肉质肥厚、色泽黄白、光泽清新、含油量高、无霉变虫蛀者为佳。核桃仁在烹饪中适用于炒、扒、烩、炖、爆、蒸等烹调方法，菜肴如"桃仁炒鸡丁"、"琥珀桃仁"，还可用于糕点的配料、馅料或制糖果、炒货，用于茶酒点心。

（二）栗

栗又称栗子、板栗、毛栗，为壳斗科栗属植物栗的果实，如图 6-31 所示。原产于我国，是我国栽培最古老的果树之一。在我国分布很广，主产区多集中在黄河流域、华北及长江流域诸省，以河北、山东产量最多，占全国总产量的 80％以上。栗的品种很多，其中著名的有河北迁西的明栗，又名红皮；北京良乡的良乡栗、大油栗、珍珠栗等。栗子通常在 9 月开始上市，一部分品种可延续到 10—11 月上旬成熟。以果饱满、颗粒均匀、色泽正常、无虫蛀、无闷伤、无霉烂、肉质细、甜味浓、带有糯性者为佳。栗子营养丰富，清香，味甜，含有大量的碳水化合物，可作为主料，也可作为配料，可以与各种粮食混合制作糕点，栗粉可做各种糕饼馅。栗子适用于多种烹调方法，可烧、煨、炒、焖、炖、扒等，菜肴如"栗子红焖羊肉"、"板栗烧鸡"等。糖炒栗子是闻名中外的炒货，栗子还可以制作罐头等。

图 6-30　核桃

图 6-31　栗

（三）莲子

莲子又称莲肉、莲蓬子，为睡莲科莲属植物莲的果实，如图 6-32 所示。莲子原产于中国和印度东部，现长江中下游、广东和福建省都有栽培，湖南、湖北、江西、福建为主要产区。莲子从大暑开始到冬至陆续成熟上市。依生长时期和出产季节的不同，分为夏莲和秋莲。夏莲又称伏莲、白莲，大暑前后采收，粒大饱满，壳薄肉厚，表皮红中透红，涨性好，入口软糯；秋莲又称红莲，立秋后采收，粒细而瘦，壳厚肉薄，种皮红，胀性差，入口硬。按照栽种地方不同，分为家莲、湖莲、田莲三种。家莲植于池塘，质地白嫩香甜，但产量较低；湖莲种在湖沼中，果实小，味浓；田莲种在水田中，莲肉壮实，质量最好。以颗粒饱满、刀伤小、干胀性好、入口软糯者为佳。在烹饪中多用于甜菜制作，以蒸、煨、烩、煮最为常见，也用于拔丝、蜜汁等菜式，菜肴如"拔丝莲子"、"银耳莲子羹"等，还可以干制或加工成罐头、蜜饯和糕点馅心。

（四）花生

花生又称长生果、番豆，为豆科落花生属一年生草本植物果实，学名落花生，如图 6-33 所示。原产于玻利维亚南部、阿根廷西北部及巴西安第斯山山麓，我国黄河下游栽培最多，通常 9—10 月上市，荚果为长椭圆形，果皮厚，革质，具有突出网脉，长 1～4 厘米，内含 1～4 颗种子。种子即是可食的部位，称为花生仁或花生米。花生仁有长圆、长卵、短圆等形状，外被红色或粉红色种皮。花生仁可生食或熟食，烹饪中适于炒、爆、熘、炸、煮、卤等，既可单独成菜，又可以作为辅料使用，菜肴如"花生炒鸡丁"、"醋泡花生"、"宫保鸡丁"等。花生还可以加工成炒货供佐餐下酒，也可以加工成花生乳饮料或花生粉，糕点、糖果中也经常用到花生。同时，花生是我国重要的油料作物之一。

（五）杏仁

杏仁为蔷薇科杏属植物杏的种子，如图 6-34 所示。杏仁一般分为普通杏仁和巴旦杏仁，有苦杏仁和甜杏仁。苦杏仁味苦，有微毒，供药用；甜杏仁味香甜，能食用，颗粒比苦杏仁大。杏仁的主要品种有北山大扁、九道眉、龙王帽、白玉扁等。杏仁的营养价值较高，含有糖类、脂肪、蛋白质、铁、磷、

图 6-32　莲子

图 6-33　花生

钙、钾等成分。杏仁含油量高，又具有特殊香味，是食品工业良好的原料。在烹饪中，杏仁能在菜肴中作为辅料，可用于拌、烩、炸、炒等，菜肴如"杏仁豆腐"、"五彩杏仁"、"杏花羊肚菌"等。杏仁在糕点和点心制作中使用较多，如"五仁月饼"、"五仁包"等，还可以制作饮品。

（六）银杏果

银杏果俗称白果，为银杏科银杏属植物银杏的种子，如图 6-35 所示。白果呈核果状，椭圆形或侧卵形，外种皮肉质，中种皮骨质，内果皮膜质，种子肉白色。白果主产于江苏一带，以泰兴所产最为著名。以粒大、光亮、饱满、肉丰富、无僵仁、无瘪仁者为佳。每 100 克白果含碳水化合物 71.2 克，蛋白质 13.4 克，脂肪 3 克。白果可以制成多种菜点，适宜蒸、炖、炒、烩等，菜肴如"蜜汁白果"、"白果炖鸡"等。此外，白果还能制成点心，如"甜白果"、"生炒白果"等。

图 6-34　杏仁

图 6-35　白果

（七）腰果

腰果又称鸡腰果，为漆树科腰果属的常绿小乔木，如图 6-36 所示。原产于南美洲的巴西，现主要产于莫桑比克、坦桑尼亚、巴西、印度等国，我国在 20 世纪 30 年代引种，种植于广东、湛江、海南等地。腰果仁生长于由花托膨大形成的肉质假果之上，由果壳、种皮和种仁三部分组成。剥去坚硬果皮后的种子称为腰果仁，呈肾形，色泽玉白，长 1.5～2 厘米，有清香味。腰果仁富含脂肪、蛋白质、糖分，还有少量的铁、

图 6-36　腰果

磷和各种维生素。腰果仁可生食，在烹调中可炒、炸，也可用于甜菜制作，菜肴如"腰果炒虾仁"、"挂霜腰果"、"椒盐腰果"等。还用于糕点中混合使用或作为馅心及加工蜜饯等糖制果品的配料。肉质假果称为腰果梨，味酸甜，可作水果生食或制糖、榨汁作饮料或晒干制果梨干。

（八）松子

松子又称海松子、果松子，为松科松属植物松树的种子，去皮后又称松仁。按产地和颗粒形状不

同分为三类:东北松子主要产于黑龙江和吉林,颗粒最大,仁肉肥满,含油量 70%,品质最好;西南松子主要产于云南,颗粒较小,壳薄,仁肉饱满,含油量 40%～50%,但空瘪粒较多;西北松子主要产于陕西、山西、甘肃,颗粒最小,壳厚,仁肉少,含油量 40%。松子有润肺、润肠和通便的作用。松子可生食或炒熟作休闲食品,可作为菜肴和糕点的配料及馅心等,可配荤、素原料,菜肴如"松仁鱼米"、"松子肚卷"、"黄金万两"等。

(九)榛子

榛子又称山板栗、尖栗,为桦木科榛属植物榛树的种子。榛子主要产于中国、日本、土耳其、意大利、西班牙、美国等地。坚果近球形或卵形,托于钟状总苞中,总苞较坚果长,有 6～9 个三角形裂片。榛子的主要品种是榛和毛榛,以吉林和辽宁所产的壳薄、仁肉饱满的毛榛质量为好。榛子仁主要用于炒,也可作为糕点、糖果的配料。

(十)芝麻

芝麻又称脂麻、胡麻,为胡麻科胡麻属一年生草本植物胡麻的种子,如图 6-37 所示。原产于非洲,我国各地均有栽培。果实为蒴果,长形有棱,棱数因品种不同,分别有 4 棱、6 棱和 8 棱不等。种子扁椭圆形,皮色呈白色、黄色、棕红色或黑色。种子富含脂肪、蛋白质、铁、钙、磷、维生素 A、维生素 D、维生素 E 含量也较多。另含有抗氧化性的芝麻素、芝麻酚等。芝麻常炒制后磨粉或整体用于菜肴和糕点制作中,有增香配色的作用,菜品如"芝麻拌菠菜"、"芝麻鸭片"、"芝麻烧饼"等。还可以加工成芝麻酱、芝麻糊,更是主要的油料作物,芝麻油在烹饪中起着重要作用,能增加菜肴风味。

(十一)开心果

开心果又称胡榛子、阿月浑子、无名子等,为漆树科黄连木属乔木阿月浑子的果实,如图 6-38 所示。原产于中东南部山脉半沙漠地区,以土耳其、伊朗、意大利、叙利亚和阿富汗为主产国,中国在唐代才引入新疆种植。一般 8—9 月果实成熟。烤制后开心果尖端裂开露出果仁,容易剥壳,果仁更是香脆可口,深受人们喜爱。开心果含有很高的蛋白质、脂肪、膳食纤维、矿物质以及 B 族维生素等。以干燥、裂口、颜色青绿、果实大小均匀、饱满者为佳。常作炒货食用,还可以用作糖果、糕点和沙拉的配料,还可用于榨取食用植物油。

图 6-37　芝麻

图 6-38　开心果

(十二)榧子

榧子又称榧实、玉山果,为红豆杉科榧树属常绿乔木榧树的种子。现在产于浙江、安徽、江西、福建等地,以浙江所产最佳。种子核果状,椭圆形,全部为肉质假种皮所包。榧子富含脂肪、蛋白质。炒熟食用,清香可口,细腻松脆,也可榨油供食用。

（十三）瓜子

瓜子是黑瓜子、白瓜子、葵花子的总称。黑瓜子是葫芦科植物打瓜的种子,打瓜又称籽瓜,是一种专门为取籽的西瓜。我国绝大多数地区有产。黑瓜子个大,肉质肥厚,味香,可加工炒制成各种风味的炒货,如奶油瓜子、五香瓜子等;瓜子仁可用于糕点的馅料。瓜子仁还用作造型菜,菜肴如"菊花苹果",菊花是用瓜子仁插成,"果汁龙鳞虾"的龙鳞也是用瓜子仁插成。

白瓜子是葫芦科植物南瓜、角瓜、葫芦瓜和玉白瓜的种子,因种皮白色而得名。我国各地均有种植,其中以南瓜子居多。白瓜子壳面平洁,有边,有光泽,肉质饱满。加工成炒货供食用。

葵花子是菊科植物向日葵的种子。主要产于我国吉林、辽宁、黑龙江、内蒙古、山东和新疆等地,按用途可分为食用型、油用型和中间型三类。葵花子营养丰富,含蛋白质、脂肪和多种维生素,尤其是其中含量丰富的维生素 E 可软化血管、降低血压、延缓衰老。葵花子油是世界畅销的食用油。葵花子可用于炒制食用,还可以做糕点的辅料。

（十四）芡实

芡实又称卵菱、鸡头米,是睡莲科芡属植物芡的种子,其果形如鸡头又似莲子。芡实的淀粉含量大,以色泽白净、颗粒圆、质糯、易酥、味清香、胀性好者为佳。我国南北均产,每年 9—10 月收获。在烹饪中芡实主要用于制作宴席的甜菜,菜肴如"莲子芡仁红枣汤",也可做清凉饮料或煮粥,菜肴如"芡实百合粥"。

二、果干

果干是将整个鲜果去皮、去核或切片后,经过人为的方法脱水干燥而得到的制品,如山楂干、葡萄干、香蕉干、柿饼、椰丝、杏干和桂圆干等。通常用于糕点和小吃中。

（一）葡萄干

葡萄干由新鲜葡萄干制而成,主产区是新疆,其次是山西和河北。制作葡萄干,应选用皮薄、肉质丰满柔软、含糖高的无核白、无子露和有核的玫瑰香等葡萄作原料。新疆采用晾房把葡萄挂于四面通风的干燥室内阴干而成。用这种方法制作的葡萄干,由于不受阳光的照射,成品色泽鲜艳,颗粒饱满。山西则采用火焙烘干,品质不如新疆葡萄干。葡萄干在烹饪中应用较广,常整体作为糕点配料或剁成茸泥作甜点的馅心,也是甜菜品种常用的配料,起到配色、提味和增香的作用。

（二）红枣

红枣由成熟的鲜枣干制而成,皮色红艳,肉质甜软,极富营养。其生产历史悠久,是我国传统的干果果品之一,制干后的红枣可分为两种,即大枣和小枣,主要产区为河北、河南、山东、山西、陕西等省。红枣著名品种有:河北沧州金丝小枣、河南新郑大枣、河南灵宝大枣、陕西大荔小圆枣等。红枣食法多样,可生食,也能作烹饪原料,可做甜品,也可做成咸品配料,菜肴如"红枣煨猪蹄"、"红枣银耳汤"等,还可用于糕点的馅心。

（三）乌枣

乌枣又称熏枣,南方地区习惯上称黑枣,是由鲜枣经水煮、火熏等方法加工而成。乌枣皮色乌黑略紫,有细浅皱纹并有光泽,肉质紧细,甜糯幽香。乌枣主要产区在山东和河北两省,主要品种有山东阳谷乌枣、河北赞皇枣等。在烹饪中,乌枣可以去核制成泥作馅心,还可以用乌枣泡酒。

（四）柿饼

柿饼由新鲜柿子干制而成,是我国的传统特产之一。柿饼制作方法独特,先将秋后至霜降时的柿子摘下,去皮,放置阴凉处,经日晒、压扁到糖汁溢出,起白霜即成。柿饼含有丰富的矿物质,具有润肺、治便秘、止痔血之功效。其主要产区为河北、山东、山西等省,主要品种有山东菏泽耿饼、陕西富平合儿饼、广西恭城柿饼等。柿饼作为茶食或甜食及馅料均可。

（五）荔枝干

荔枝干由鲜荔枝干制而成，以广东生产较多，广西、福建次之。荔枝干多用晒或火焙方法制成，日晒的壳色红艳，肉色黄亮，色香味俱佳，质量优于火焙制品，其中尤以广东的糯米枝最好。荔枝干在烹饪中用于制作甜菜，可用煮、烩、炖等方法，菜肴如"荔枝炖莲子"等。

（六）桂圆干

桂圆干又称龙眼肉，由鲜桂圆干制而成，具有较高营养价值，属于滋补食品。生晒的成品色泽金黄透明，肉质干爽，表面起糖，入口清甜，无烟火味，质量比火焙的好。火焙的成品一般为深黄色，味甜不清香，略带烟火味。在烹饪中，桂圆肉可用于制作甜菜。

任务评价

任务四　蜜饯和果酱

任务描述

果品类的加工制品可分为蜜饯和果酱等。本任务对蜜饯和果酱原料进行讲述，以便掌握和了解蜜饯和果酱原料。

任务目标

掌握蜜饯和果酱原料的常用品种，关键是掌握蜜饯和果酱原料的烹饪运用。

一、蜜饯和果酱概述

（一）蜜饯和果酱的概念

蜜饯是把新鲜水果和蔬菜作为主要原料，用特殊方法去除水分制成的食品。最早的蜜饯是我国古代劳动人民为延长果品储存而制作的，即将鲜果浸泡于蜂蜜中，随时取食，故有"蜜煎"之称。随着时代的进步，才逐渐使用白砂糖代替蜂蜜加工果制品。蜜饯外形美观，香味浓郁，口味各异，有开胃消食、生津止渴等作用，而且便于携带和保存，具有浓郁的地方特色，是我国的传统食品。因此饮食行业主要用于甜食的配料，也能作为糕点的馅心，可配成小碟菜在宴席上使用。

果酱又称果子酱，是把水果、糖和酸度调节剂混合后，高温熬制而成的凝胶物质。果酱的制作源于欧美，是一种传统的食品，常用于佐食面包、馒头等面食。也常作为糕点的点缀、配色和提味之用，也充当淋汁用于菜肴中，起到了增加色泽和增加味型的作用，丰富了菜品的种类。

（二）蜜饯的分类

蜜饯按其加工方法和成品特点可分为以下几种类型：糖渍类，如蜜饯红果、蜜饯海棠、糖渍樱桃等；返砂类，如糖冬瓜、糖藕片、糖姜片等；果脯类，如苹果脯、梨脯、桃脯等；话梅类，如话梅、话李、陈皮等；果丹类，如山楂丹、百草丹、陈皮丹等；果糕类，如山楂糕、果丹皮、酸角糕等。

二、蜜饯和果酱的主要品种

（一）橘饼

橘饼为广式、苏式、川式蜜饯品种，如图 6-39 所示。扁圆形，橘黄色，入口香甜，无核，有顺气、开胃之功效。在烹饪中，橘饼多用于甜菜、甜点馅料。

（二）蜜枣

蜜枣为京式蜜饯品种，又称北京蜜枣。扁圆或椭圆带扁形，褐红色，枣皮半透明，肉质细柔致密，甜糯，富含维生素 C。蜜枣在饮食业中作八宝甜馅，煮食也是上好补品。

（三）山楂糕

山楂糕为京式蜜饯品种，北京出产的山楂糕最著名，俗称京糕，如图 6-40 所示。山楂糕软嫩有劲，深红晶亮，酸甜适度，开胃，常食有益。饮食业可用于冷冻甜菜、炒菜配料等。

图 6-39　橘饼

图 6-40　山楂糕

（四）苹果脯

苹果脯为京式蜜饯品种。果体有弹性，不粘手，含水约 15％，金黄色，扁圆形，柔软不烂，味甜不腻，带有果香，以生食为主。

（五）脆青梅

脆青梅为苏式蜜饯品种，又称月梅。形同初采的鲜果，色泽青翠，肉质脆嫩，味道甜酸，细嫩爽口。饮食业一般作为菜肴点缀或菜点馅料。

（六）蜜青梅

蜜青梅为苏式蜜饯品种，又名劈梅，是甜性青梅制成品。色青肉脆，浓甜微带酸。常用于菜肴衬色或作馅料。

（七）瓜条

瓜条又称糖冬瓜，各地均有生产。制好的瓜条外观洁白，略带透明，质地松软，风味甜爽。瓜条是糕点生产的主要原料，用于八宝饭、八宝粥的制作，或用于作甜菜的配料。

（八）椰蓉和糖椰丝

椰蓉和糖椰丝用椰肉加工而成，香味浓郁清新，色泽粉白光亮，主要用于糕点和糖果配料。

（九）话梅

话梅用采摘的新鲜梅子经过加工制成，有生津解乏、开胃消食的作用。烹饪中，常起到配色、提味的作用。

（十）苹果酱

苹果酱是果酱类中最常用的品种之一，中西餐都选用。苹果酱呈褐黄色，半透明状，质地细腻，味道酸甜，具有苹果的香气。苹果酱可直接食用，也可涂抹面包食用，或作为面食的馅心。

此外，糖姜片、糖荸荠、杏脯、桃脯以及蜜饯海棠等品种都很有特色，因此烹饪中使用较少，此不赘述。

任务评价

105

任务五　果品的品质检验与储藏

任务描述

果品在生产、储藏、运输过程中容易受到外界的污染或在自身酶的作用下会相继发生物理变化和化学变化。为了保证食品安全,加强果品的品质检验,合理储藏原料具有重要意义。

任务目标

掌握果品的品质检验技术,了解果品的储藏技术。

一、果品的品质检验

果品的品质检验是一项很重要的工作,对菜点的质量起到非常重要的作用。果品的种类复杂,故品质标准也不完全一致,以新鲜果品为例,原则上着重看下列几个方面。

（一）果形

果形是果品品质的重要特征。每种果品都有其典型的形状,凡是具有各类果品形状的,说明其生长正常,质量就较好,因缺乏某些肥料造成的缩果和病虫害引起的畸形果实,质量就较差。果形还包括大小形态,同类品种的新鲜果品个大的,其发育充分,营养成分偏高,可食部分也多,质量优良。

（二）色泽和花纹

果品的色泽由不同的色素所形成,它能反映果实的成熟和新鲜度。新鲜果品具有鲜艳的色泽,当色泽改变时,新鲜度就降低,果质也随之下降。花纹主要反映在新鲜果品的表皮上,凡含有花纹的果品,应以花纹清晰者为佳。若花纹模糊不清,说明果品质量受到一定影响。

（三）成熟度

果品成熟的过程,也是其化学成分和生理活动不断变化的过程。因此,成熟度对于果品的风味质量和耐储性有很大影响。未成熟的果品一般质地坚硬,涩味重,淀粉多,各种营养也不完全;过度成熟的果品,容易破裂,影响储存和菜肴应用;而成熟度恰好的果品,不仅风味较佳,而且也耐储存,食用价值也很高。

（四）损伤与病虫害

果品在采收、运输、销售过程中,都可能造成摔伤、碰伤、压伤以及各种刺伤。这些损伤都会破坏果品的完整性和容易引起微生物的污染,从而降低果品的品质。果品在生长期间由于管理不善,也容易遭受到虫害和病害的侵染。例如,苹果和梨受食心虫的危害,柑橘受介壳虫、柑蛆的危害,由细菌引起的软腐病等,不仅影响果品的外观,而且会使果肉产生破坏,降低或丧失食用价值。

二、果品的储藏

果品的储藏应根据各类果品的特点正确处理。干果本身比较干燥,储藏时应注意防潮、防虫蛀、防出油。果干脱水较充分,有的经过日晒、熏制,易保存,只要包装防尘、防潮、防鼠虫咬坏即可。蜜饯与果脯由于用糖熬煮特殊处理过,一般不会变质,如时间过久可能会产生干缩、潮解现象或产生霉陈味。一旦出现,可重新用糖熬煮,冷却返砂再继续存放。

新鲜水果是有生命的有机体,在储存过程中,一方面由于一系列生理变化,会影响其质量、重量、风味、质地及营养价值。另一方面也会由于微生物的侵染而引起腐烂变质,必须用科学的方法储藏。储藏新鲜水果的基本原则是创造适宜的外界环境条件,以保持它们正常而最低的生理活动,从而达到保证质量、减少损耗和延长储藏期的目的。

低温是储藏新鲜水果的适宜方法。低温能减弱水果的呼吸作用,降低水分和延缓其成熟过程,同时还能抑制微生物的繁殖。储藏水果的适宜温度应根据各果品的特点而异,苹果、梨、桃、杏、李、葡萄、菠萝为 0 ℃左右,柑橘类为 2～5 ℃,香蕉为 12～13 ℃。如果温度过高,水果容易成熟、腐烂;温度过低会冻伤,影响风味和质量。

根据低温储存水果的要求,采用的具体方法一般有冷窖存、冰窖存、冷库存、通风存、气调存等。应切忌库内存有盐、碱、酒等原料,以免刺激果色变黄。还应通风透气,合理堆码,按类存放,并及时检查,保证果品完好保存。

任务评价

项目小结

　　本项目主要介绍了鲜果的产地、产季、特点以及在烹饪中的使用方法,还介绍了干果、果干、蜜饯和果酱,以及果品的品质检验与储藏。学好本项目内容,将为进一步学习烹饪工艺打下良好的基础。

同步测试

主要概念
- 果品
- 鲜果
- 干果
- 蜜饯

项目七

动物性原料——家畜类

扫码看课件

项目描述

　　家畜类原料是菜肴烹饪中最常用的原料之一。家畜类原料是指人类驯化和饲养的可供烹饪、食用的哺乳动物及其制品的总称。现在常用的家畜类原料主要是指猪、牛、羊、驴、兔等家畜的畜肉及其制品、家畜的副产品、乳和乳制品。

项目目标

　　了解畜肉的物理性质、化学组成、组织结构及各组织对肉品质质量的影响，了解家畜类原料的品质检验和储藏方法，掌握常见的家畜类原料的种类，优良品种的产地、性质特点等，掌握家畜副产品、畜肉制品、乳及乳制品的主要种类及其主要特点。

任务一　家畜类原料概述

➡ 任务描述

　　本任务阐述了畜肉的形态结构，分析了畜肉的化学成分和营养特点，并从色泽、嫩度、质地等方面介绍了畜肉的物理性质，有助于加深对畜肉原料的整体认知。

➡ 任务目标

　　了解畜肉的形态结构和化学成分，熟知畜肉的营养特点；掌握理化性质对畜肉品质的影响，有助于在烹饪应用中合理选择适宜的原料。

　　哺乳类动物的种类较多，与人类关系极为密切。其中，供食用的家畜在动物性原料中占有重要的地位。家畜类原料主要包括畜肉、家畜类原料副产品、畜肉制品、乳及乳制品。本任务主要介绍畜肉的相关知识。

一、畜肉的形态结构

　　畜肉主要由肌肉组织、脂肪组织、结缔组织、骨骼组织组成。各组织的含量和比例取决于家畜的种类、品种、年龄、性别、饲料、育肥方法、运动状况等许多因素。而它们的含量直接影响肉品的质量、加工用途和商品价值。不同种类畜肉的组织结构占胴体质量的百分比如表7-1所示。

表 7-1　不同种类畜肉的组织结构占胴体质量的百分比

组织名称	牛肉/（%）	猪肉/（%）	羊肉/（%）
肌肉组织	57～62	39～58	49～56
脂肪组织	3～16	15～45	4～18
骨骼组织	17～29	8～13	7～11
结缔组织	10～13	6～9	21～36

❶ **肌肉组织**　肌肉组织是畜肉的主要组成部分,其在组织学上可分为三类,即骨骼肌、平滑肌和心肌。骨骼肌常以各种构形附着于骨骼上,是构成畜肉的主要肌肉组织,食用价值最高;平滑肌主要分布在消化道和血管壁上,是构成畜类内脏的肌肉组织;心肌是构成心脏的肌肉,分布在畜类心脏的肌层。肌肉的基本构造单位是肌纤维(即肌细胞),肌纤维与肌纤维之间有一层很薄的结缔组织膜围绕隔开,此膜称为肌内膜。许多肌纤维聚集成束,称为肌束;很多肌束集结在一起即形成肌肉块,外面包有一层较厚的结缔组织膜称为肌外膜。肌外膜有一定的韧性,不便于加工处理,故在刀工处理时,常将其剔除。

肌肉组织的性质特点和含量因家畜种类、性别、年龄等不同而有差异,是影响畜肉嫩度的重要因素。水牛肉的肌纤维很粗,黄牛肉、猪肉次之,绵羊肉的最细;公畜肉的粗,母畜肉的细;年龄大的粗,年龄小的细。一般肌纤维越粗,肉质越老;肌纤维越细,肉质越嫩。通常情况下,肉用品种的畜类肌肉组织比例高,未肥育的比肥育的比例高,幼龄的比老龄的高,公畜的比母畜的高,而且同一家畜的不同部位相差也大,如臀部、背部具有较多的肌肉组织,肉的品质也较好;腹部、颈部的肌肉较少,品质也较差。

肌细胞的细胞质称为肌浆,是细胞内的胶体物质,俗称"肉汁"。肌浆中所含有的各种成分和比例是形成畜肉风味的重要物质基础。肌肉组织中含 72%～75% 的水分、18%～22% 的蛋白质、1.7%～5% 的脂肪和类脂物质、1.0%～1.2% 的矿物质,肌肉组织中的蛋白质是完全蛋白质,含有人体所需的各种必需氨基酸。

❷ **脂肪组织**　脂肪组织是决定畜肉质量的第二个重要因素,具有较高的食用价值,对于改善肉的品质、形成肉的风味具有重要作用。家畜类胴体中脂肪含量的变化范围很大,一般占家畜活重的 2%～40%,具体的比例因家畜的种类、年龄、肥育程度等的不同而呈现较大的差异。畜肉中的脂肪主要以储藏脂肪和肌间脂肪两种状态存在。储藏脂肪一般多积聚在皮下、腹腔内、内脏器官周围;肌间脂肪存在于肌肉间或肌束间,含有肌间脂肪的肉柔软细嫩,滋润多汁,营养丰富,风味独特。有些特殊种类的家畜,脂肪还会储存于特殊的部位,如大尾绵羊将脂肪储藏于羊尾内,骆驼的驼峰中也储存着大量的脂肪。

脂肪的颜色因家畜的种类、饲料中色素含量的不同而有一定的差异。通常情况下,猪、山羊、水牛的脂肪呈白色,马的脂肪呈黄色,黄牛的脂脂肪则显淡黄色。夏季家畜因吃青草多,脂肪略显黄色(含有较多 B 族维生素),冬季则多呈白色。

❸ **结缔组织**　结缔组织在家畜体内分布于器官和器官或组织和组织之间,是构成腱、筋、膜、韧带、血管、淋巴、神经、毛皮的重要成分。结缔组织在机体内起支持、连接、保护、营养等作用,并使机体有一定的韧性和伸缩能力。

畜类机体中结缔组织的含量因家畜的种类、年龄、性别、部位、肥育程度等的不同而有较大的差异。一般情况下,役用、老龄、瘦弱的畜肉中的结缔组织多,肉用、低龄、肥壮的畜肉中的结缔组织少。同一家畜的不同部位也有差异,躯体前半部分的结缔组织比后半部分的多,下半部分的比上半部分的多。

组成结缔组织的纤维为胶原纤维、弹性纤维、网状纤维,它们的化学成分分别是胶原蛋白、弹性蛋白和网状蛋白。胶原蛋白、弹性蛋白和网状蛋白都属于硬性的非完全蛋白质,其氨基酸组成中都缺少人体必需的氨基酸成分,而且具有坚硬、难溶、不易消化等特点,营养价值较低。同时,由于胶原纤维、弹性纤维、网状纤维具有一定的弹性和韧性,因此不便于刀工处理,加工性能较差。结缔组织坚硬、难溶,烹制时不容易熟烂,不易于咀嚼,因而适口性较差。所以含有较多结缔组织的畜肉,一般品质较差。

我国中餐烹饪比较擅长烹制富含结缔组织的食材,如蹄筋、牛鞭等,其中某些常作为较为高档的烹饪原料广泛应用。

❹ **骨骼组织**　骨骼组织是畜类胴体的组成部分,包括硬骨和软骨,是家畜机体的框架和支柱。家畜的骨骼一般可分为骨膜、骨质和骨髓三部分。骨膜覆盖在骨骼的表面,是由结缔组织包围在骨骼表面的一层硬膜,里面有神经和血管。骨质根据其致密程度分为骨密质层和骨松质层,外层为骨密质层,内层是海绵状结构,为骨松质层,内有许多小孔,孔隙内充满骨髓。骨髓存在于长骨的髓腔及骨松质层部分的腔隙内,有红骨髓和黄骨髓两种。红骨髓含血管、细胞较多,为造血器官,幼小的家畜含量高;黄骨髓主要为脂肪,成年家畜含量高。

两骨相连接处是关节,根据连接处能否活动,可分为不动关节和可动关节两类。不动关节是相连处不能自由活动的关节,如头骨骨片间的关节就属于不动关节。可动关节是关节处能活动的关节,如肘关节等。可动关节由关节面、关节囊、关节腔组成。

家畜骨骼中,脂肪占15%,其他有机物占12.4%,无机物占21.8%。无机盐主要为钙盐,如磷酸钙、碳酸钙等。在烹饪中,家畜骨骼常用于吊汤,熬制时产生大量的骨油和骨胶,可使汤汁更加鲜美醇厚。

二、畜肉的化学成分和营养特点

畜肉的化学成分包括蛋白质、水分、脂肪、无机盐、维生素、碳水化合物等。这些成分因家畜的种类、性别、部位、健康状况和饲料等不同而有差异。家畜宰杀后,在储存保管的过程中,在自身酶、微生物的作用下,会发生一系列的生物化学反应,也影响化学成分的种类和含量。

❶ **蛋白质**　畜肉肌肉中的蛋白质依据其结构和在细胞中的位置不同,可分为肌原纤维中的蛋白质、肌浆中的蛋白质、基质蛋白质、色素蛋白质四种。

(1)肌原纤维中的蛋白质。肌原纤维中的蛋白质是构成肌原纤维结构的蛋白质,主要包括肌球蛋白、肌动蛋白、肌动球蛋白等,约占肌肉蛋白质总量的50%,是畜肉中与肌肉收缩、松弛有关的蛋白质。

(2)肌浆中的蛋白质。肌浆中的蛋白质是溶解在肌原纤维之间的蛋白质,约占肌肉蛋白量总量的30%,包括肌溶蛋白、肌球蛋白、肌粒中的蛋白质等。这些蛋白质都能溶解于水或溶解于低离子强度的中性盐溶液中,是肌肉中最容易提取的蛋白质。

(3)基质蛋白质。基质蛋白质主要存在于肌纤维膜、肌膜、毛细血管壁等结缔组织中,约占肌肉蛋白量总量的10%,包括胶原蛋白、弹性蛋白、网状蛋白等。这些蛋白质由于必需氨基酸种类不全或比例不合理,属于不完全蛋白质,故消化吸收率比较低。

(4)色素蛋白质。色素蛋白质主要是血红蛋白和肌红蛋白,这些蛋白质可使肌肉呈现出红色,其含量决定肌肉颜色的深浅。

❷ **水分**　畜肉中的水分以束缚水、自由水两种形式存在。束缚水也称结合水,是由氢键结合力维系着而不能自由运动的水;自由水又称游离水,是组织细胞中容易结冰,也能溶解溶质的那部分水,可分为滞化水、毛细管水、自由流动水几种。

一般来说,家畜越肥,含水量越低;年龄越小,含水量越高;反之,则含水量越低。水分含量的多少直接影响到畜肉的加工性能及肉的老嫩程度,也会影响到畜肉的储存保管。水分含量多易促进细菌、霉菌的生长繁殖,引起肉的腐败变质;水分含量太少,肉质容易干缩,影响畜肉的口感和风味。猪肉含水量为 $43\%\sim59\%$,牛肉含水量为 $46\%\sim76\%$,羊肉含水量为 $65\%\sim76\%$,兔肉含水量为 $68\%\sim81\%$。

③ **脂肪** 畜肉的脂肪有两大类,即蓄积脂肪和组织脂肪。蓄积脂肪是指家畜皮下、肾周围、大网膜等处的脂肪;组织脂肪是指家畜肌肉组织内、脏器组织内的脂肪。构成畜肉脂肪的脂肪酸以饱和脂肪酸为主,多数是硬脂酸、软脂酸、油酸及少量其他脂肪酸。羊脂中的脂肪酸含有辛酸、壬酸等饱和脂肪酸,一般认为羊肉的特殊膻味与这些低级饱和脂肪酸有关。脂肪对烹制出的家畜肉品的品质有较大的影响,畜肉脂肪常可使菜肴柔软、油润,形成独特的风味。

④ **浸出物** 浸出物是指除蛋白质、盐类、维生素以外能溶于水的浸出性物质,包括含氮浸出物和无氮浸出物。含氮浸出物是指非蛋白质的含氮物质,如磷酸肌酸、游离氨基酸、核苷酸类及肌苷、尿素等。含氮浸出物可以形成肉品的风味,为滋味和香气的主要来源。无氮浸出物是不含氮的可浸出的有机化合物,包括碳水化合物和有机酸。碳水化合物如糖原、葡萄糖、核糖、糊精、麦芽糖等,有机酸主要包括乳酸、甲酸、乙酸、丁酸等。

⑤ **维生素** 畜肉中的维生素主要有维生素 A、维生素 B_1、维生素 PP、维生素 D 等,尤其是内脏器官中的肝脏是多种维生素的重要来源,如 100 克羊肝中约含维生素 A 21 毫克,维生素 B_1 0.42 毫克,维生素 B_2 3.57 毫克,烟酸 18.9 毫克,抗坏血酸(维生素 C)17 毫克。此外,猪肉中含有丰富的 B 族维生素。

⑥ **矿物质** 畜肉是铁和磷的良好来源,铁在畜肉中主要以血红素铁的形式存在,消化吸收率较高,不易受食物中的其他成分干扰。畜肉中含有一些铜,但肌肉中铜和铁的含量没有肝脏多。钙在畜肉中的含量比较低,每 100 克中含 7～11 毫克。

⑦ **碳水化合物** 畜肉中碳水化合物的含量都很低,在各种畜肉中主要是以糖原的形式存在于肌肉和肝脏。瘦猪肉的为 $1\%\sim2\%$,瘦牛肉的为 $2\%\sim6\%$,羊肉的为 $0.5\%\sim0.8\%$,兔肉的为 0.2% 左右。

三、畜肉的物理性质

① **色泽** 新鲜的畜肉,肌肉组织一般呈鲜红色或暗红色,有一定的光泽;脂肪组织一般呈乳白色或淡黄色。血红素是组成畜肉色泽的主要成分,畜肉的颜色主要由肌红蛋白和血红蛋白决定。畜肉的颜色也与脂肪组织的含量及其中溶解的脂溶性色素有关,另外还随家畜的种类、具体品种、性别、年龄、肥瘦、宰杀状况、氧合状况等情况的不同而有差异。由于肌红蛋白、血红蛋白的含量的不同,畜肉的颜色也有所差异。一般来说,牛、羊肉比猪肉的颜色深,公畜肉比母畜肉的颜色深,年老家畜肉比年幼家畜肉的颜色深。同一种家畜的不同部位,由于肌红蛋白分布不均,颜色也有差别,如心肌、膈肌、腿部等由于经常运动,含肌红蛋白较多,颜色较深。家畜宰杀时放血程度也影响畜肉的颜色,有些家畜在宰杀时放血不充分,甚至不放血,往往呈暗红色。

氧合状态也影响肌肉组织的颜色,肌红蛋白和血红蛋白呈淡紫色,但它们都能和氧结合为氧合肌红蛋白和氧合血红蛋白,而呈鲜红色。氧合肌红蛋白或氧合血红蛋白,在有氧的条件下加热发生蛋白热变性,血红素中的 Fe^{2+} 被氧化成 Fe^{3+},而生成肌红蛋白,使畜肉呈褐色,这种现象在畜肉加热的过程中常可见到。有经验的厨师也常根据畜肉的这种特性,判断畜肉是否成熟。

② **气味** 生鲜畜肉具有并不强烈的淡淡腥味,经加热后,不同的肉类往往表现出不同的特征性气味,这种气味是形成肉类成品独特风味的重要指标。不同种类畜肉的特征性气味与它们所含有的特殊的挥发性脂肪酸有关,如乳酸、丁酸、己酸、辛酸、己二酸等。其实牛肉、猪肉、羊肉等畜肉在去掉脂肪后的主要呈香成分是基本相同的,而牛肉、猪肉、羊肉等畜肉之所以呈现出不同的气味,主要是由于它们所含有的挥发性脂肪酸等化学成分的种类和含量不同而引起的。这些化合物的种类和含

量受家畜的品种、性别、管理状况、饲料等的影响较大。

羊肉具有一定的膻味,通常绵羊肉的膻气较轻,山羊肉的膻气重,而羔羊肉则和母牛肉相似,具有类似牛乳的气味。猪肉的脂肪和肌肉的主要风味和香气,是由其中所含的丙酮、氨、二氧化碳、乳酸、巯基化合物等物质决定的,但母猪肉有点臊气。牛肉气味的产生物质与猪肉差不多。晚阉割或未阉割的公猪、公牛及母羊的肉有特殊性的气味,在发情期宰杀的家畜肉散发出令人厌恶的气味。另外,如果家畜在宰杀前被喂食鱼粉、豆粕等气味特别重的饲料,也会使畜肉产生异常气味。

❸ **保水性** 畜肉的保水性是指畜肉在一系列加工处理过程(如切碎、搅拌、压榨、腌渍、加热等)中对畜肉固有的水分及添加到畜肉中的水分的保持能力。畜肉保水性的实质是肌肉蛋白质形成的网状结构、单位空间及物理状态捕获水分的能力,捕获水量越多,保水性越强。畜肉的保水性与畜肉的嫩度、多汁性和加热时的液汁渗出等有重要的关系。不同种类畜肉的保水性不一样,家兔肉的保水性最好,牛肉、羊肉、猪肉、马肉依次降低。同一畜肉胴体不同部位肉质的保水性也不一样,例如,猪肩胛部肌肉比臀部肌肉保水性好。冷冻的肌肉解冻后保水性变差,因此烹制出的菜肴质量变化较大。

❹ **嫩度** 畜肉的嫩度是指畜肉被咀嚼时对破碎的抵抗力,常指煮熟的肉类制品柔软、多汁和易于被嚼烂的程度。嫩度是评价畜肉质量好坏的重要指标之一,实质上是对肌肉中各种蛋白质结构特性的概括总结,受畜肉的结构和蛋白质变性、凝集或分解影响。畜肉的嫩度往往有四层含义:①畜肉对舌或颊的柔软性,即当舌头或颊与畜肉接触时产生的触觉反应;②畜肉对牙齿压力的抵抗性,即牙齿插入畜肉中所需的力;③畜肉肌纤维被咬断的难易程度,即牙齿切断畜肉肌纤维所需的力;④嚼碎程度,即咀嚼后所残留的肉渣量的多少。

畜肉的嫩度受家畜的种类、品种、年龄、性别、畜肉的组织状态、结缔组织构成、屠宰后生物化学变化、热加工、水化作用、pH 值等许多因素的影响。烹饪中常采用物理致嫩法、化学致嫩法、酶致嫩法等方法来改变畜肉的嫩度。

❺ **质地** 畜肉的质地主要由畜肉的坚度和弹性两个指标来衡量,畜肉的质地是鉴别畜肉的新鲜度的重要指标之一。坚度指畜肉对外界压力有一定的抵抗性的程度,弹性指畜肉在加压力时缩小、去压力时复原的能力。畜肉的坚度、弹性与家畜的种类、品种、年龄、性别、新鲜度、加工储存的方法等有很大的关系。

任务评价

任务二 家畜的主要种类

📥 任务描述

本任务介绍了猪、牛、羊、兔、驴等常见家畜类原料的形态特征及其烹饪特色,有助于认知家畜类原料并掌握其烹饪应用。

📥 任务目标

掌握猪、牛、羊、兔、驴等常见家畜类原料的优良品种的产地、形态特征等,掌握家畜类原料的烹饪应用特色。

一、猪

猪为猪科猪属动物,由野猪驯化而成,如图 7-1 所示。猪是人类主要肉用家畜之一,占我国肉食总消费量的 80% 以上。全世界猪的品种有 300 多种,我国约占 1/3,是世界上猪种资源最丰富的国家。按产地通常分为华北型、华南型、华中型、江海型、西南型、高原型六大类;按商品用途可分为瘦肉型、脂肪型、肉脂兼用型三类。猪躯体肥满,四肢短小,饱食少动,生长快,繁殖力强。猪肉的肌肉组织为淡红色,肌纤维细嫩而柔软,皮下和肌间脂肪沉积较多,为白色或粉红色,腥臊味淡,滋味鲜美,如图 7-1 所示。猪肉适宜各种烹饪加工和各种烹调方法。由于不同部位的猪肉,其肉质有一定的差异,在烹调制作时应按照肉的特点选择相应的烹调方法,以达到理想的成菜效果。如位于猪背部、后臀尖的肌肉成块而结实,结缔组织少,肌间脂肪多,肉质细嫩,可切成丝、丁、片等,通过炒、爆、氽、煮等方法成菜;而猪颈部、腹部的肌肉肉质差,不成形,但吸水性高,黏着性好,适合制作茸、糁、丸,或采用烧、蒸、炖等方式长时间烹调,使成菜肥美宜人。在烹饪中,猪肉可做主料,也可做配料,适于多种加工方式,几乎适宜任何味型的调味,广泛用于菜肴、主食、小吃、面点、加工品的制作。菜肴如"烤乳猪"、"东坡肉"、"回锅肉"、"樱桃肉"、"荔枝肉"、"清炖狮子头"、"咕噜肉"、"鱼香肉丝"、"无锡酱排骨"、"猪肉白菜饺"、"炸酱面"等。猪肉还可以加工制成风味独特的各种火腿、香肠、香肚、腊肉、肉松、肉干等猪肉制品。

图 7-1　猪和猪肉

二、牛

牛为牛科牛属、水牛属、牦牛属动物的统称,如图 7-2 所示。从营养成分上看,单位重量内牛肉的蛋白质含量高于猪肉,而脂肪含量较低,是优质蛋白的良好来源,因此近年来我国在肉用牛的饲养上取得了很大的进展。我国饲养的牛按种类分主要有三种,即牦牛、黄牛、水牛。此外,还可按用途不同,分为乳用牛、肉用牛、役用牛和兼用牛等。实际上我国传统的食用牛是以役用为主的兼用牛,包括黄牛、水牛以及牦牛等,但是随着国外肉用牛、乳用牛的引进,现在我国食用牛的类型向肉、乳兼用方向发展,形成了一些肉用、乳用性能很好的培育品种。黄牛主要分布于黄河流域及其以北地区,如秦川牛、南阳牛、鲁西黄牛等。一般体格高大结实,肌纤维较细,肌肉组织较紧密,色泽呈深红近紫红,肌间脂肪分布均匀,口感细嫩芳香。牦牛主要分布于青藏高原及西南等地,肌肉组织较致密,色泽呈紫红,肌间脂肪沉积较多,柔嫩醇香,风味佳,肉质好。水牛主要分布于长江流域及其以南地区,躯体粗壮,肌肉发达,但肌纤维粗,肌肉组织不紧密,色泽呈暗红或暗紫,肌间脂肪含量少,具一定的膻臊味,肉质最次。牛肉在烹制时,常切块后采用长时间的烹调方法烹制,如炖、煮、烧、卤、酱等;位于牛背腰部及部分臂部的肌肉,其肌纤维斜而短,筋膜少,切成丝、片后可用炒、爆等方法快速成菜,但火候掌握至关重要,稍不注意容易老韧难嚼。为了改善牛肉的质地,可采用悬吊法提高嫩度,或是在经过刀工处理后的牛肉中添加植物油、少量的碱性膨松剂等来提高嫩度,也可采用木瓜蛋白酶嫩肉剂来嫩化处理。此外,目前受到人们欢迎的"肥牛肉"是指经过排酸技术处理后的牛肉。经过排酸处理的肥牛肉具有肥而不腻、瘦而不柴、颜色柔和、纹理美观的特点,最适于涮烫、烧烤、铁扒等快速烹调方式。牛肉在烹调中多用于主料,适于各种刀工处理,适于多种烹调方法和多种调味,可作为主食、菜肴、小吃的用料,尤其为清真菜所常用,在烹制时需注意去除膻味。菜肴如"酱牛肉"、"水煮牛肉"、"灯影牛肉"、"爽口牛肉丸"以及"牛肉馄饨"、"兰州牛肉面"等。牛肉还可加工成牛肉干、牛松、牛肉脯、牛肉火腿肠等多种牛肉制品。

图 7-2　黄牛和牦牛

图 7-3　绵羊和山羊

三、羊

　　羊为牛科羊属和山羊属等动物的统称,如图 7-3 所示。羊的种类较多,如绵羊、山羊、黄羊、盘羊、岩羊等,我国供食用的一般为绵羊和山羊两类。绵羊主要分布于西北、华北、内蒙古等地,体重可达 50 千克以上,肉质坚实,色泽暗红,肌纤维细而柔软,肌间脂肪较少,腥膻味淡,质量较好,如内蒙古肥尾羊、新疆细毛羊、滩羊、湖羊等。山羊主要分布于华北、东北、四川等地,平均体重为 25 千克,色泽暗红,皮厚,皮下脂肪稀少,腹部脂肪较多,腥膻味重,质量较逊,如成都麻羊、新疆山羊、中卫山羊等。另外,阉割过的羊称为羯羊,肉质肥美。羊肉在烹饪中应用较为广泛,根据不同的部位进行选料后,适宜多种烹饪加工和各种烹调方法,既可整形和分段烤制,又可加工成块、条、片、丝、丁等形态;适宜多种调味,可制作多种菜品、小吃、加工品等,为清真菜的基本原料。菜肴如“烤全羊”、“涮羊肉”、“葱爆羊肉”、“手抓羊肉”、“烤羊肉串”、“羊肉泡馍”等。烹调时需注意去除膻味。

四、兔

　　兔又称兔子,为兔科下属所有属的统称,如图 7-4 所示。兔用于烹饪的主要是肉用型和皮肉兼用型两类。其中,肉用兔的主要品种有中国兔、比利时兔、新西兰兔等。中国兔又称中国白兔,被毛短而紧密,皮板厚实,体型较小,成年兔体重为 1.5～2.5 千克。兔肉色泽呈淡粉红色,肌纤维细嫩,脂肪含量低,肉质柔软,风味淡,带草腥味。兔肉易被调味料或其他鲜美原料赋味,俗称“百味肉”,适宜的味型较多。兔肉多用于制作热菜和冷菜,适宜炒、熘、爆、拌等多种烹制方法,菜肴如“鲜熘兔丝”、“茄汁兔丁”、“花仁拌兔丁”等。加工时应注意去除草腥味。此外,兔肉还可加工成腌、干、卤制品,如"缠丝兔"、"板兔"、"五香兔"等。

五、其他家畜

❶ **驴**　驴又称毛驴、驴子,为马科马属动物,如图7-5所示。驴的品种因各地自然条件不同而有较大的差异,我国有大、中、小三种类型。大型驴主要分布在渭河流域、黄河中下游平原,体高130～150厘米,如关中驴、德州驴、渤海驴等;中型驴主要分布在华北平原、河南西北部、陕西西部、甘肃东部等地,体高110～130厘米,如陕西佳米驴、河南沁阳驴等;小型驴俗称为毛驴,广布于西北、华北、西南、东北、内蒙古等丘陵地区或荒漠地区,体高80～110厘米。按用途不同,又可分为役用型和肉用型两类。驴肉肉质坚实,肌纤维细嫩,肉味鲜美,民间有"天上龙肉,地上驴肉"之说。但驴肉略有腥味,烹调时宜多用香辛料加以去除。由于驴、马、骡肉易传播鼻疽病,市场上禁售鲜驴肉,只允许熟制品供市。制作熟制品时适宜烧、煮、炖、烩等较长时间加热方法,尤以卤制、酱制最为常见,而不适宜炒、爆等短时加热方法。菜肴如"保店五香驴肉"、"夹河驴肉"、"怀府驴肉"、"驴肉火烧"等。

图7-4　兔

图7-5　驴

❷ **狗**　狗为犬科犬属动物,是人类最早驯化的动物之一,如图7-6所示。我国食用狗肉历史悠久,民间常将狗肉作冬令补品,以广西玉林、江苏沛县、贵州花江、吉林延边等地食用较广。狗肉肌纤维细腻柔嫩,肉味鲜美,但土腥味较大。制作狗肉,最适宜砂锅炖、焖成菜,其汤醇肉香,质地酥烂,有"香肉"之誉,也可煨、煮、卤、烧和炒、拌成菜。菜肴如广东的"狗肉煲"、海南的"火锅狗肉"、江苏的"鼋汁狗肉"、广西的"花江狗肉"、延吉的"清炖狗肉汤"等。

❸ **骆驼**　骆驼为骆驼科骆驼属家畜,如图7-7所示,有单峰驼和双峰驼两种。骆驼肉的肌纤维粗而长,肉质老韧,腥膻味重,我国西北地区有食用,常采用炖、烧、烩等烹制方法,重味成菜。驼峰及驼蹄常加工成干制品,经发制后入菜。

图7-6　狗

图7-7　骆驼

任务评价

Note

任务描述

本任务介绍了畜肉原料新鲜度的感官检验标准,以及注水肉、冻肉、不同种类牛肉的鉴别方法,还介绍了畜肉低温储藏法和腌渍保藏法。

任务目标

了解畜肉原料新鲜度的感官检验标准,以及注水肉、冻肉、不同种类牛肉的鉴别方法;了解畜肉原料的储藏保管方法。

一、畜肉的品质检验

品质检验的方法通常有微生物检验、理化检验、感官检验等方法。感官检验主要依靠人体的感觉(如嗅觉、视觉、听觉、触觉和味觉)器官来鉴定畜肉的品质。感官检验简单易行,主要观察肉品表面和切面的状态,如色泽、黏度、弹性、气味及煮沸后肉汤变化等。目前我国肉品检验已将其定为法定感官指标。

(一)畜肉类原料新鲜度的检验

❶ **猪肉新鲜度的检验** 猪肉新鲜度检验的感官指标如表 7-2 所示。

表 7-2 猪肉新鲜度检验的感官指标

感官指标	新鲜肉	次鲜肉	变质肉
色泽	肌肉有光泽,红色均匀,脂肪洁白	肌肉颜色稍暗,脂肪缺乏光泽	肌肉无光泽,脂肪灰绿色
黏度	外表微干或微湿润,不黏手	外表略湿润,稍黏手	外表湿润,起腐,黏手
弹性	指压后的凹陷立即恢复	指压后的凹陷恢复慢,且不能全恢复	指压后的凹陷不能恢复,有明显痕迹
气味	具有鲜肉正常气味	略有氨味或略带酸味	有臭味
肉汤	透明澄清,脂肪团聚于表面,具有香味	稍有浑浊,脂肪滴浮于表面,无鲜味	浑浊,有絮状物,并带臭味

❷ **牛肉、羊肉新鲜度的检验** 牛肉、羊肉新鲜度检验的感官指标如表 7-3 所示。

表 7-3 牛肉、羊肉新鲜度检验的感官指标

感官指标	新鲜肉	次鲜肉	变质肉
色泽	肌肉有光泽,红色均匀,脂肪洁白或呈淡黄色	肌肉色泽稍暗,切面尚有光泽,脂肪缺乏光泽	脂肪色暗呈黄绿色,肌肉呈暗黑色,无光泽
黏度	外表微干,或有风干的薄膜,不黏手	外表干燥或稍黏手,新切面湿润	外表干燥或黏手,断面发黏

续表

感官指标	新鲜肉	次鲜肉	变质肉
弹性	肌肉弹性大,指压后的凹陷能立即恢复	肌肉弹性稍差,指压后凹陷恢复慢,往往不能完全恢复	弹性差,指压后的凹陷不能恢复,有明显痕迹
气味	鲜牛肉有一定的腥味,鲜羊肉有一定的膻味	略有氨味和脂肪酸败味	有较浓的臭味
肉汤	透明澄清,脂肪积聚于表面,具有独特的肉香味	稍有浑浊,脂肪呈小滴浮于表面,香味差,无鲜味	浑浊,有絮状物,有臭味

（二）注水肉的鉴别

❶ **注水猪肉的鉴别**　猪肉注水后,不耐储存,容易腐败变质,味道和营养也受到影响。如果猪肉注水太多,水会从瘦肉往下滴,肌肉缺乏光泽,表面有水淋淋的亮光;肌肉组织松弛,颜色较淡,呈淡灰红色;用手触摸、按压,弹性差,有水流出,也无黏性;刀切面会有水顺着刀面渗出。用卫生纸或吸水纸贴在肥瘦肉上,待纸湿后揭下来,用火点燃,若不能燃烧,则说明注了水。

❷ **注水牛肉的鉴别**　牛肉注水后,肌肉切面湿润且有较强的光泽,肌纤维膨胀,肉色浅红,用手指触压,肉质较松软,弹性小,易留有纹痕,用力按压时,从切口处可渗出粉红色的液体,用手摸没有黏性。用小片卫生纸贴在肌肉组织的切面上,注水牛肉对纸张的黏着度小,纸张吸水速度快,将注水牛肉放在一个容器中,容器中很快会渗出血色的水。

（三）黄牛肉、水牛肉、牦牛肉的鉴别

黄牛肉、水牛肉、牦牛肉的感官指标如表7-4所示。

表7-4　黄牛肉、水牛肉、牦牛肉的感官指标

感官指标	黄牛肉	水牛肉	牦牛肉
色泽	肌肉呈红色至暗红色	肌肉呈暗红色,脂肪呈白色	肌肉呈鲜红色
肌纤维	肌纤维较细	肌纤维粗糙而松弛,不易熟烂	肌纤维最细
质感	质感坚实	质感较松弛,肉质较粗老	质感细嫩
脂肪	皮下和肌肉间有少量脂肪,肌间脂肪呈大理石状	脂肪较干燥	脂肪较少
气味	香味浓郁	有一定的腥味	味道鲜美,微有酸味

（四）冷冻肉、解冻肉、再冻肉的鉴别

冷冻肉、解冻肉、再冻肉的感官指标如表7-5所示。

表7-5　冷冻肉、解冻肉及再冻肉的感官指标

感官指标	冷冻肉	解冻肉	再冻肉
外观和色泽	肉表面颜色正常,比冷却肉鲜明,切面呈灰粉红色,手指或热刀接触处呈鲜红色的斑块	肉的表面呈红色,脂肪为淡红色,切面平滑而湿润,可沾湿手指,从肉中流出红色肉汁	肉的表面呈红色,脂肪呈浅红色,切面为暗红色,手指或热刀接触时色泽无变化
硬度	肉坚硬如冰,用硬物敲打发出响亮的声音	切面没有弹性,指压形成凹陷不复原,呈面团样硬度	肉坚硬如冰,用硬物敲打发出响亮的声音
气味	在冰冻状态下无气味	有该种畜肉特有的气味,但无成熟肉的特有芳香	无特别气味

续表

感官指标	冷冻肉	解冻肉	再冻肉
脂肪	牛脂肪呈白色或浅黄色,猪脂肪呈白色	脂肪柔软而多水分,有些部分呈浅红色或鲜红色	脂肪呈砖红色,其他特征与冷冻肉相同
腱和关节	腱致密,白色带有浅灰色或黄色,关节液透明微红	腱松软,带鲜红色或淡红色	腱为鲜红色,关节液也染上红色而稍不透明
肉汤	长期保存的肉汤稍浑浊	肉汤浑浊,有油脂气味	肉汤浑浊,有很多灰红色泡沫,没有新鲜肉特有的香味

二、畜肉的储藏

（一）低温储藏法

❶ 畜肉的冷却与冷藏

（1）畜肉的冷却。家畜屠宰后,肉体温度可达 37～39 ℃,由于肉体内部的生物化学变化,每千克的胴体每小时还可放出 0.63 千焦的热量。肉类冷却的目的,在于迅速排除肉体内部的热量,使畜肉温度从 37～39 ℃ 迅速冷却至 0～4 ℃。冷却肉的优点是:冷却肉的微生物增殖较少;冷却肉在冷却过程中的干耗较少,平均为 1%;冷却肉的质量较好,在分割时汁液流失减少 50%;肉表面干燥,外观良好;在冷却的条件下,可以完成肉类的部分成熟过程,获得的冷却肉滋味美好芳香、多汁柔软、容易咀嚼、消化性好。缺点是:易引起某些肉的寒冷收缩,使肉质变硬,给以后加工带来很大的影响。

（2）畜肉的冷藏。畜肉冷却后如果不能及时销售或再加工,应立即送入冷藏间内短期储藏。冷藏间的温度应保持在 -1～1 ℃,相对湿度应在 85%～90%。畜肉在冷藏期间,其成熟过程在继续进行,使肉质变软,风味改善。冷藏期间畜肉的颜色也会发生变化,由紫红色到亮红色再到褐色,这是由于肌肉组织中的肌红蛋白被氧化所致。冷却肉的冷藏只是一种短期的储藏手段,若储藏时间过长,易使畜肉表面长白毛,表面发黏,以至腐败变质。畜肉的冷却温度、相对湿度和冷藏期如表 7-6 所示。

表 7-6　畜肉的冷却温度、相对湿度和冷藏期

品种	温度/℃	相对湿度/(%)	冷藏期
牛肉	-1.5～0	90	4～5 周
仔牛肉	-1～0	90	1～3 周
羊肉	-1.5～0	85～90	1～2 周
猪肉	-1.5～0	85～90	1～2 周
兔肉	-1～0	85	3～5 日

❷ 畜肉的冻结与冻藏

（1）畜肉的冻结。冷却肉只能作短期储藏,如果要长期储藏肉类,就必须对肉类进行冻结。因为冷却肉的温度在冰点以上,畜肉中的水分尚未冻结,对微生物和酶的活性仅有一定程度的抑制,并不能完全终止它们的作用。冻结可以使畜肉中的大部分水分冻结形成冰结晶,然后在低温下冻藏,这样才能充分抑制微生物和酶的作用。冻结有两种方法:一种是肉类先经过冷却然后再冻结;另一种是屠宰后直接冻结。

（2）畜肉的冻藏。为了尽量减少冻结肉在冻藏期间的质量变化,冻藏间的空气温度必须保持在

−20～−18 ℃之间,相对湿度维持在 95%～98%之间,进入冻藏间的冻肉温度必须在−15 ℃以下。为了延长冻结肉的储藏期限,并尽可能地保持畜肉的质量和风味,世界各国的冻藏温度普遍趋于低温化,概括地说,就是从原来的−20～−18 ℃降为−30～−28 ℃。

冻结肉在冻藏期间会发生一系列的变化,如质量损失、冰结晶长大、脂肪氧化、色泽变化等。脂肪由于氧化作用,由原来的白色逐渐变成黄色,肌肉组织中的肌红蛋白由于氧化作用,逐渐变为褐色。

（二）腌渍储藏法

腌渍(盐腌)是自古以来一直沿用至今的传统储藏法。食盐的防腐主要有以下几点作用:①食盐添加到肉类原料中以后,便慢慢溶解于原料的水分中,使渗透压增高,当这种渗透压超过微生物细胞内的渗透压时,微生物细胞内的水便向外渗透,使细胞原生质浓缩并与细胞壁分开,即发生质壁分离,微生物便难以维持其生命;②使食品脱水,造成水分活度降低,不利于微生物生长;③产生直接有害于微生物的氯离子;④使水中氧的溶解度减少,好氧微生物的生长受到抑制;⑤使蛋白酶的活性降低。

原料经腌渍(盐腌)不仅能抑制微生物的生长、繁殖,还可赋予其新的风味,故兼有加工的效果。

任务四　家畜的副产品

任务描述

本任务介绍了家畜的肝、肾、心、胃、肠等内脏,以及脑、舌、皮、筋、鞭等部位,有助于认知家畜副产品的形态特征和其烹饪应用特色。

任务目标

掌握肝、肾、心、胃、肠等家畜副产品原料的特征和其烹饪应用特色,掌握脑、舌、皮、筋、鞭等家畜类原料副产品的形态特征和其烹饪应用特色。

一、家畜副产品概述

家畜副产品指家畜除胴体外的内脏、头、蹄、皮和血液、乳汁等一切可食部分,俗称为"下水"、"杂碎"。由于副产品在组织结构上常含有较多的结缔组织,因此多具有脆韧的质感,如肠、胃、筋、皮等;有的具有特殊的风味,如肠、乳汁;有些尚具独特的营养价值,如肝脏含有丰富的铁、维生素 A、维生素 E 等营养成分。但是家畜内脏中也多含有大量的脂肪和胆固醇,不宜大量食用。家畜副产品常用于独特的菜肴、小吃、营养膳食的制作。由于家畜副产品的种类不同,结构特点各异,所以,在实际应用中应采取不同的烹制方法。

二、家畜副产品的种类

（一）肝

肝脏是家畜体内最大的消化腺,如图 7-8 所示。新鲜的肝脏含水量高,有光泽,且质细柔软,富有弹性,并具有微甜味。初加工时需去除附在肝脏上的胆囊。若不小心造成胆汁污染肝脏,可用酒、小苏打或发酵粉涂抹在污染的部分使胆汁溶解,再用冷水冲洗,苦味便可消除。烹饪中多选用猪肝入菜,质地细嫩,呈紫红色。其中,猪肝的上端部位称为"肝尖",质甚细嫩,为肝中上品,多采用"熘"法成菜;牛肝较大,成熟后质地比猪肝硬;羊肝在烹制时应尽量去除膻味。在烹调肝脏时,为使菜肴质地细嫩,往往采用爆炒、汆煮等快速加热方式成菜,菜肴如"白油肝片"、"熘肝尖"、"鱼香猪肝"、"盐水猪肝"等;也可水煮后凉拌成菜,如"蒜泥肝片"、"椒盐肝片";还可制成灌制品、干制品,如云南纳西风味小吃"糯米肝肠"、"吹肝"和藏族食品"肝肠"。

(二)肾

肾脏俗称"腰子",如图7-9所示,为家畜的主要排泄器官。肾脏在家畜体内成对存在,左右各一个,呈腰果形。新鲜肾脏的表面呈红褐色或棕褐色,质柔软而富有弹性,表面光滑有光泽。肾脏可以分为皮质和髓质两层,肾皮质位于肾脏的外层,呈红褐色,质地脆嫩,是食用的主要部位,适宜各种刀工处理。肾髓质位于肾脏的中心部位,呈白色,有较浓重的臊味,俗称为"腰臊",加工时应去除。初加工时,先需撕去外膜,对剖后,剔去髓质部分。刀工处理常采用十字花刀、麦穗花刀、雀尾花刀等花刀法,以便在短时加热过程中受热均匀快速成熟并入味。烹制时常采用快速烹调方法,如炒、爆、炸、熘、炝等,菜肴如"鲜熘腰花"、"火爆双脆"、"炸花仁腰块"等。

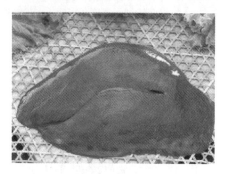

图7-8 猪肝

图7-9 猪腰

(三)心

心为家畜推动血液循环的肌性器官,如图7-10所示,由心肌构成。由于含有较多的肌红蛋白,心脏一般呈深红色。心肌的肌纤维短、细、有分支,肌鞘薄而不明显,故肉质细嫩柔软。心脏富含维生素E、维生素A以及无机盐如钾、钠、磷、硒等,营养丰富,但胆固醇含量较高。烹饪中常用的有猪心、牛心、羊心等。初加工时,须纵向剖开,洗去污血。烹饪中既可整形用于卤、酱等方法制作成冷菜,又可以刀工处理成片形,用于炒、炝、爆等快速加热方式成菜,或将其白煮至熟后再刀工处理用于烧、烩、炒等,菜肴如"凉拌心片"、"熘心嘴"、"爆炒猪心"、"酱猪心"等。

(四)胃

胃是家畜体内消化道的扩大部分,是储藏和消化食物的器官,俗称"肚",如图7-11所示。按其结构可以分为单室胃和多室胃,只有一个胃囊的称为单室胃,有多个胃囊的称为多室胃。胃的上端接食管,称为贲门;胃的下端接十二指肠,称为幽门。猪肚为单室胃,其色呈浅黄或乳白,胃体大,呈椭圆形扁平囊状,由贲门、胃体和幽门三部分组成。其中幽门部位肌层厚实,质地脆韧,俗称肚头、肚仁、肚尖,常用爆、炒、拌等方法烹制成菜。其他部位质地柔韧而绵软,多用烧、烩、卤等方法烹调。菜肴如"大蒜烧肚条"、"红油肚丝"。牛肚为多室胃,分为瘤胃、网胃、瓣胃和皱胃四部分。其中,瘤胃是最大的胃,黏膜上具有排列紧密的扁平或圆锥状的乳突,呈棕褐色或棕黄色,撕掉黏膜层后,俗称"毛肚";网胃是最小的胃,呈梨形,其黏膜上形成蜂窝状的突起,俗称"蜂窝肚";瓣胃呈新月形,其黏膜层形成密集的叶片状皱褶,俗称"百叶肚"、"千层肚";皱胃是第四胃,相当于其他畜类的单室胃,具有胃腺,可分泌消化液。毛肚和蜂窝肚的肌层发达,可涮、烫后拌制成菜,菜肴如"蒜泥毛肚"、"夫妻肺片";百叶肚的肌层很薄,主要食用的是结缔组织,适宜制作冷、热菜肴,菜肴如"红油拌百叶"、"鸡块烧百叶";皱胃多供切丝后炒、拌成菜。此外,牛肚也是最常用的火锅原料之一。

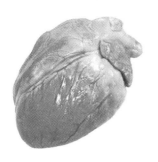

图 7-10　猪心

图 7-11　猪肚

（五）舌

家畜的舌如图 7-12 所示,分舌尖、舌体和舌根三部分,表面覆以黏膜,舌体内有横、斜、纵三种方向排列的横纹肌,是可食的主要部分。烹饪中最常用的为猪舌,又称口条,粤菜行业中称为猪脷。初加工时应将舌扁桃体和淋巴去除后放入沸水中,烫至发白,并趁热刮去舌表面黏膜,然后烹制。舌质地细嫩,味鲜香,适合多种烹调方法,如爆、炒、卤、拌等。

（六）肠

肠为家畜消化道的后段肠子的总称,如图 7-13 所示。前连接胃的幽门,后通肛门,盘曲于腹腔内。通常,肠分为小肠和大肠两部分。小肠又分为十二指肠、空肠和回肠三部分,管径较小而均匀,是食物消化和吸收的最重要部分;大肠分为盲肠、结肠和直肠三部分,管径较大,肌层发达,食用价值较高。优质的新鲜肠子色泽乳白,润泽,富含黏液,但腥臭味重。初加工时必须用盐、碱、明矾或醋等反复搓洗、浸泡、漂清,以除去黏液和异味。烹饪中常选择猪肠入馔,将猪大肠的结肠部分称为"肥肠",直肠部分肌层最为厚实,称为"肠头"、"葫芦头",适于蒸、烧、煨、卤、熏、火爆等;而小肠和大肠的黏膜下层常用于加工肠衣,灌制香肠。菜肴如"九转大肠"、"葫芦头泡馍"、"白肉血肠"、"肥肠粉"等。

图 7-12　猪舌

图 7-13　猪大肠

（七）脑

脑为家畜的脑髓部分,如图 7-14 所示。通常家畜宰杀后,剖开头颅,取出脑髓部分,鲜用或冷藏备用。烹饪中常用的是猪脑等,但是猪脑所含胆固醇是常见食物中最高的,故不宜多食。猪脑在食用前要用清水浸泡,去净筋膜和血水,而且猪脑易碎,烹调时需注意。菜肴如"天麻炖猪脑"、"熏卤猪脑"、"金银脑花"等。

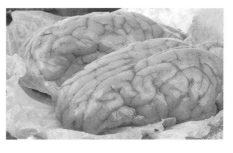

图 7-14　猪脑

（八）其他副产品

1 皮 皮是覆盖在家畜体外,直接与外界环境相接触的部分。家畜的皮一般由表皮和真皮构成,可食用的主要是真皮。真皮属于致密结缔组织,较厚,有血管、汗腺、毛囊、平滑肌等分布其中。猪皮是烹饪中最常选用的原料,将鲜肉皮表面的污垢刮净后,常用于熬制皮冻。皮冻可直接凉拌成菜,或用于汤包馅心的配制,以及用于水晶类菜肴的制作,如灌汤包子、水晶肴蹄。此外,猪皮可烧、烩、卤、煮、拌成菜,干猪皮常用油发后加工成"响皮",作为烧、烩等菜式的配料,并可作为鱼肚的替代原料。在我国某些地区,也将牛皮作为烹饪原料入菜,如云南西双版纳的"炸牛皮"。

2 筋 筋又称蹄筋,指家畜四肢的肌腱和相关联的关节环韧带。筋是由结缔组织所形成的束状纤维,成分主要是胶原蛋白。因家畜种类不同,蹄筋的长短、粗细、质地有一定的差异。猪蹄筋为白色、乳黄色,较短而细;牛蹄筋为棕黄色,长而粗,具独特的腥膻味,质稍次。烹饪中通常所说的蹄筋是指猪蹄筋,有前足筋、后足筋之分;前足筋短而细,质量较差;后足筋长而粗,质量较好。鲜蹄筋可直接入馔,与鸡、鸭、猪肘等共同烹制,味道鲜美;干蹄筋常用油发、盐发后使用,常采用烧、扒、焖等烹调方法成菜。菜肴如"酸辣蹄筋"、"红烧蹄筋"、"黄焖牛蹄筋"等。

3 鞭 鞭为雄性家畜外生殖器的俗称,富含胶质,口感柔韧,但有异味。烹饪中常用的有牛鞭、羊鞭,有鲜品和干品之分。以牛鞭为例,鲜牛鞭去掉尿道膜后洗净,可直接烹制;干牛鞭质地坚硬,须经浸泡、焖煮、去尿道膜等加工处理后才可烹制。鞭质地坚韧,不易成熟,常采用焖、煮、煨、烧、炖等长时间加热的烹调方式。菜肴如"红烧牛鞭"、"砂锅煨牛鞭"等。

任务五 畜肉制品

→ **任务描述**

本任务介绍了畜肉制品的加工风味特点及其烹饪应用特色。

→ **任务目标**

掌握畜肉制品的加工风味特点和其烹饪应用特色。

一、畜肉制品概述

畜肉制品指以家畜类的肉或副产品为原料,经各种加工方法制得的可供食用的制品。

畜肉制品的加工方式有多种。有的是整体或整体开片制作,如风猪、缠丝兔;有的是分割成大件制作,如腌肉、烤肉等;有的取不同部位制作,如腊猪头、腊猪舌、腊肉、火腿等;有的是切成小件制作,如肉干、肉脯、肉松等;还可以切碎灌制,如香肠、灌肠、香肚等。

畜肉制品的风味各异,有的可生食鲜食,有的可长期保存,为烹饪中重要的一类原料和成品。

二、畜肉制品的种类

根据加工方法不同,常将畜类制品分为腌腊制品、干制品、灌制品、酱卤制品、熏烤制品、油炸制品等。

（一）腌腊制品

腌腊制品是将畜肉或副产品等原料用食盐、香味调料腌制,然后放置发酵或经过晾晒、烘干而得到的制品。一般将未经干燥的制品称腌制品,将腌制后又经过发酵、晾晒的制品称为腊制品,如金华火腿、广东腊肉、北京酱肉、浙江家乡南肉、培根等即为腌腊制品。腌腊制品防腐性强,储藏期长,风味浓郁。

❶ 火腿 火腿又称火肉,是我国传统的腌腊制品,如图 7-15 所示。火腿主要是以猪后腿为原料,经腌制、洗晒、发酵、晾挂等工序,历时数月制成的半成品。现在各地均有生产,较为著名的是浙江金华火腿(南腿)、江苏如皋火腿(北腿)和云南宣威火腿(云腿)。由于火腿在发酵过程中蛋白质分解为多种氨基酸,形成了火腿所独具的鲜香风味,成为各菜系、各地方风味经常使用的原料。因而,火腿是中式烹饪中不可或缺的原料之一。火腿的

图 7-15 火腿

品质特点为肌肉切面呈深玫瑰红色或桃红色,脂肪切面呈白色或微红色,有光泽,组织致密而结实,切面平整,香气浓郁,味道鲜美,形状美观。烹饪应用中,火腿既可作主料,也可作高档菜品的辅料,可制作冷盘、花拼,也常用于菜肴的提鲜、调味、配色、装饰,如为海参、驼峰本味不显的珍贵原料赋味,还可用于吊制高汤,也是糕点的咸味馅心用料之一。菜肴如"蜜汁火方"、"火腿清蒸鳜鱼"、"火腿白菜"、"云腿月饼"等。

❷ 西式火腿 西式火腿起源于欧洲,是欧美国家的主要肉制品之一,有无骨火腿和有骨火腿两类。无骨火腿呈长方形,称为"方火腿",无皮,肉色淡红,质地紧密,弹性良好,口味鲜美,水分适中。若不用铝模,则用纱绳捆扎成形,称为"扎肉"。有骨火腿的外形类似我国传统火腿,用整只带骨的猪后腿制作。名品有法国烟熏火腿、苏格兰火腿、德国火腿、意大利火腿等。西式火腿在西餐中的应用非常广泛,可做主料、配料,可做冷盘,也可制热菜,可蒸、煮、煎、烤后熟食,有骨火腿还可供切片生食。在中餐烹饪中,可供制作冷盘、花拼,可作为菜肴、汤品的主配料,可作为面码、馅心的用料,还可用于涮烫火锅等。

❸ 腊肉 腊肉为我国特产肉制品,以四川、湖南、广东所产最著名,如图 7-16 所示。一般以家畜的肉及副产品为原料,用砂糖、白酒、酱油、精盐、花椒粉等配料腌渍一定时间,再经晾挂、发酵(有的还经烟熏)而成。名品有广东的腊乳猪、腊狗肉等,湖南的腊肉、腊猪心、腊猪肚,四川的腊猪肘、腊猪舌、缠丝兔,陕西的腊驴肉、腊羊肉、腊牛肉等。川味腊肉咸度适中,腊香馥郁;湖南腊肉香味浓郁,食之不腻;广东腊肉醇厚回甜,干香爽口。腊肉可单用,也可与其他荤素原料合烹。食用时,经煮、蒸后制作冷盘或回锅炒食,也可作为风味小吃和糕点的用料。菜肴如"腊味拼盘"、"回锅腊肉"、"藜蒿炒腊肉"、"菜薹炒腊肉"、"腊肉糯米饭"、"腊肉粽子"等。

❹ 培根 培根是英文 bacon 的译音,即烟熏咸猪肉,又称烟肉,如图 7-17 所示。培根通常是用猪的肋腹部肉经整形、盐渍、水浸、烟熏而成。为半成品,原料可带骨或不带骨,带皮或不带皮。采用湿腌、干腌或注射盐水的方式腌渍。根据原料部位的不同,培根分为大培根、奶培根、排培根三类。培根成品色泽金黄,肥瘦适度,肉质细嫩,色泽美观,有鲜香而浓郁的烟熏风味。培根为西餐中常用的肉类原料。最普遍的食用方法是将培根切成片状煎烤,或与鸡蛋共煎制成"培根蛋",也可生食。

(二)干制品

干制品是将家畜的肉及副产品腌制后经晾挂风干或不经腌制直接干制而得到的制品。干制的方法多样,一般分自然干燥法和人工干燥法。自然干燥法有晾晒、风干和阴干等;人工干燥法有煮炒、烘焙、真空冷冻干燥、远红外干燥等。肉松、肉干、肉脯、牛干巴等即为干制品。

❶ 肉松 肉松是以猪肉、牛肉等为原料,经切块、卤制、包裹、碾压、焙烤、搓擦而得到的丝绒状干制品,如图 7-18 所示。肉松以质地蓬松绵软、有弹性、色黄、香味纯正、咸甜适度、无肉筋、食后无

图7-16 腊肉

图7-17 培根

图7-18 肉松

残渣者为佳。根据所用原料的不同，有猪肉松、牛肉松等品种；另有一种花色肉松，即在猪肉中加入虾干、贝干等制成，别有风味。肉松以猪肉松最普遍，著名品种有太仓肉松、福建肉松、四川肉松等。肉松可供直接佐餐，也可用作宴席冷盘，或作为热菜的酿馅料。

❷ 肉干　肉干是以家畜类新鲜瘦肉为原料，经过分割、预煮、切片（或切丁）、调味、复煮、收汤、干燥制成的风味肉制品，如图7-19所示。根据主料的不同，肉干可分为牛肉干、猪肉干等品种。牛肉干一般呈黄色或褐色、黄褐色，猪肉干呈棕黄色、棕红色、枣红色。肉干的形状有片状、条状、粒状、块状等。按所使用的配料和调料的不同，可制成五香肉干、辣味肉干、咖喱肉干等多种风味，著名品种有四川五香牛肉干、江苏靖江牛肉干、天津五香猪肉干等。肉干味道干香，有韧性，常作为佐酒小菜或零食食用。

❸ 肉脯　肉脯是将家畜肉的净瘦肉切薄片经腌渍后直接烘烤而成的风味肉制品，如图7-20所示。肉脯与肉干的不同之处在于两点，一是熟制方法不同，肉脯不经煮制，直接烘干成熟，而肉干则需煮制成熟；二是形状不同，肉脯一般为大片状，而肉干则常为条状、粒状，较小。肉脯多呈近半透明的薄片，棕红色，有光泽，质坚实，味鲜而带甜味，耐咀嚼，回味足，久食不腻。肉脯可分为猪肉脯、牛肉脯等，因口味、配方等不同而有很多品种，如上海猪肉脯、湖南肉脯、汕头肉脯、靖江肉脯等。肉脯可直接食用，也可以作为花式冷盘的点缀，还可用于制作猪扒包、肉脯蛋卷等菜点。

图7-19 肉干

图7-20 肉脯

（三）灌制品

灌制品主要是以家畜类的肉和副产品等为原料经切碎、腌制、灌入肠衣后晾晒发酵或烘干、蒸煮等而得到的制品。成品有熟制品，也有半熟制品或生制品，如香肠、香肚、肝血肠、西式灌肠等即为灌制品。

❶ **香肠**　香肠又称为腊肠,是我国的传统灌肠制品,如图 7-21 所示。一般以肉类为原料,切成丁、片、条等后加入酱油、黄酒、白糖及香辛料制成馅,灌入肠衣,然后扎绳分段,经烘干或晾挂、烟熏而成。按加工方法的不同,可分为生香肠、烟熏香肠、煮熟香肠、半干燥香肠和干燥香肠六大类;按灌入的肉料不同,分为猪肉香肠、牛肉香肠、火腿香肠等;按产地分,名品有广东香肠、江苏如皋香肠、四川香肠、上海香肠等。香肠在较长时间的日晒和晾挂过程中,由于微生

图 7-21　香肠

物的发酵作用,使肌肉组织内的蛋白质发生分解和转化,产生独特而浓郁的鲜香风味。因此,在烹饪中,香肠可作为火腿的替代品。香肠香味浓郁,色泽鲜艳,肉质紧实,可蒸、煮后制作冷盘、花拼,也可配蔬菜炒煮或做汤,还可作为糕点的馅料。菜肴如"回锅香肠"、"香肠炒蒜薹"等。

❷ **西式灌肠**　西式灌肠一般以猪瘦肉、猪肥膘和牛肉等为主料,经搅碎后,加入淀粉、胡椒粉等配料和调味料制成馅,灌入肠衣,先经短时烘干,再经煮熟和烟熏而成,如图 7-22 所示。多为熟制品,也有半熟制品或生制品。最早见于欧洲,后传到世界各地,品种有数千种之多。西式灌肠按产地分,名品有德式小香肠、米兰色拉香肠、维也纳牛肉香肠、法国香草色拉米肠等;按照大小、加工方法等,分为大红肠、小红肠、午餐肠、粉肠等。小红肠是消费量最大的灌肠,始产于维也纳,以羊小肠灌制,肠体细小,形似手指,稍弯曲,长 12~14 厘米。大红肠以牛肉为主,辅以部分猪肉制成,以牛盲肠灌制,肠体粗如手臂,长 40~50 厘米。西式灌肠熟制品除供直接食用外,还可采用煮、蒸、煎、炸、炒、烩等多种烹饪方法制作冷盘、菜肴。

❸ **香肚**　香肚是用猪的膀胱作包装材料加入调好味的肉馅经风干而成的灌制品,如图 7-23 所示。著名产品有南京香肚、天津桃仁小肚、哈尔滨水晶肚等。其中南京香肚历史悠久,制作方法独特,在国内外享有很高声誉,知名度最大。食用香肚时需用清水浸泡 20 分钟,洗去外表灰烬,放入沸水锅中煮沸后,再用小火焖约 40 分钟,然后捞起晾凉后撕去外皮即可切片食用;也常用于花色冷拼中。

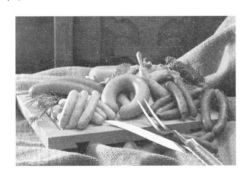

图 7-22　西式灌肠

图 7-23　香肚

(四)酱卤制品

酱卤制品是将家畜肉或副产品放入调味汁中,经卤、酱、糟、煮等工艺加工而成的制品,为我国传统的肉制品加工方法之一。根据所用调味料和加工方法的不同,通常又分为酱制品、蜜汁制品、卤制品、白煮制品和糟制品五大类。如"北京酱猪肉"、"上海蜜汁蹄髈"、"镇江肴肉"、"无锡酱排骨"、"糟猪舌"等。

（五）熏烤制品

熏烤制品一般是指以熏烤为主要加工手段的肉类制品，可分为熏制品和烤制品两大类。

熏制品色泽红黄，具有各种烟香，风味独特。熏法可用于制作加工性原料，如金华熏腿、烟熏腊肉；或用于熏制熟食品，如上海"熏肠"；也可用于熏制菜肴，如上海"烟鲳鱼"。因原料生熟的不同，熏制菜肴分为生熏和熟熏两种。生熏以生原料熏制，熏后直接食用，如山东"生熏黄鱼"、上海"生熏白鱼"；或是将生原料熏后再经蒸、炸成菜，如四川"樟茶鸭"。熟熏将原料经初步熟处理后再行熏制，如安徽"茶叶熏鸡"、江苏"松子熏肉"等。此外，也可用烟熏调味料制作烟熏风味的菜肴。

烤制品是利用无烟明火或烤炉、烤箱产生的高温使肉类原料成熟的一种方法。烤制时通常先将生原料进行刀工处理后，经腌渍或加工成半成品后再进行烤制。成品外皮酥脆，内里鲜嫩或酥烂。名品如广东"叉烧肉"、广东"脆皮乳猪"、新疆"烤全羊"等。

（六）油炸制品

油炸制品是将肉类原料放入温度不同的食用油中，通过高温改变原料的形状、质感、色泽以及风味等特点，从而使制品具有香、脆、松、酥等良好的口感。如"炸猪排"、"小酥肉"、"响皮"等即为油炸制品。

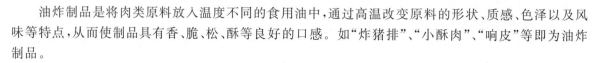

任务六 乳汁和乳制品

任务描述

本任务介绍了乳类原料的特色，以及各种乳制品的风味特点和其烹饪应用。

任务目标

掌握乳汁和乳制品的风味特点及其烹饪应用特色。

一、乳汁

乳汁又称奶，是雌性家畜产仔后从乳腺中分泌的高营养的天然食品，供食用的一般为牛乳、羊乳，如牛乳中除 87%～89% 的水分外，还含有 3.4%～3.8% 的乳脂、3%～4% 蛋白质、4.5% 乳糖和多种维生素和无机盐。乳汁除供直接饮用外，也常应用于烹饪。在烹饪中，可用牛乳代替汤汁，赋予菜肴独特的奶香，如"奶油菜心"、"牛奶熬白菜"等，但要求所使用的主料不能有浓烈的芳香味或腥膻味；可以牛乳代水用于虾茸的搅打，提高虾肉的持水性，使制品弹性更好、嫩度更高；还可在鲜奶中加入琼脂、蛋清，加热后使之冷却凝固成块，经改型后再上浆或挂糊，制作炒鲜奶、炸鲜奶等特色甜点。在面点制作中，由于牛乳含有磷脂，具有较好的乳化性，因此，加入面团后可促进水和油的相溶。另外，牛乳还可提高面团的筋力及发泡性能，使制品松软可口、色白、气孔细腻。此外，在我国少数民族聚居地，常用牛乳制作风味小吃，如奶酪、乳扇、奶豆腐、乳饼等，营养丰富，并具有独特的风味。

二、乳制品

乳制品又称奶制品，是以鲜奶或鲜奶油为原料，经脱水干制或乳酸发酵等多种加工方法而制成的制品。乳制品营养丰富，风味多样，品种繁多。

❶ **奶酪** 奶酪又称乳酪、芝士，是消毒后的鲜奶经凝乳酶的作用，使蛋白质凝固析出后而得到

的产品。若经过了乳酸发酵,称为酸奶酪。奶酪营养丰富,富含蛋白质、维生素等成分,通常直接食用,也可切块或切片后放入融化的奶油或酥油中加糖食用,西餐中还常用于菜肴、西点、汤等的制作。

❷ **酸奶** 酸奶是以牛奶为原料,经过消毒后,接种乳酸菌进行乳酸发酵,使奶液呈黏稠的糊状,带有爽口的酸味和奶香风味的饮品。酸奶应冷藏保存,除直接饮用外,西餐中还常用于某些菜肴及西点的调味。

❸ **乳饼** 乳饼是鲜奶酪的一种,即将鲜羊奶或鲜牛奶经酸浆点卤使蛋白凝固,再用细白布滤去水分,包扎成方块状而成。乳饼质地洁白细腻,松软芳香,适于烹制多种菜肴,如"油煎乳饼"、"火夹乳饼"、"水煎乳饼"等。

❹ **奶皮** 奶皮是鲜奶煮开后,以微火烘煮,不断进行搅拌,使水分蒸发,奶汁浓缩于锅底而成圆片状,经阴干后而成。奶皮色黄白,有细蜂窝孔,入口酥柔,可切块泡入奶茶中食用或作宴席小吃。

❺ **乳扇** 乳扇是我国云南省的地方名食之一,以鲜牛奶经煮沸精制而成,因形如纸扇而得名。食用方法多样,炸则酥脆香甜,炒则柔软有劲,煮则软滑鲜嫩,可供制作多种菜肴,如"炸卷筒乳扇"、"烤乳扇"、"炒乳扇丝"等。

❻ **炼乳** 炼乳又称浓缩乳,一般以牛奶或羊奶为原料,经浓缩、装罐而成,有甜炼乳和淡炼乳两种。除直接食用外,还可用于制作菜肴或蘸食。

❼ **冰激凌** 冰激凌是一种冷冻食品,以牛奶为主要原料,配以香精、色素、果品、果汁等经低温冻制而成。除直接作冷食外,可用于制作一些有特色的菜品,如"油炸冰激凌"、"火烧冰激凌"。

任务评价

项目小结

本项目主要介绍了家畜、家畜副产品、畜肉制品、乳汁及乳制品等烹饪原料的种类、质地、风味、品质检验和储藏,以及它们在烹饪中的广泛应用。学好本项目内容,将为进一步学习烹饪工艺打下良好的基础。

同步测试

主要概念
· 家畜
· 家畜副产品
· 畜肉制品
· 乳制品

项目八

动物性原料——家禽类

项目描述

　　家禽类原料是菜肴烹制中常用的原料之一,也是人们日常食物中蛋白质、脂肪、维生素及无机盐的重要来源。作为厨师要掌握和正确使用家禽类原料。

项目目标

　　了解家禽类原料的概念和种类;熟悉常见的家禽类烹饪原料;掌握家禽类原料的品质检验和储藏技术;能根据菜肴的不同要求,正确选择家禽类原料;能根据家禽类原料的性质和特点合理进行初加工;能正确利用家禽类原料烹制出符合要求的菜肴。

任务一　家禽类原料概述及其主要种类

→ 任务描述

　　本任务对家禽类原料进行概述,并介绍常用的家禽种类,以便掌握和了解禽肉原料。

→ 任务目标

　　掌握家禽的常用品种,关键是掌握禽肉原料的烹饪运用。

一、家禽类原料概述

　　家禽类原料主要包括家禽的禽肉及其副产品和家禽制品。随着饲养业的发展,家禽类原料占动物性原料的比例越来越高,目前我国饲养的家禽主要包括鸡、鸭、鹅、鸽、鹌鹑、鹧鸪等。

　　家禽体型一般较小,由于特殊的身体结构,家禽的胸肌和腿肌发达,所占比例较大,胸肌的重量可以占到全身肌肉的一半左右,是烹饪过程中使用最多的部位。家禽的肌纤维比家畜的更细短,有明显的白肌和红肌之分。家禽的皮肤较薄,无汗腺和皮脂腺,只有尾部有尾脂腺,水禽的尾脂腺特别发达。皮肤在翼部形成翼膜,在水禽趾间形成蹼,前者用于飞翔,后者用于划水。禽肉结缔组织占胴体的比例远比畜肉的低。禽肉脂肪多沉积于皮下和体腔内,熔点低,气味芳香,易为人体消化吸收。禽肉的鲜味物质含量丰富,比其他肉类更鲜美,在烹饪中多用于熬制高汤。同时,家禽类原料含优质蛋白较高,易被人体消化吸收,风味独特,也是一类较高档的烹饪原料。

二、家禽的主要种类

（一）鸡

鸡为雉科原鸡属家鸡亚种家禽，如图 8-1 所示。我国是世界上最早驯养鸡的国家，至少有 4000 多年的历史。世界各地均产，品种繁多，我国的著名品种有清远鸡、三黄鸡、芦花鸡、乌骨鸡等。按照用途不同，可分为肉用鸡、蛋用鸡、肉蛋兼用鸡、药食兼用鸡四类。鸡肉性味甘温，富有营养，含有蛋白质、脂肪、维生素 B_1、维生素 B_2、维生素 A、钙、磷、铁等多种成分，有滋补养身的作用。鸡肉肉质细嫩，滋味鲜美，适合多种烹调方法。在烹饪运用中，鸡可以整只入馔，也可以在分档取料后使用。整只鸡一般用于制汤或炖菜，如"料子鸡"、"清炖鸡"，也用于制作烤、炸类菜肴，如"叫化鸡"、"酥炸全鸡"等。对鸡进行分档取料后，根据不同部位的特点，在烹饪中的应用也各有不同。鸡胸脯和鸡腿是鸡肉的主要食用部位。鸡脯肉厚、质嫩、筋少，可切片、丝、丁，用于炒、爆、熘最佳，也可制成泥，用于制作鸡糁、鸡圆等；鸡腿肉厚但筋较多，既适于炒、红烧等烹调方法，也适于炖、炸、煮、扒等。以鸡胸脯和鸡腿为原料，制作的菜肴很多，如"宫保鸡丁"、"辣子鸡丁"、"炒芙蓉鸡片"等。另外，鸡翅、鸡爪也可入馔，菜肴如"红烧鸡翅"、"泡椒凤爪"、"卤鸡爪"等。

（二）鸭

鸭为鸭科鸭属家鸡亚种家禽，如图 8-2 所示。鸭是由野生绿头鸭和斑嘴鸭驯化而来，世界各地均产，品种繁多，我国的著名品种有高邮鸭、北京鸭、绍兴鸭等。按照用途不同，可分为肉用鸭、蛋用鸭、肉蛋兼用鸭等。鸭的消费量较鸡小，在家禽类消费量中居第二位。鸭肉蛋白质含量很高，脂肪含量适中且分布较均匀，还含有钙、磷、铁、烟酸和维生素 B_1、维生素 B_2 等多种成分，具有滋补、养胃、补肾、消肿、止咳化痰等作用。鸭肉鲜嫩味美，营养价值高，使用方法与鸡肉基本相同，一般以突出其肥嫩、鲜香的特点为主，菜肴如"虫草鸭子"、"樟茶鸭子"、"海带炖老鸭"、"南京板鸭"、"北京烤鸭"、"八宝葫芦鸭"等。此外，鸭肉还可用于高级汤料的调制，如熬制奶汤，其提鲜增香的作用十分明显。

图 8-1　鸡

图 8-2　鸭

（三）鹅

鹅为鸭科雁属家禽，如图 8-3 所示。鹅是由野生的雁类进行人工驯化得到的家禽变种，欧洲家鹅与中国家鹅的来源不同，欧洲家鹅是由灰雁驯化而来，中国家鹅是由鸿雁驯化而来。世界各地均产，品种繁多，我国的著名品种有狮头鹅、武冈铜鹅、皖西白鹅等。按照用途不同，可分为产肉型鹅、产蛋型鹅、产绒型鹅、产肥肝型鹅等。鹅肉不仅脂肪含量低，而且品质好，不饱和脂肪酸的含量高，特别是亚麻酸含量均超过其他肉类，鹅肉风味鲜美，但质地大多比较粗糙，且腥味较重。常采用蒸、烧、烤、焖、炖等烹调方法，整只或斩件烹制，菜肴如"黄焖仔鹅"、"挂炉烤鹅"、"广东烧鹅"、"花椒鹅块"等。

（四）鸽

鸽又称鸽子，为鸠鸽科鸽属鸟类统称，如图 8-4 所示。我们平常所说的鸽子是鸽属中的一种，而且是家鸽，家鸽由原鸽驯化而成。品种繁多，世界上著名的食用鸽品种有美国王鸽、丹麦王鸽、法国蒙丹鸽等，我国则有石岐鸽、公斤鸽和桃安鸽等。鸽肉为高蛋白、低脂肪食品，营养价值极高，既是名贵的美味佳肴，又是高级滋补佳品，常采用烧、烤、焖、炖等烹调方法，菜肴如"脆皮乳鸽"、"清炖乳鸽"、"烧椒乳鸽"等。

图 8-3　鹅

图 8-4　鸽

（五）斑鸠

斑鸠为鸠鸽科斑鸠属鸟类，如图 8-5 所示。斑鸠体型似鸽，大小及羽毛色彩因种类而异。作为烹饪原料使用的为人工养殖的斑鸠，其肉质细嫩，味道鲜美，不仅营养丰富，而且还有极高的药用价值，是非常好的滋补保健食材，适合炸、熘、炒、烧等烹调方法，菜肴如"油淋斑鸠"、"酒酿斑鸠"、"冬菇斑鸠"等。

（六）鹌鹑

鹌鹑为雉科鹌鹑属普通鹌鹑种，如图 8-6 所示。鹌鹑是一种古老的鸟类，分布极广，品种繁多。作为烹饪原料使用的为人工养殖的鹌鹑，其肉和蛋营养丰富，味美可口，为高档菜肴的制作原料，适合炸、炒、烧等烹调方法，菜肴如"香酥鹌鹑"、"糟香鹌鹑"、"山药炖鹌鹑"等。

图 8-5　斑鸠

图 8-6　鹌鹑

（七）鹧鸪

鹧鸪为雉科鹧鸪属鹧鸪种鸟类，如图 8-7 所示。作为烹饪原料使用的为人工养殖的鹧鸪，其肉味鲜美，具有滋养补虚、开胃化痰的功效，适合炖、烧等烹调方法，菜肴如"红烧鹧鸪"、"花胶炖鹧鸪"、"川贝炖鹧鸪"等。

图 8-7　鹧鸪

任务二　家禽的副产品和家禽类制品

任务描述

本任务对常见的家禽副产品和家禽类制品进行介绍,以便掌握和了解这些烹饪原料。

任务目标

掌握家禽副产品和家禽类制品的常用品种,关键是掌握这些原料的烹饪运用。

一、家禽的副产品

(一)禽胃

禽胃由腺胃和肌胃两个部分构成。腺胃具有丰富的消化腺以消化食物,肌胃俗称"砂囊",具有很厚的肌肉壁,是烹饪中应用较多的部位,如图 8-8 所示。肌胃质地脆韧,通常使用炒、爆、炸、汆等快速烹调方法,保持其脆韧的口感,菜肴如"油爆鸡胗"、"火爆鸡胗"、"爆双脆"等,也可用卤、烧的方法成菜,如"卤鸭胗"等。

(二)禽蛋

禽蛋由蛋黄、蛋白、蛋壳三个部分组成,有鸡蛋、鸭蛋、鹅蛋、鸽蛋、鹌鹑蛋等,应用最多的是鸡蛋,如图 8-9 所示。鸭蛋、鹅蛋较大,腥味较重,通常用于制作咸蛋、皮蛋等。鸽蛋、鹌鹑蛋形态较小、质地细腻,在烹调中多整只使用。

图 8-8　鸡胗

图 8-9　鸡蛋

烹饪中应用较多的是蛋清的起泡性和蛋黄的乳化性。利用蛋清的起泡性,可将蛋清抽打成蛋清糊,用于制作造型菜肴或与淀粉混合制作蛋清泡糊,以及制作西式蛋糕等等。利用蛋黄的乳化作用,可以制作沙拉酱(蛋黄酱)、冰激凌、糕点等。

禽蛋营养物质丰富,消化率高,而且具有良好的加工性,在烹饪中应用广泛。既可单独制作菜肴,也可以与其他各种荤素原料配合使用。运用的形式多样,味型多样。

二、家禽类制品

(一)家禽类制品的分类

家禽类制品是以家禽的肉、蛋等为原料,经过腌制、干制、烤制、煮(卤、酱)制、熏制等烹调方法加工而成的制品。

可根据不同的烹调方法来分类,如腌制类、干制类、烤制类、煮制类、熏制类等。可根据原料加工特点的不同来分类,如板鸭、盐水鸭、香酥鸭、烤鸭、风鸡、烧鸡、扒鸡、熏鸡等禽肉制品,以及咸蛋、皮蛋、糟蛋等禽蛋制品。可根据原料的生熟来分类,有些是可以直接食用的熟禽制品,如扒鸡、香酥鸡、烤鸭、皮蛋,有些则必须加工后才能食用,如风鸡、板鸭、咸蛋等。

家禽类制品性质各异,风味也各不相同,因此,在烹饪时,要注意根据不同的品质特点进行合理地应用。

(二)家禽类制品举例

❶ 板鸭 板鸭是选用新鲜的活鸭经过宰杀、褪毛、去内脏、水浸、擦盐(干腌)、复卤(湿腌)、晾挂风干制作而成的腌腊制品,如图8-10所示。板鸭在我国的许多地方都有,著名的有南京板鸭、南安板鸭、建昌板鸭、建瓯板鸭等。板鸭的质量以干、酥、板、烂、香为佳。板鸭常用的烹调方法有蒸、煮、炖、炒、炸等。

❷ 风鸡 风鸡是以新鲜的活鸡为原料,经过宰杀、去内脏、腌制、风干等多道工序加工而成的制品,如图8-11所示。我国加工风鸡的地方很多,制作方法略有差异,著名的有河南固始风鸡、湖南泥风鸡、云南风鸡等。风鸡的制作通常不去毛,制作过程集腌制和风干为一体,不仅肉质挺硬、柔嫩细滑、鲜爽不腻、腊香浓郁,而且适于储藏。烹制时,先将风鸡去毛洗净后炖煮,晾凉后拆骨去肉并撕成细丝状备用。也可制作冷盘,或加配料进行烧、烩、煮、炒制作热菜。

图8-10 板鸭

图8-11 风鸡

❸ 蛋制品

(1)咸蛋。咸蛋又称腌鸭蛋、咸鸭蛋,是中国的传统食品,如图8-12所示。全国各地均有生产,通常煮后即可食用,常作为随饭小菜或制作冷菜。咸蛋蛋黄色泽红黄,富含油脂,具有鲜、细、嫩、松、沙、油等特点,用油炒后颇似蟹黄,故常用于热菜中,以咸蛋代替蟹黄制作菜肴,如"赛蟹黄"、"蟹黄豆腐"、"金沙炒蟹"等。此外,咸蛋黄还常作为面点的馅心用料,如蛋黄月饼。

(2)松花蛋。松花蛋又称皮蛋、灰包蛋、包蛋等,是中国的传统风味蛋制品,如图8-13所示。松花蛋的主要原材料是鸭蛋(或鸡蛋、鹌鹑蛋),口感鲜滑爽口,微咸,色香味均有独到之处。皮蛋在烹饪中多做凉菜,也可制成热菜或小吃。冷菜如"青椒皮蛋"、"姜汁皮蛋",热菜如"糖醋皮蛋"、"焦熘皮蛋"、"黄瓜皮蛋汤",粥品如"皮蛋瘦肉粥"等。

图 8-12　咸蛋

图 8-13　松花蛋

(3)糟蛋。糟蛋是新鲜鸭蛋(或鸡蛋)用优质糯米糟制而成,是中国的特色传统美食,如图 8-14所示。浙江平湖生产的糟蛋较为有名,四川也有出产。

图 8-14　糟蛋

任务评价

任务三　禽肉的品质检验与储藏

▶ **任务描述**

家禽经宰杀后在储存运输过程中原料容易受到外界的污染,影响原料质量,或在自身酶的作用下会相继发生僵直、成熟、自溶、腐败等现象。为了保证食品安全,加强禽肉的品质检验,合理储藏禽肉具有重要意义。

▶ **任务目标**

掌握禽肉的品质检验技术,了解禽肉的保藏技术。

掌握禽肉的品质检验及科学的储藏方法,是我们应该掌握的基本技能。对禽肉原料进行品质检验主要用感官鉴定法,这也是决定选用何种烹饪方法,制作突出原料特点的菜肴的前提要求。

一、禽肉的品质检验

(一)活禽的品质检验

健康活禽的主要特征是:羽毛丰满、清洁、紧密,有光泽,脚步矫健,活泼好动,两眼有神,叫声洪亮;用手触摸嗉囊无积食、气体或积水;头部的冠、肉髯及头部无毛部位色泽红润,眼睛、口腔、鼻孔无异常分泌物;肛门周围绒毛无污物;胸部肌肉发达,胸骨不显著,皮下脂肪丰富,皮细嫩光滑,全身呈圆弧形,丰满肥壮。反之则为不健康活禽,应及时处理。

(1)鸡的品质检验。根据生长期的不同,一般可分为仔鸡、当年鸡、隔年鸡和老鸡。仔鸡又称嫩鸡,指尚未到成年期的鸡,一般生长期不到1年,未发育完全,羽毛未丰,体重一般在0.5~0.7千克,胸骨软,柔嫩,脂肪少,适宜爆、炒、炸。当年鸡又称新鸡,已到成年期,但生长时间未满1年,其羽毛紧密,胸骨较软,嘴尖发软,后爪趾平,鸡冠和耳垂为红色,羽毛管软,体重一般以达到各品种的最大重量,肥度适当,肉质嫩。隔年鸡指生长期在1年以上的鸡,羽毛丰满,胸骨和嘴尖稍硬,后爪趾尖,鸡冠和耳垂发白,羽毛管发硬,肉质渐老,体内脂肪逐渐增加,适合烧、焖、炖等烹调方法。老鸡指生长期在2年以上的鸡,羽毛一般较疏,皮发红、胸骨硬,爪、皮粗糙,鳞片状明显,爪趾较长,呈钩形,羽毛管硬,肉质老,适宜炖汤或炖焖。

(2)鸭的品质检验。新鸭脚有枕,喉管软而又羽翼有天蓝色的光泽;老鸭体较重,嘴上花斑多,喉管坚挺,胸部底骨发硬,羽毛色泽暗污。

(3)鸽的品质检验。鸽子有乳鸽、中鸽、老鸽之分。乳鸽眼润色白,大多有小黄羽,身上羽毛尚未长全,肉质鲜嫩;中鸽有黄色眼圈,羽毛已长全,肉质次之;老鸽眼圈红色,肉质较老。

(二)鲜禽肉的品质检验

禽肉的质量检验主要有两个方面,一个是活禽的鉴别,另一个是鲜光禽肉的鉴别。鲜光禽肉的鉴别如表8-1所示。

表8-1　鲜光禽肉的质量鉴别指标

项目	新鲜肉	不新鲜肉	变质肉(不能食用)
眼球	眼球饱满	眼球凹陷、皱缩,晶体稍混浊	眼球干缩凹陷,晶体混浊
色泽	皮肤带有光泽,肉的切断面发光,色呈淡黄、淡红、灰白、灰黑等	皮肤稍有光泽,肉的切面带有光泽	体表无光泽,头颈部常有暗褐色
黏度	外表微干或湿润,不黏滑	外表稍干燥,有黏手感,新切断面湿润	外表及干燥或黏手,肉的切断面发黏
弹性	肉有弹性,手指按压后凹陷处立即恢复	肉弹性不足,指压后凹陷不能立即或完全恢复	肉质松弛,手指压后不能恢复,留有痕迹
气味	有正常的禽类气味	无其他异味,但腹内有较重的令人不快气味	体表及腹腔内均有臭味
肉汤	透明澄清,脂肪浮于汤的表面,有特殊的香味	稍有混浊,脂肪呈小滴浮于表面,香味差,无鲜味	混浊,有白色或淡黄色的絮状物,脂肪极少,浮于表面,有较重腥臭味

二、禽肉的储藏

禽肉是易腐食品,在常温下能很快变质,这主要是由于各种微生物的侵害造成的,所以保管储存禽肉最主要的措施就是要控制有害微生物的活动和繁殖。较长时间储藏禽肉的方法有高温消毒储藏、低温储藏和辐射处理储藏等。但就目前看,低温储藏是一种既经济方便又可较长时间储藏禽肉的方法,现普遍使用这种方法。其储藏方法是:宰杀后的家禽一般应置于 $-30\sim-20$ ℃,相对湿度 $85\%\sim90\%$ 的条件下冷冻 $24\sim48$ 小时,然后在 $-20\sim-15$ ℃,相对湿度 90% 的环境下冷藏比较适宜。资料表明:在 -4 ℃时,禽肉可保存 35 天,在 -12 ℃时可保存 200 天左右,在 -14 ℃时可保存一年以上。

项目小结

　　本项目主要介绍了家禽、家禽副产品、家禽类制品等烹饪原料的种类、质地、风味、品质检验和储藏,以及它们在烹饪中的广泛应用。学好本项目内容,将为进一步学习烹饪工艺打下良好的基础。

任务评价

同步测试

主要概念
- 禽类原料
- 禽类制品
- 板鸭
- 风鸡
- 咸蛋
- 皮蛋
- 糟蛋
- 仔鸡、当年鸡、隔年鸡、老鸡

动物性原料——两栖动物类、爬行动物类

项目描述

　　自然界中两栖类、爬行类的动物很多,但多为国家保护动物,人工饲养的种类和数量较少,因此在烹饪中运用相对较少。本项目主要介绍人工饲养的两栖动物类、爬行动物类原料。

项目目标

　　了解两栖动物类、爬行动物类原料的品种及分布,掌握常见两栖动物类原料营养保健及烹饪应用,掌握常见爬行动物类原料营养保健及烹饪应用。

任务一　两栖动物类原料

任务描述

本任务对常用的两栖动物类原料进行介绍,以便掌握和了解两栖动物类原料。

任务目标

了解两栖动物类原料的品种及分布,掌握两栖动物类原料烹饪加工注意事项。

　　两栖动物为两栖纲动物的统称,分为无足目、无尾目和有尾目三目。两栖动物可以爬上陆地,但是一生不能离水,因为可以在两处生存,故称为两栖。它是脊椎动物从水栖到陆栖的过渡类型。据调查,全球已知的5700多种两栖动物中濒临灭绝的有1800余种,除栖息地减少外,人类为饱口福或用作药物而大量捕食也是造成两栖动物处境堪忧的原因。因此,作为烹饪原料,要使用人工养殖的品种,如牛蛙、中国林蛙、美国青蛙等均是我国具有很高经济价值的两栖动物。

　　蛙类属两栖纲、无尾目、蛙科动物。中国蛙类约180多种,可作为烹饪原料使用的蛙类主要是人工养殖的中国林蛙及引进种牛蛙、美国青蛙等。

一、中国林蛙

　　中国林蛙为蛙科林蛙属动物,因其在寒冬中可冬眠长达五个月之久,因此又称"雪蛤",如图9-1所示。全国均有分布,目前养殖方式为人工养殖。中国林蛙的经济价值和社会效益很高,是集食、药、补为一体的珍贵蛙种。林蛙的整体或雌蛙输卵管的干制品均可入药,雌蛙输卵管的干制品称为

哈士蟆油。林蛙肉质细嫩，鲜美可口，营养丰富，从雌性体内提取的林蛙油具有润肺养阴、补肾益精、补脑益智、提高人体免疫能力、美容养颜、抗衰老等独特功效。

图 9-1　中国林蛙

二、牛蛙

牛蛙又称美国菜蛙、菜蛙，为蛙科蛙属动物，如图 9-2 所示。原产于北美洲，因其鸣叫声洪亮酷似牛叫而得名。近年来，牛蛙已成为我国水产养殖重要的名特水产品之一，在福建、广东、浙江等沿海地区均有较大规模养殖。牛蛙全身都是宝，是集食用、药用和皮用于一身的大型经济蛙类。牛蛙肉是上乘美味食品和高级的保健药膳，是一种高蛋白、低脂肪、低胆固醇的健康食品。其肉质细嫩，味道鲜美，营养丰富，适合炸、烧、炖、煮等烹调方法，菜肴如"干锅牛蛙"、"香辣牛蛙"、"泡椒牛蛙"等。

三、美国青蛙

美国青蛙又称沼泽绿牛蛙、猪蛙或猪鸣蛙，为蛙科蛙属动物，如图 9-3 所示。原产于美国，20 世纪 80 年代后期引入我国，现已在全国各地推广养殖。个体比本地青蛙大，但比牛蛙小，抗寒力强，无冬眠习惯，只要喂食，可照常生长，是一种较牛蛙更适合人工养殖的蛙种。美国青蛙肉质洁白、细嫩，肉味鲜美，营养丰富，是高蛋白、低胆固醇的食品，已成为倍受人们青睐的佳肴，适合各类人群。常用的烹调方法有炸、烧、炖、煮等。

图 9-2　牛蛙

图 9-3　美国青蛙

任务评价

任务二　爬行动物类原料

任务描述

本任务对常用的爬行动物类原料进行介绍，以便学生了解并掌握爬行动物类原料。

任务目标

了解爬行动物类原料的品种及分布，掌握爬行动物类原料烹饪加工注意事项。

现存的爬行纲动物有龟鳖目、鳄目、有鳞目（蛇蜥目）和喙头目四目，作为烹饪原料运用的品种主要是龟鳖目和有鳞目的动物，多以人工饲养的方式来满足人们饮食保健方面的需要。

一、龟鳖类

龟鳖类属于爬行纲、龟鳖亚纲,为陆栖、水栖或海洋生活的爬行类动物。作为烹饪原料使用的是人工养殖的龟鳖。

(一)龟类

龟类俗称乌龟,为龟科动物的统称。大多数龟均为杂食性,以小鱼小虾,螺,掉落的瓜果等为食。可食用的龟类一般为中华草龟等,如图9-4所示。中华草龟类常作药膳原料,多与中药材相配,具有滋阴补肾、清热解毒、补血补心等功效,最宜用烧、焖、煨、蒸等烹调法成菜,从而发挥药食兼用的功效。菜肴如"炖龟苓汤"、"党参金龟"等。

(二)鳖类

鳖又称中华鳖、甲鱼、水鱼等,为鳖科鳖属动物,如图9-5所示。鳖自古以来就被人们视为滋补的营养保健品,由于具有巨大的经济价值,我国对中华鳖进行了大量的人工繁殖。鳖的裙边肉质肥厚,质感柔软,具有较高的食用价值,是筵上珍品。背甲可入药,有滋阴清热、软坚散结的功效。菜肴如"清蒸甲鱼"、"红烧甲鱼"、"霸王别姬"(甲鱼炖鸡)等。

图9-4 中华草龟

图9-5 中华鳖

二、蛇类

蛇类属于爬行纲、蛇目,体形细长,没有四肢,全球有3400多种,中国有200余种。以蛇肉为佳肴,在我国至少有2000多年的历史。蛇肉中含有丰富的蛋白质、糖类、维生素A等营养物质,脂肪含量低。蛇肉味道鲜美,营养丰富,还有很高的医疗价值。蛇肉的烹制方法多种多样,有清炖、红烧、炸、煮、炒、焖、烩等,菜肴如"五彩蛇丝"、"蒜子烧南蛇脯"、"姜辣蛇"、"花菇炖南蛇"等。现在作为烹饪原料使用的为人工养殖的"肉蛇"。人工养殖的肉蛇有王锦蛇、乌梢蛇、黑眉锦蛇、滑鼠蛇、三索锦蛇等。

(一)王锦蛇

王锦蛇又称菜花蛇、大王蛇等,为游蛇科锦蛇属蛇类,如图9-6所示。王锦蛇是上市量大、受欢迎的肉蛇之一。它是无毒蛇中(除蟒蛇外)长势最快、形体较大的蛇类。很多蛇场,特别是北方各地大都以它作为饲养对象。

(二)乌梢蛇

乌梢蛇又称乌蛇、青蛇、乌风蛇等,为游蛇科乌梢蛇属蛇类,如图9-7所示。成蛇体躯长达2米,背面颜色由绿褐、棕褐到黑褐,也可分为黄乌梢、青乌梢和黑乌梢。乌梢蛇具有独有的食、药、保健疗效,传统的中药中的乌蛇即为本蛇的干品。蛇或蛇胆均可独立泡制"乌蛇酒"或"乌蛇胆酒",深受中外消费者的欢迎。乌梢蛇长势快,适应性强,抗病力高,市场畅销,适宜人工养殖。

图 9-6　王锦蛇

图 9-7　乌梢蛇

（三）黑眉锦蛇

黑眉锦蛇又称家蛇、秤星蛇等，为游蛇科曙蛇属蛇类，如图 9-8 所示。黑眉锦蛇眼后有明显的黑纹延伸到颈部，故名"黑眉"，是做蛇火锅、蛇肉串、蛇烤片的主要原料。

（四）滑鼠蛇

滑鼠蛇又称草锦蛇、长柱蛇、山蛇等，为游蛇科鼠蛇属蛇类，如图 9-9 所示。蛇身长 2 米以上，头背为黑褐色，后缘为黑色，唇鳞淡黄色，与乌梢蛇颜色相仿，但无黑线贯穿，因其皮大而厚实，被推为"最上品"原料之一。蛇与胆均可入药，是治疗风湿病之良药。

图 9-8　黑眉锦蛇

图 9-9　滑鼠蛇

此外，人工养殖的经济毒蛇主要有银环蛇、金环蛇、眼镜蛇、眼镜王蛇、尖吻蝮、蝮蛇等六种。银环蛇 7 日龄的幼蛇经过加工之后入药；金环蛇、眼镜蛇与灰鼠蛇合称为"三蛇"，是著名食用蛇种。所谓"三蛇药酒"就是用这三种蛇浸酒制成的，"三蛇胆"是中成药原料。三蛇加上乌梢蛇和三索锦蛇称"五蛇"。

任务评价

项目小结

本项目主要介绍了两栖动物类、爬行动物类烹饪原料的种类、质地、风味以及它们在烹饪中的应用。学好本项目内容，将为进一步学习烹饪工艺打下良好的基础。

同步测试

Note

动物性原料——鱼类

项目描述

　　鱼类原料是菜肴烹制中常用的原料之一。鱼类是指终生生活在水中,以鳍游泳,以鳃呼吸,具有颅骨和上下颌的变温脊椎动物。世界上现存已发现的鱼类约有 32000 种。鱼类种类繁多,根据其生活环境的不同,可将鱼分为淡水鱼和海水鱼两类。鱼类主要可分为四种基本体型,分别为纺锤形(鲤鱼、鲫鱼、鲈鱼等)、侧扁形(鳊鱼、鲳鱼等)、平扁形(鳐鱼、牙鲆等)、棍棒形(黄鳝、鳗鱼等)。还有一些鱼由于特殊的生活习性而呈现特殊的体型,如带形的带鱼、球形的河豚,以及海马、海龙等。鱼体从外形上主要分为头部、躯干部和尾部三大部分。

项目目标

　　了解鱼类原料的产地及产季,掌握各种鱼类原料的形态特征、质量标准,掌握鱼类原料的烹饪加工运用。

任务一　淡水鱼原料

任务描述

　　本任务介绍了常见淡水鱼原料的品种、形态特征及烹饪特点等,有助于认知淡水鱼原料并掌握其烹饪应用。

任务目标

　　了解淡水鱼原料的品种及分布,掌握淡水鱼原料的烹饪加工注意事项。

　　从广义上讲,淡水鱼是指能生活在盐度为 3‰ 的淡水中的鱼类。狭义上讲,是指在其生活史中部分阶段(如只有幼鱼期或成鱼期)或是终其一生都必须在淡水域中度过的鱼类。世界上已知淡水鱼约有 8600 多种,我国现有淡水鱼 1000 多种,常见的供食用的有 40 多种。

一、鲤鱼

　　鲤鱼又称龙门鱼、鲤拐子、毛子,为鲤科鲤属鱼类,如图 10-1 所示。原产于亚洲,后引进欧洲、北美以及其他地区。我国境内除青藏高原、新疆和甘肃河西走廊,以及阴山北侧、内蒙古的内陆河、湖无天然分布外,其他各地均产。鲤鱼品种较多,其中野生的名品有黑龙江各水系的龙江鲤、黄河流域的黄河鲤、淮河水系的淮河鲤。家养的名品有江西的荷包红鲤、广西的禾花鲤。按照生长水域的不同,鲤鱼可分为河鲤鱼、江鲤鱼、池鲤鱼。河鲤鱼体色金黄,有金属光泽,胸、尾鳍带红色,肉质嫩,味鲜美,质量最佳;江鲤鱼鳞内皆为白色,体肥尾秃,肉味略酸;池鲤鱼鳞青黑,肉质较为细嫩,有土腥味。一年四季均产,以2—3月所产最为肥美。鲤鱼身体侧扁而腹部圆,口部有须两对,背、臀鳍均有一根粗壮带锯齿的硬刺。体侧呈金黄色,体背呈灰黑色,腹部呈白色,雄性鱼尾鳍和臀鳍呈橘红色。鲤鱼在选料时须鲜活,重750克左右,以河鲤鱼为最佳。鲤鱼富含优质蛋白质,人体消化吸收率可达96%,每100克鱼肉中含蛋白质17.6克、脂肪4.1克、钙50毫克、磷204毫克及多种维生素。鲤鱼的脂肪多为不饱和脂肪酸,能有效降低胆固醇,可以防治动脉硬化、冠心病。鲤鱼味甘、性平,有补脾健胃、利水消肿、通乳、清热解毒、止嗽下气的功效。鲤鱼初加工时应除尽鳞片和腹腔内黑膜,切勿弄破苦胆,抽去鱼体两侧的两条白筋是除去鲤鱼腥味的最佳方法。鲤鱼适合多种烹调方法,如烧、蒸、炸、熘、熏等。一般整条使用,也可切成块、条、片等,适宜多种口味的调味。菜肴如"糖醋黄河鲤鱼"、"金毛狮子鱼"、"干烧岩鲤"等。

二、青鱼

　　青鱼又称乌鲩、青鲩、鲭、螺蛳青,为鲤科青鱼属鱼类,如图10-2所示。青鱼分布于中国各大水系,主要分布于我国长江以南的平原地区。青鱼是长江中、下游和沿江湖泊里的重要渔业资源和各湖泊、池塘中的主要养殖对象,与草鱼、鲢鱼、鳙鱼并称"四大家鱼"。一年四季均产,以冬令时为佳。体呈圆筒形,体长达1米余。背部呈青黑色,腹部呈灰白色,各鳍均呈灰黑色。头宽平,口端位,无须,咽头齿臼齿状。青鱼肉厚而多脂,刺少味鲜美,以鲜活、体表无伤,江、河、湖所产为佳。青鱼是一种高蛋白、低脂肪的食物,其蛋白质含量为20.1%,脂肪含量为4.2%。在氨基酸组成中,富含谷氨酸、天冬氨酸等呈鲜味成分,故吃起来味道鲜美。此外,青鱼含丰富的硒、碘等微量元素,能帮助维护细胞的正常复制,强化免疫功能,有延缓衰老、抑制肿瘤的作用。青鱼肉性平、味甘,归脾、胃经,具有益气、补虚、健脾、养胃、化湿、祛风、利水之功效,还可防妊娠水肿。青鱼初加工时应除尽鳞片和腹腔内黑膜,切勿弄破苦胆。青鱼肉质细嫩,刺少,适宜多种烹调方法及味型,烹调方法以清蒸、红烧、炒、烤居多,可切片、条、丝、丁、米,或剞花刀(菊花、荔枝),也可制成鱼茸或干制、腊制。菜肴如"菊花鱼"、"锅塌青鱼"、"红烧青鱼"等。

图 10-1　鲤鱼

图 10-2　青鱼

三、草鱼

　　草鱼又称鲩、草鲩、白鲩,为鲤科鱼类,如图10-3所示。草鱼栖息于平原地区的江河湖泊,一般喜居于水的中下层和近岸多水草区域,我国各地均有养殖,是中国淡水养殖的"四大家鱼"之一。一年四季均产,以9—10月所产为佳。草鱼体型较长,略呈圆筒形,腹部无棱。头部平扁,尾部侧扁。口端位,呈弧形,无须。下咽齿二行,侧扁,呈梳状,齿侧具横沟纹。背鳍和臀鳍均无硬刺,背鳍和腹鳍相对。体呈茶黄色,背部呈青灰略带草绿,腹部呈灰白,胸、腹鳍略带微黄。草鱼含水量较大,选

图 10-3　草鱼

料时以体大、鲜活为佳。草鱼营养价值很高,每 100 克鱼肉含水分 77.3 克、蛋白质 17.9 克、脂肪 4.3 克,除含有丰富的蛋白质、脂肪外,还含有核酸和锌,有增强体质、延缓衰老的作用。草鱼含有丰富的不饱和脂肪酸,对血液循环有利,是心血管病人的良好食物,草鱼含有丰富的硒元素,经常食用有抗衰老、养颜的功效,而且对肿瘤也有一定的防治作用。草鱼味甘、性温,有平肝、祛风、暖胃、中平肝、祛风等功能,是温中补虚的养生食品。草鱼初加工时应除尽鳞片和腹腔内黑膜,切勿弄破苦胆。草鱼肉色洁白,质地细嫩,刺较多,有草腥味,含水量较大,烹调时不宜长时间加热。烹调方法有清蒸、红烧、熘、烤等,可切片、条、丝、丁、米,或剞花刀(菊花、灯笼),也可制成鱼丸。菜肴如"红烧鱼块"、"酸菜鱼"、"水煮鱼"等。

四、鲢鱼

鲢鱼又称白鲢、鲢子,为鲤科鲢属鱼类,如图 10-4 所示。鲢鱼多栖息于水域的中上层,以水中的浮游藻类和浮游动物为主要食物来源,是中国淡水养殖的"四大家鱼"之一。鲢鱼广泛分布于亚洲东部,在我国各大水系均有分布。一年四季均产,以冬季所产为佳。鲢鱼体侧扁而稍高,腹部狭窄,口阔,端位,无须,头约为体长的 1/4,自胸鳍下方至肛门间有腹棱,体背部呈灰色,腹部呈银白色,鳞片细小而密。鲢鱼出水即死,容易变质,选料时以鲜活、重 750 克以上者为佳。鲢鱼富含蛋白质、氨基酸、脂肪、烟酸、钙、磷、铁、糖类及多种维生素等营养成分。鲢鱼性温、味甘,具有健脾、利水、温中、益气、通乳、化湿之功效。对于治疗咳嗽、气喘、脾胃虚弱、水肿等病症效果明显,尤其适用于治疗胃寒疼痛或由消化不良引起的慢性胃炎。鲢鱼初加工时应除尽鳞片和腹腔内黑膜,切勿弄破苦胆。鲢鱼肉质细嫩,小刺较多,脂肪含量较高尤其是腹部,民间有"白鲢美在腹、鳙鱼美在头"之说。烹调方法有红烧、干烧、烩、炖、蒸等。菜肴如"红烧全鱼"、"干烧鲢鱼"、"豆瓣鲜鱼"等。

五、鳙鱼

鳙鱼又称花鲢、胖头鱼、大头鱼,为鲤科鲢属鱼类,如图 10-5 所示。鳙鱼是中国特有鱼类,我国各大水系均产,但以长江流域中下游地区为主要产地,是中国淡水养殖的"四大家鱼"之一。一年四季均产,以冬季所产为佳。鳙鱼体侧扁,较高,腹部在腹鳍基部之前较圆,其后部至肛门前有狭窄的腹棱。头极大,约占体长的 1/3。口大,端位,口裂向上倾斜,下颌稍突出,无须。体侧上半部呈灰黑色,腹部呈银白色,体侧有许多不规则的黑斑。鳙鱼以鲜活、少腥味、无伤痕、肌肉富有弹性者为佳。鳙鱼属于高蛋白、低脂肪、低胆固醇的鱼类,每 100 克鱼肉中含蛋白质 15.3 克、脂肪 0.9 克。另外,鳙鱼还含有维生素 B_2、维生素 C、钙、磷、铁等营养物质。鳙鱼味甘、性温,对心血管系统有保护作用。鳙鱼初加工时应除尽鳞片和腹腔内黑膜,切勿弄破苦胆。鳙鱼肉质与鲢鱼相似,肉质细嫩鲜美,但小刺较多。鳙鱼的头大而肥美,常单独烹制成菜,烹调方法有烧、焖、炖、蒸等。菜肴如"砂锅鱼头"、"剁椒鱼头"、"鱼头豆腐汤"等。

图 10-4　鲢鱼

图 10-5　鳙鱼

六、鳊鱼

鳊鱼又称长身鳊、油鳊、鳊花，为鲤科鳊属鱼类，如图 10-6 所示。鳊鱼也为三角鲂、团头鲂的统称，我国南北各地江河、湖泊均产，是我国主要淡水养殖鱼类之一。一年四季均产，以夏季所产为佳。鳊鱼体侧扁而高，呈菱形。头较小，头后背部急剧隆起。口小，前位，无须。体背呈青灰色，体侧呈银灰色，胸鳍呈黄棕色，背鳍有硬刺。优质鳊鱼鱼体有光泽，体表黏液清洁、透明，鱼鳞发光，紧贴鱼体，完整无脱落。鳊鱼含有蛋白质、脂肪、糖类、无机盐、维生素 A、维生素 E、钙、磷、硒等营养元素。每 100 克鱼肉中含有 18.3 克蛋白质，脂肪含量比较低，每 100 克仅含有 6.3 克脂肪，其中的脂肪酸具有很好的降糖、护心、防癌的作用。鳊鱼味甘、性平，具有补虚、益脾、养血、祛风、健胃的功效，可以预防贫血症、低血糖、高血压、动脉血管硬化等疾病。鳊鱼初加工时应除尽鳞片和腹腔内黑膜，切勿弄破苦胆。烹调方法以清蒸为佳，也可红烧、干烧、氽汤等，菜肴如"清蒸鳊鱼"、"红烧鳊鱼"、"奶汤鳊鱼"等。

七、团头鲂

团头鲂又称武昌鱼、团头鳊，为鲤科鲂属鱼类，如图 10-7 所示。团头鲂原产于湖北梁子湖，现已推广到全国各地养殖，以湖北所产质量最好。一年四季均产，以夏季所产为佳。团头鲂体侧扁，呈菱形，背隆起明显，头小、吻圆钝，口端位，口裂宽，上下颌等长，体背呈灰黑色，体侧呈银灰色，臀鳍较长，尾柄短，尾鳍分叉深。质量好的团头鲂鱼鳃鲜红色，鳞片完整、紧密，有特有的鱼鲜腥味，无异味。团头鲂每 100 克鱼肉中含蛋白质 20.8 克、脂肪 15.8 克、碳水化合物 0.9 克、钙 155 毫克、磷 195 毫克、铁 2.2 毫克、维生素 B_2 0.08 毫克、烟酸 1.8 毫克。经常食用，可以预防贫血、低血糖、高血压和动脉硬化等疾病。团头鲂性温、味甘，具有补虚、益脾、养血、祛风、健胃之功效。团头鲂初加工时应除尽鳞片和腹腔内黑膜，切勿弄破苦胆。团头鲂肉质细嫩，脂肪丰富，胜于鳊鱼，烹调方法以清蒸为佳，也可红烧、干烧。菜肴如"清蒸武昌鱼"、"红烧武昌鱼"等。

图 10-6　鳊鱼

图 10-7　团头鲂

八、鲫鱼

鲫鱼又称鲫瓜子、月鲫仔、土鲫、喜头鱼，为鲤科鲫属鱼类，如图 10-8 所示。鲫鱼分布很广，除西部高原地区外，广泛分布于全国各地。鲫鱼品种很多，常分为银鲫（质量较好，味鲜而肥嫩）、黑鲫（质量较次，稍有土腥味）两大品系。全国各地水域常年均有生产，以 2—4 月和 8—12 月的鲫鱼最肥美。鲫鱼一般体长 15～20 厘米，体侧扁而高，体较厚，腹部圆，头短小，吻钝，无须。一般体背面呈灰黑色，腹面呈银灰色，各鳍条呈灰白色。因生长水域不同，体色深浅有差异。鲫鱼在选料时须鲜活，眼睛明亮、鱼鳞紧密有光泽、鳃盖紧闭、肌肉有弹性者为佳。鲫鱼营养丰富，每 100 克鱼肉含蛋白质量高达 19.5 克，脂肪含量为 1.1 克，另外还含有碳水化合物、钙、磷、铁和多种维生素，其中维生素 A 的含量在淡水鱼中名列榜首。鲫鱼有健脾利湿、和中开胃、活血通络、温中下气之功效，对脾胃虚弱、水肿、溃疡、气管炎、哮喘、糖尿病有很好的滋补食疗作用。产后妇女炖食鲫鱼汤,可补虚通乳。鲫鱼初加工时应除尽鳞片和腹腔内黑膜,切勿弄破苦胆。鲫鱼味道鲜美,肉质细嫩,鱼刺较多,烹调方法有余汤、清蒸、红烧、干烧等。菜肴如"奶汤鲫鱼"、"萝卜丝鲫鱼汤"、"红烧鲫鱼"等。

图 10-8　鲫鱼

图 10-9　鳜鱼

九、鳜鱼

鳜鱼又称桂鱼、季花鱼、桂花鱼,为真鲈科鳜属鱼类,如图 10-9 所示。鳜鱼广泛分布于中国东部平原的江河湖泊,是典型的肉食性鱼类,性凶猛。鳜鱼种类主要有翘嘴鳜、大眼鳜、长体鳜、斑鳜、暗色鳜等。鳜鱼与黄河鲤鱼、松江鲈鱼、兴凯湖大白鱼齐名,同被誉为中国"四大淡水名鱼"。一年四季均产,以 2—3 月所产最为肥美。鳜鱼身体侧扁,背部隆起,身体较厚。尖头,口裂大且上位,略呈倾斜状,下颌向前突出,上颌骨延伸至眼的后缘。鳜鱼的鳞圆而细小,体色为棕黄色,较鲜艳,分布许多不规则斑块。鳜鱼须鲜活,以巨口细鳞、骨疏少刺、皮厚肉紧、肉色洁白者为佳。鳜鱼含有蛋白质、脂肪、少量维生素、钙、钾、镁、磷、硒等营养元素,肉质细嫩,极易消化。鳜鱼味甘,性平,归脾、胃经,可补五脏、益脾胃、充气胃、疗虚损,适用于气血虚弱体质,可治虚劳体弱等症。鳜鱼肉质紧实细嫩,刺少,味道鲜美,烹调方法有清蒸、糖醋、红烧、干烧等。鳜鱼既可整条入馔,也可取肉切片、丝、丁或剞花刀。菜肴如"松鼠鳜鱼"、"红烧臭鳜鱼"、"清蒸桂花鱼"等。

十、乌鳢

乌鳢又称乌棒、黑鱼、蛇头鱼、文鱼、才鱼,为鳢科鳢属鱼类,如图 10-10 所示。乌鳢为肉食凶猛性鱼类,分布于除高原地区外中国各大小水系,以及朝鲜、日本、俄罗斯和东南亚。一年四季均产,冬季肉质最佳。乌鳢体长,前部呈圆筒形,后部逐渐为侧扁形。头部较长略扁平,吻短宽而扁,前端钝圆,口大、端位。体背部及体侧呈暗黑色,腹部色较淡。体侧有许多青黑色不规则花斑,头侧自眼后有 3 条纵行黑色条纹。乌鳢以鲜活、鳞片均匀无脱落、肉质富有弹性者为佳。每 100 克鱼肉中含蛋白质 18.5 克,脂肪 1.2 克,还含有 18 种氨基酸,以及人体必需的钙、磷、铁等矿物质及多种维生素。民间常视乌鳢为珍贵补品,用以催乳、补血。乌鳢作为药用具有去瘀生新、滋补调养等功效,外科手术后,食用乌鳢具有生肌补血、促进伤口愈合的作用。乌鳢初加工时应除尽鳞片和腹腔内黑膜,切勿弄破苦胆。乌鳢肉质厚实而致密,骨刺少味鲜美,适用于多种烹调方法,尤其适合清炖、熬汤,也可进行刀工处理制作鱼片、鱼球、鱼丁、鱼卷等。菜肴如"将军过桥"、"清蒸乌鱼"、"清汤鱼圆"、"清炒乌鱼片"等。

十一、鲶鱼

鲶鱼又称土鲶、鲶拐鱼,为鲶科鲶属鱼类,如图 10-11 所示。鲶鱼同类几乎是分布在全世界,多数种类是生活在池塘或河川等的淡水中,但部分种类生活在海洋里。一年四季均产,春季最为肥美。鲶鱼体长,头部平扁,尾部侧扁,口宽大,眼小,有须两对,体色通常呈黑褐色或灰黑色,略有暗云状斑块。鲶鱼以鲜活、肉多刺少、肥美、体表黏液正常均匀、无污染、体表无损伤为佳。鲶鱼营养丰富,每 100 克鱼肉中含蛋白质 14.4 克,并含有多种矿物质和微量元素,特别适合体弱虚损、营养不良之人食用。鲶鱼是催乳的佳品,并有滋阴养血、补中气、开胃、利尿的作用,是妇女产后食疗滋补的必选食

图 10-10 乌鳢

图 10-11 鲶鱼

物。鲶鱼肉质细嫩,骨刺少,但其体表黏液腥味较重,烹调前须氽水除去。烹调方法以烧、蒸最为常用,也可黄焖、红扒、清炖等。菜肴如"大蒜烧鲶鱼"、"清蒸鲶鱼"、"鲶鱼炖豆腐"等。

十二、黄鳝

黄鳝又称鳝鱼、长鱼,为合鳃鱼科黄鳝属鱼类,如图 10-12 所示。黄鳝广泛分布于亚洲东南部,我国境内除西北高原外,各地均产,以长江流域为多。春末夏初是黄鳝的上市旺季,小暑前后一个月内质量最佳。黄鳝体细长呈蛇形,体前圆后部侧扁,尾尖细,头长而圆,口大、端位。体表一般有润滑液体,无鳞。体色多是黄褐色、微黄或橙黄,有深灰色斑点。黄鳝须鲜活,以腹黄者为佳。每 100 克黄鳝肉中含蛋白质 17.2～18.8 克、脂肪 0.9～1.2 克、钙质 38 毫克、磷 150 毫克、铁 1.6 毫克,此外还含有多种维生素。黄鳝有清热解毒、凉血止痛、祛风消肿、润肠止血等功效,能降低血糖和调节血糖,对痔疮、糖尿病有较好的治疗作用。黄鳝肉质细嫩,口味鲜美,无骨刺,烹调方法以红烧、爆炒、干煸为佳,菜肴如"梁溪脆鳝"、"炒软兜"、"干煸鳝丝"、"红烧鳝段"等。

图 10-12 黄鳝

图 10-13 鲥鱼

十三、鲥鱼

鲥鱼又称时鱼、三黎鱼、三来鱼,为鲱科鲥属鱼类,如图 10-13 所示。鲥鱼为中国珍稀名贵经济鱼类,列"长江三鲜"之首。鲥鱼是江海洄游鱼类,主要生活在海洋中,每年 4 月、5 月由海洋进入长江、钱塘江、珠江等水系中繁殖,以长江所产为最好。目前市面上鲥鱼多数都是来自美洲的西鲱和来自东南亚的长尾鲥。鲥鱼以端午节前后最为肥美。鲥鱼体长呈椭圆形,侧扁,长约 24 厘米,大者达 50 厘米以上,口大、端位,口裂倾斜,体背及头部呈灰黑色,上侧略带蓝绿色光泽,下侧和腹部呈银白色,腹鳍、臀鳍呈灰白色,尾鳍边缘和背鳍基部呈淡黑色。鲥鱼出水即死,以新鲜、个大、出水时间短者为佳。鲥鱼营养价值极高,蛋白质、脂肪、维生素及钙、磷、铁等含量均十分丰富。鲥鱼的脂肪含量很高,几乎居鱼类之首,它富含不饱和脂肪酸,具有降低胆固醇的作用,对防止血管硬化、高血压和冠心病等大有益处。鲥鱼鳞片是脂肪鳞,加工时不宜丢弃。鲥鱼肉质地细嫩,口味鲜美,有"水中西施"之称。烹调方法以清蒸为佳。

十四、长颌鲚

长颌鲚又称刀鲚,形似刀,又称刀鱼,为鳀科鲚属鱼类,如图 10-14 所示。长颌鲚与鲴鱼、鲥鱼并称为"长江三鲜"。长颌鲚是一种洄游鱼类,中国沿海和长江、黄河、钱塘江、辽河、海河均产,以长江所产最多、最好。一年四季均产,清明节之前为最佳。长颌鲚体长,身侧扁,向后渐细尖呈镰刀状,故而得名。一般体长 18～25 厘米,吻短圆,口大而斜、下位,头及背部呈浅蓝色,体侧呈微黄色,腹部呈灰白色,各鳍基部均呈米黄色,尾鳍边缘呈黑色。长颌鲚出水即死,以新鲜、体表无损伤、个大者为佳。长颌鲚每 100 克鱼肉中含蛋白质 16.97 克、脂肪 6.42 克,有抑制高血压、心肌梗死、动脉硬化的作用。长颌鲚肉质细嫩,口味鲜美,被视为席上珍品。烹调方法以清蒸为最佳,也可清炖、红烧、糖醋等。菜肴如"清蒸刀鱼"、"红烧长江刀鱼"等。

十五、银鱼

银鱼又称面条鱼、银条鱼,为银鱼科间银鱼属鱼类,如图 10-15 所示。银鱼是可以生活于近海的淡水鱼,具有从海洋至江河洄游的习性。中国是银鱼的起源地和主要分布区,主要分布于山东至浙江沿海地区,尤以长江口崇明等地为多。我国的太湖、西湖、马湖是三大银鱼盛产湖,以太湖所产最为著名。一年四季均产,春季最为肥美。银鱼体细长,无鳞,半透明。前部近圆筒形,后部略侧扁,头部极扁平。银鱼以洁白如银且透明、体长 2.5～4 厘米为宜。银鱼是极富钙质、高蛋白、低脂肪的鱼类,其蛋白质含量为 17.2%,脂肪含量为 5.5%,是一种不可多得的抗衰老、抗癌的食品。银鱼肉嫩刺软,鲜香独特,无腥味。烹调方法有炸、熘、氽、炒、烩等,也可加工成鱼干。菜肴如"银鱼炒鸡蛋"、"软炸银鱼"、"银鱼紫菜汤"等。

图 10-14 长颌鲚

图 10-15 银鱼

十六、大马哈鱼

大马哈鱼又称北鳟鱼、大麻哈鱼,为鲑科大马哈鱼属鱼类,如图 10-16 所示。大马哈鱼是溯河性洄游鱼类,分布于太平洋北部和北冰洋中,主要有 6 种:大马哈鱼、驼背大马哈鱼、红大马哈鱼、大鳞大马哈鱼、孟苏大马哈鱼、银大马哈鱼。每年秋季,在我国黑龙江、乌苏里江和图们江可以见到这些大马哈鱼。大马哈鱼素以肉质鲜美、营养丰富著称于世,历来被人们视为名贵鱼类。中国黑龙江省抚远市的黑龙江畔盛产大马哈鱼,是"大马哈鱼之乡"。大马哈鱼以秋

图 10-16 大马哈鱼

季最为肥美。大马哈鱼体呈纺锤形,稍侧扁,头后至背鳍基部逐渐隆起。头侧扁,口大,牙尖锐,吻端突出,眼小。生活在海洋时体色银白,入河洄游不久色彩则变得非常鲜艳,背部和体侧先变为黄绿色,逐渐变暗,呈青黑色,腹部呈银白色。大马哈鱼以鲜活、肉色橙红、肉质细嫩鲜美、鱼体完整无伤痕者为佳。大马哈鱼蛋白质含量为14.9%～17.5%,脂肪含量为8.7%～17.8%,每100克鱼肉含有钙50毫克、磷153毫克、铁1.9毫克,此外,还含有糖类和多种维生素,有补虚劳、健脾胃之功效。大马哈鱼肉质细嫩鲜美,既可直接生食又能烹制入菜。烹调方法有烧、炖、蒸、煮等。除鲜食外还可熏制、腌制,鱼卵常用来制作"红鱼子",鱼肝脏用来制取"鱼肝油"。

十七、翘嘴红鲌

翘嘴红鲌又称翘鲌子、翘嘴巴、鲌刺,为鲤科红鲌属鱼类,如图10-17所示。翘嘴红鲌广泛分布于我国长江中下游地区各水域,以湖北、安徽和黑龙江省产量最多。一年四季均产,以夏季入梅时节最肥美。翘嘴红鲌体细长,侧扁,呈柳叶形,头背面平直,头后背部隆起。口上位,下颌坚厚急剧上翘,竖于口前,使口裂垂直。体背呈浅棕色,体侧呈银灰色,腹面呈银白色,背鳍、尾鳍呈灰黑色,胸鳍、腹鳍、臀鳍呈灰白色。翘嘴红鲌须鲜活,品质较好的鱼鳃紧闭,鳃片鲜红,鳞片完整紧密,有光泽,有特有的鲜腥味。翘嘴红鲌营养价值较高,每100克鱼肉含蛋白质18.6克、脂肪4.6克。翘嘴红鲌性平,味甘,有较高的药用价

图10-17　翘嘴红鲌

值,具有补肾益脑、开窍利尿等作用。翘嘴红鲌口感细腻,味道鲜美,少刺多肉,故有淡水鳜鱼之称,鲜食和腌制皆可。烹调方法有清蒸、红烧、腌渍、熏烤、香糟、煎等多种做法,以清蒸为最佳。

十八、罗非鱼

罗非鱼又称非洲鲫鱼、南鲫、越南鱼,为丽鱼科罗非鱼属鱼类,如图10-18所示。罗非鱼原产非洲,后传入东南亚,最后传入我国,属热带性鱼类,目前,罗非鱼的养殖主要集中在广东、广西、海南等温度较高的地区,以池塘精养为主。目前我国引进的种类有个体较小的莫桑比克罗非鱼、个体居中的奥利亚罗非鱼以及个体较大的尼罗罗非鱼。一年四季均产,春季最为肥美。罗非鱼形似鲫鱼,长可达20多厘米,身体侧扁,呈椭圆形,头背部隆起,腹部圆,下颌稍长于上颌,口无须。罗非鱼以背厚肉多、无土腥味、鲜活者为佳。罗非鱼营养价值非常丰富,每100克鱼肉中含蛋白质20.5克、脂肪6.93克、钙70毫克、钠50毫克、磷37毫克、铁1毫克、维生素$B_1$0.1毫克、维生素$B_2$0.12毫克。罗非鱼肉质比鲫鱼更加细嫩,且刺少,烹调方法以氽、红烧、煮、蒸居多。菜肴如"奶汤罗非鱼"、"干蒸罗非鱼"等。

十九、河鲀

河鲀又称河豚、气泡鱼、吹肚鱼、气鼓鱼,为鲀科东方鲀属鱼类,如图10-19所示。河鲀为暖温带及热带近海底层鱼类,常见的有红鳍东方鲀、暗纹东方鲀、黑鳃兔鲀、凹鼻鲀、黑斑叉鼻鲀等。原卫生部在1990年发布《水产品卫生管理办法》,其中明确规定河鲀有剧毒,不得流入市场。直到2016年农业部办公厅和国家食品药品监督管理总局办公厅联合发布了《关于有条件放开养殖红鳍东方鲀和养殖暗纹东方鲀加工经营的通知》,生产经营企业须经审核备案,才可向市场出售经过加工的上述两种河鲀。一年四季均产,春季最为肥美。河鲀体呈圆筒形,有气囊,遇到危险时会吸气膨胀,一般体长25～35厘米。吻短,圆钝,口小,端位,横裂。体背呈灰褐,体侧稍带黄褐,腹面呈白色,体背、侧面的斑纹随种类不同而各异。河鲀营养价值丰富,每100克鱼肉含蛋白质(养殖17.71克、野生18.75

147

克)、硒 41.25 微克、锌 3.65 毫克,河鲀味甘、性温,能除风湿,补脾利湿。河鲀味道鲜美,但其卵巢、肝脏、血液、皮肤中均含有剧毒的河豚毒素,去毒后的河鲀方可用来烹调,菜肴如"红烧河豚"、"椒盐河豚排"、"河豚三鲜煲"、"河豚火锅"等。

图 10-18　罗非鱼

图 10-19　河鲀

二十、鳗鲡

鳗鲡又称白鳗、河鳗、鳗鱼、日本鳗,为鳗鲡科鳗鲡属鱼类,如图 10-20 所示。鳗鲡是一种江河性洄游鱼类,原产于海中,溯河到淡水内长大,后回到海中产卵。鳗鲡在黄河、长江、闽江、珠江等流域,以及海南、台湾和东北等地均有分布。我国很多地方均有大量养殖,以江河出海口所捕最佳。一年四季均产,冬春季最为肥美。鳗鲡身体细长如蛇形,前端呈圆柱形,自肛门后逐渐侧扁,尾部细小,头尖长,吻钝圆,稍侧扁,口大,端位。体背部呈灰黑色,腹部呈灰白或浅黄,无斑点。鳗鲡以鲜活、体背黏液无异味、无污染、体态均匀、鱼身无损伤、无畸形的为佳。鳗鲡营养丰富,每 100 克鳗鲡含蛋白质 16.4 克、脂肪 21.3 克、矿物质 95 毫克、维生素 230 毫克,还含有钙、磷、铁、钠、钾等物质,具有补虚、养血、祛湿等功效。鳗鲡肉质细嫩,味道鲜美,入口肥糯,烹调方法有清蒸、烤、清炖、红烧、黄焖等。菜肴如"清蒸河鳗"、"日式烤鳗"、"豉汁蟠龙鳝"、"黄焖鳗鱼"等。

图 10-20　鳗鲡

图 10-21　黄颡鱼

二十一、黄颡鱼

黄颡鱼又名黄姑子、黄骨鱼、黄沙古等,为鲿科黄颡鱼属鱼类,如图 10-21 所示。黄颡鱼在我国各大水系均有分布,尤其在长江中下游地区的湖泊、池塘、溪流中有广泛分布。黄颡鱼的种类较多,有瓦氏黄颡鱼、岔尾黄颡鱼、光泽黄颡鱼等。一年四季均产,以夏季为最佳。黄颡鱼体长,腹面平,体后半部稍侧扁,头大且扁平。吻圆钝,口裂大,下位,有须 4 对,体背部呈黑褐色,体侧呈黄色,并有 3 块断续的黑色条纹,腹部呈淡黄色,各鳍均呈灰黑色。黄颡鱼须鲜活(死后易破胆),以外表无伤痕、黏液无异味者为佳。黄颡鱼每 100 克鱼肉含蛋白质 17.8 克、脂肪 2.7 克、糖类 7.1 克、烟酸 3.7 毫克、维生素 E 1.48 毫克。黄颡鱼性平,味甘,有利小便的作用,能补脾胃、消水肿,肾炎水肿者皆宜。

黄颡鱼肉质细腻滑嫩，刺少，味道鲜美，烹调方法有烧、焖、煮、烩等。菜肴如"黄焖黄颡鱼"、"清蒸黄骨鱼"等。

二十二、泥鳅

泥鳅又称鱼鳅、拧沟、泥鳅鱼，为鳅科泥鳅属鱼类，如图 10-22 所示。泥鳅广泛分布于亚洲沿岸的中国、日本、朝鲜、俄罗斯及印度等地。我国境内除青藏高原外，各地淡水中均产。一年四季均产，夏初季最为肥美。泥鳅形似黄鳝，比黄鳝短小。体呈圆柱状，尾柄侧扁而薄。头小、吻尖，口下位，呈马蹄形。有须 5 对。体上部呈灰褐色，下部呈白色，体侧有不规则的黑色斑点。背鳍及尾鳍上也有斑点，尾鳍基部上方有一显著的黑色大斑，其他各鳍呈灰白色。泥鳅以鲜活、无异味、无污染、体表无伤痕者为佳。泥鳅营养丰富，素有"水中人参"之美誉。每 100 克鱼肉的蛋白质含量高达 22.6 克、脂肪 2.9 克、钙 51 毫克、磷 154 毫克。泥鳅性平，味甘，有暖中益气之功效。泥鳅肉质细嫩，刺少，味道鲜美。烹调方法以烧、炸、氽汤为佳，菜肴如"酥炸泥鳅"、"软烧泥鳅"等。

二十三、鮰鱼

鮰鱼又称长吻鮠、江团、肥王鱼，为鲿科鮠属鱼类，如图 10-23 所示。鮰鱼是我国特有的名贵淡水经济鱼类，分布于中国东部的辽河、淮河、长江、闽江至珠江等水系及朝鲜西部，以长江水系为主。有多款地方品种，如上海宝山鮰鱼、贵州赤水鮰鱼、四川川江江团、安徽淮河鮰鱼王等。一年四季均产，春、秋两季最为肥美。鮰鱼体修长，前部扁平，腹部圆，后身渐细，体色粉红，无鳞，鱼尾侧扁，有须四对，嘴巴两侧各有两根胡须。背鳍及胸鳍的硬刺后缘有锯齿，尾鳍深分叉。鮰鱼以鲜活，体表黏液光滑清洁、透明、无异味、肌肉有弹性、鱼体无伤痕者为佳。鮰鱼的蛋白质含量为 13.7%，脂肪为 4.7%，被誉为淡水食用鱼中的上品。鱼肉还含有叶酸、维生素 B_2、维生素 B_{12} 等营养成分，有滋补健胃、利水消肿、通乳、清热解毒、止嗽下气的功效。鮰鱼肉质白嫩，鱼皮肥美，鱼鳔肥厚，最美之处在于其带软边的腹部，烹饪上以清蒸、白煮、红烧为佳。菜肴如"清蒸江团"、"奶汁肥王鱼"等。须注意的是，鮰鱼的背鳍刺、胸鳍刺有毒腺，加工时须格外小心。

图 10-22　泥鳅

图 10-23　鮰鱼

任务评价

任务二　海水鱼原料

→ 任务描述

本任务介绍了常见海水鱼原料的品种、形态特征及烹饪特点等，有助于认知海水鱼原料并掌握其烹饪应用。

→ 任务目标

了解海水鱼原料的品种及分布，掌握海水鱼原料的烹饪加工注意事项。

我国沿海地处温带、亚热带和热带,具有优越的地理环境和自然环境,鱼类种类繁多,资源丰富。据统计,我国有海产鱼类 3000 多种,不仅有寒带性、热带性、温带性鱼类,而且有远洋性和深海性鱼类。海水鱼类有独特的风味和肉质特点,如肌间刺少,肌肉富有弹性,风味浓郁。

一、带鱼

带鱼又称牙带鱼、裙带、肥带,为带鱼科带鱼属鱼类,如图 10-24 所示。带鱼主要分布于西太平洋和印度洋,在中国的黄海、东海、渤海一直到南海都有分布,和大黄鱼、小黄鱼及乌贼并称为中国的"四大海产"。中国沿海的带鱼可以分为南、北两大类。带鱼体带状,侧扁。体长一般 50～70 厘米,大者长达 120 厘米。头狭长,尖突吻尖长。体表呈银灰色,鳞片退化为银膜。因生产方式不同,带鱼可分为钓带、网带、毛刀三种。钓带是用钓钩捕捞的带鱼,体形完整,鱼体坚硬不弯,体大鲜肥,质量最好;网带是用网具捞捕的带鱼,体形完整,个头大小不均;毛刀就是小带鱼,体形损伤严重,多破肚,刺多肉少。带鱼出水即死,以新鲜、体形完整、体表银粉完全、肌肉有弹性、大而肥鲜者为佳。带鱼富含蛋白质、维生素 A、不饱和脂肪酸、磷、钙、铁、碘等多种营养成分。带鱼性温,味甘,具有暖胃、泽肤、补气、养血之功效。带鱼肉质细嫩,味道鲜美,刺少,可鲜食也可制罐头或咸干制品,烹调方法有蒸、炸、烧、糖醋、煎等。菜肴如"干炸刀鱼"、"椒盐带鱼"、"红烧带鱼"等。

二、大黄鱼

大黄鱼又称黄鱼、黄花鱼等,为石首鱼科黄鱼属鱼类,如图 10-25 所示。大黄鱼为暖水性近海集群洄游鱼类,分布于西北太平洋区,在中国分布于黄海南部、东海。中国沿海的大黄鱼可分为东海地理种群、粤东地理种群、粤西地理种群 3 个种群。大黄鱼体长,侧扁,尾柄细长,体呈黄褐色,腹面呈金黄色,各鳍呈黄色或灰黄色,唇呈橘红色。大黄鱼出水即死,以鲜活、体表金黄色、有光泽、肉质紧实有弹性、无异臭味、体表无伤痕者为佳。大黄鱼每 100 克鱼肉含蛋白质 17.70 克,脂肪 2.50 克,碳水化合物 0.80 克。大黄鱼肉质细嫩,呈蒜瓣状,口味鲜美,刺大。多供鲜食,也可加工成淡鲞。烹调方法有红烧、清蒸、氽汤等。菜肴如"雪菜大汤黄鱼"、"腐皮包黄鱼"等。

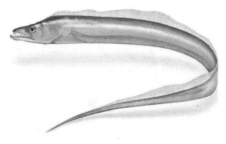

图 10-24　带鱼

图 10-25　大黄鱼

三、小黄鱼

小黄鱼又称小鲜、小黄花等,为石首鱼科黄鱼属鱼类,如图 10-26 所示。小黄鱼是西北太平洋特有的暖温性底层鱼类,主要分布在我国渤海、黄海和东海,主要产地在江苏、浙江、福建、山东等省。

图 10-26　小黄鱼

小黄鱼只有两个种群,一个是黄渤海种群,另一个是东黄海种群。小黄鱼外形与大黄鱼极相似,但体形较小,一般体长 16～25 厘米,体重 200～300 克。体长,侧扁,尾柄长为其高的 2 倍。背侧呈黄褐色,腹侧呈金黄色。小黄鱼出水即死,以鲜活、体表金黄色、有光泽、肉质紧实有弹性、无异臭味、体表无伤痕者为佳。小黄鱼的营养价值与大黄鱼的相似。小黄鱼肉质细腻,呈蒜瓣状,味道鲜美。食用方法同大黄鱼,多整条烹制,也可加工腌制。

四、鲈鱼

鲈鱼又称花鲈、鲈子鱼、七星鲈,为真鲈科花鲈属鱼类,如图 10-27 所示。鲈鱼主要分布于太平洋西部,我国沿海及通海的淡水水体中均产,东海、渤海较多。鲈鱼体长,侧扁,背部稍隆起,背腹面皆钝圆,头中等大,略尖,吻尖,口大,端位,斜裂。鲈鱼以鲜活、鱼体表面无损伤、少血污、无异味、秋天所产者为佳。鲈鱼每 100 克鱼肉含蛋白质 18.6 克、脂肪 3.4 克、碳水化合物 0.4 克、钙 56 毫克,具有补肝肾、益脾胃、化痰止咳之效,对肝肾不足的人有很好的补益作用。鲈鱼肉质坚实,呈蒜瓣状,细嫩而鲜美,刺少,为宴席常用鱼类。烹调方法有清蒸、红烧、炖等。菜肴如"清蒸鲈鱼"、"白汁花鲈"等。

五、鳕鱼

鳕鱼又称大头青、大口鱼,为鳕科鳕属鱼类,如图 10-28 所示。鳕鱼品种较多,传统意义上纯正的鳕鱼有大西洋鳕鱼、格陵兰鳕鱼和太平洋鳕鱼,主要分布于北太平洋、北大西洋两侧,中国主要分布于渤海、黄海和东海北部。鳕鱼体长,稍侧扁,头大,口大,体色多样,从淡绿或淡灰到褐色或淡黑,也可为暗淡红色到鲜红色,头、背及体侧为灰褐色,并具不规则深褐色斑纹,腹面为灰白色。鳕鱼以鲜活、肉质洁白肥厚、肌肉有弹性、体表无伤痕、无异味为佳。鳕鱼每 100 克鱼肉含蛋白质 20.4 克、脂肪 0.5 克。鳕鱼的肝脏大且含油量高,是提取鱼肝油的优质原料。另外,鳕鱼肉中含有丰富的镁,有利于预防高血压、心肌梗死等心血管疾病,对心血管系统有很好的保护作用。鳕鱼的肉质细嫩洁白,肉厚刺少,肉味甘美,清口不腻,是世界上许多国家的主要食用鱼类。鳕鱼最宜红烧、煎、红焖、清蒸等。菜肴如"清蒸鳕鱼"、"红烧鳕鱼"等。

图 10-27　鲈鱼

图 10-28　鳕鱼

六、鲥鱼

鲥鱼又称鲦鱼、白鳞鱼,为锯腹鲥科鲥属鱼类,如图 10-29 所示。鲥鱼在我国沿海广泛分布,渤海、黄海、东海、南海均有产出,产量最多的海域位于东海。鲥鱼在中国渔业史上是最早的捕捞对象之一,已有 5000 多年的历史。鲥鱼体长而宽,侧扁,背缘窄,腹缘有锯齿状棱鳞。头中等大,头顶平坦,具菱形隆起棱。口小,向上翘成近垂直状。头及体背缘灰褐色,体侧为银白色。鲥鱼以新鲜、个大、鳞片均匀无脱落,春季所产者为佳。鲥鱼营养价值极高,富含蛋白质、脂肪、维生素 B_1、维生素 B_2 和烟酸、钙、磷、铁等营养成分,有健脾益胃,补气血的功用。鲥鱼肉质肥嫩,味道鲜美,但肉中多细刺。新鲜鲥鱼以清蒸为佳,也可清炖、红烧。鲥鱼除鲜食外,还可腌制成咸鱼。菜肴如"清蒸鲥鱼"、"煎转鲥鱼"、"酱渍鲥鱼"等。

图 10-29　鳓鱼

图 10-30　鲱鱼

七、鲱鱼

鲱鱼又称青鱼、青条鱼，为鲱科鲱属鱼类，如图 10-30 所示。鲱鱼为海洋珍贵小型经济鱼类，具有冷水洄游习性。我国的主要产地是山东的青岛、烟台，辽宁大连，捕获季节主要集中在 10—11 月。鲱鱼体呈侧扁形，体长 20～40 厘米，体侧呈银白色，背部呈蓝黑色。鲱鱼以新鲜、鱼鳞完整、不破肚、无异味者为佳。鲱鱼每 100 克鱼肉中，含蛋白质 17 克、脂肪 14 克。鲱鱼蛋白质和脂肪含量较高，还富含多种维生素和微量元素，是营养价值较高的鱼类，具有补虚利尿的功效。鲱鱼肉质细嫩，味道鲜美，烹调方法以烧、煎、烤、炸、蒸为主。菜肴如"香煎鲱鱼"、"焖鲱鱼"等。鲱鱼还可以加工成罐头。鲱鱼的鱼卵俗称"青鱼子"，口味鲜香，为名贵原料。

八、海鳗

海鳗又称门鳝、狼牙鳝，为海鳗科海鳗属鱼类，如图 10-31 所示。海鳗有康吉鳗、星鳗、齐头鳗等同目品种。康吉鳗产于东海，星鳗产于东海、黄海，齐头鳗产于海南、台湾。海鳗体呈长圆筒形，尾部侧扁。头尖长，眼椭圆形，口大，体表无鳞，体呈黄褐色。海鳗以鲜活、体形完整、肌肉有弹性、无异味者为佳。海鳗的营养价值很高，功效也很多。海鳗味甘、性平，具有补虚、养血、祛湿等功效。海鳗肉质细嫩肥美，适宜煎、熘、炒、烧、烤、蒸等烹法，菜肴如"黄焖海鳗"、"红烧海鳗"等。

九、银鲳

银鲳又称平鱼、镜鱼、白鲳、车片鱼等，为鲳科鲳属鱼类，如图 10-32 所示。银鲳广泛分布于印度洋、西太平洋区，中国沿海均产，东海与南海较多。银鲳体呈卵圆形，侧扁，头较小，吻圆，口小，稍倾斜，体被细小的圆鳞，易脱落，颜色银白，故名银鲳。银鲳以新鲜、体表无破损、鱼鳞完整、无腥臭味者为佳。银鲳每 100 克鱼肉含蛋白质 15.6 克、脂肪 6.6 克，此外还含有丰富的微量元素硒和镁，具有益气养血、补胃益精、滑利关节、柔筋利骨之功效。银鲳肉质细嫩鲜美，脂肪含量高，刺少且多为软刺，烹调方法以蒸、煎、焖为佳。银鲳还常被用来加工成罐头、咸干、糟鱼及鲳鱼鲞等。

图 10-31　海鳗

图 10-32　银鲳

十、鲅鱼

鲅鱼又称马鲛鱼,为鲅科鲅鱼属鱼类,如图 10-33 所示。鲅鱼种类较多,常见的有中华马鲛、康氏马鲛、蓝点马鲛和斑点马鲛等。鲅鱼分布于中国、日本、朝鲜沿海,中国主产于南海以及东海外海。鲅鱼体呈纺锤形,侧扁,尾柄细。头长,吻尖突,口大而斜裂,体背部呈青褐色,有黑蓝色横纹或斑点,腹部呈银灰色。鲅鱼以鲜活、体形完整、肌肉有弹性、无伤痕、无腥臭味者为佳。鲅鱼每 100 克鱼肉含蛋白质 21.2 克、脂肪 3.1 克、碳水化合物 2.1 克,具有补气、平咳作用,对体弱咳喘有一定疗效。鲅鱼肉质细腻,口味鲜美,肉厚刺少,但略带腥味,烹调方法以红烧、干煎为主,也常用来制作成馅料。菜肴如"红烧鲅鱼"、"鲅鱼水饺"等。除鲜食外,鲅鱼还常被用来加工制作罐头或咸干品。

十一、鲐鱼

鲐鱼又称青花鱼、日本鲭等,为鲭科鲭属鱼类,如图 10-34 所示。鲐鱼分布于太平洋西部,近海均产之。鲐鱼体形与鲅鱼相似,体呈纺锤形,头大,前端尖细,呈圆锥形。体背呈青黑色或深蓝色,腹部呈白色而略带黄色,体侧上部有深蓝色波状条纹。鲐鱼以鲜活、体形完整、肌肉有弹性、无伤痕、无腥臭味者为佳。鲐鱼的营养价值很高,每 100 克鱼肉含蛋白质 21.4 克、脂肪 7.4 克。鲐鱼性味甘平,有滋补强壮之功效。鲐鱼一定要鲜活,一经隔潮(死亡时间超过 2 天)能引起食物中毒。鲐鱼肉质坚实,口味鲜美,烹饪上可蒸、红烧,以红烧为佳。

图 10-33　鲅鱼

图 10-34　鲐鱼

十二、真鲷

真鲷又称加吉鱼、红加吉、红立等,为鲷科真鲷属鱼类,如图 10-35 所示。真鲷分布于印度洋和太平洋西部,中国近海均产之,黄海、渤海产量较多,以秦皇岛所产的最佳。真鲷体侧扁,呈长椭圆形,自头部至背鳍前隆起。头大,口小,全身呈现淡红色,体侧背部散布着鲜艳的蓝色斑点,尾鳍后缘为墨绿色,背鳍基部有白色斑点。真鲷以鲜活、体形完整、肌肉有弹性、

图 10-35　真鲷

无伤痕、无腥臭味者为佳。真鲷每 100 克鱼肉中含蛋白质 19.3 克、脂肪 4.1 克、碳水化合物 0.5 克,还含有钙、磷、铁多种维生素等营养成分,具有清热消炎、补气活血、养脾祛风之功效。真鲷鱼肉滋味似鸡肉鲜美,故不少地方称它为"海底鸡",烹调方法有清蒸、清炖、红烧、煮汤等多种。菜肴如"清蒸加吉鱼"、"白汁红立"等。

十三、石斑鱼

石斑鱼又称石斑、鲙鱼,为鮨科石斑鱼亚科鱼类的总称,如图 10-36 所示。石斑鱼类广泛分布于大西洋、印度洋和太平洋的热带和亚热带海域。中国沿海分布的石斑鱼类有 11 个属 65 种,主要分布于东海、台湾海峡和南海,其中常见种类有赤点石斑鱼、青石斑鱼、斜带石斑鱼、点带石斑鱼、云纹石斑鱼、褐石斑鱼等。石斑鱼体呈椭圆形,稍侧扁,口大,体被小栉鳞,有时常埋于皮下。背鳍和臀鳍棘发达,尾鳍呈圆形或凹形,体色变异甚多,常呈褐色或红色,并具条纹和斑点。石斑鱼以鲜活、体形

完整、肌肉有弹性、无伤痕、无腥臭味者为佳。石斑鱼营养价值很高,富含蛋白质、维生素 A、维生素 D、钙、磷、钾等营养成分,是一种低脂肪、高蛋白的上等食用鱼,有温中益气、暖胃、润肌肤、益气养血、柔筋利骨等功效。石斑鱼肉厚刺少,肉呈蒜瓣状,口味鲜美,烹调方法以清蒸为佳。菜肴如"清蒸老鼠斑"。

十四、比目鱼

比目鱼为鲽形目所有鱼类的总称,包括鲆科、鲽科、鳎科、舌鳎科等科的鱼类,如图 10-37 所示。比目鱼广泛分布于各大洋的暖热海域中,种类繁多,全世界有 540 余种,中国有 120 种,主要类别有鲽、鲆、鲽、鳎、舌鳎等。比目鱼体甚侧扁,成鱼身体左右不对称,两眼位于头的一侧,口、牙、偶鳍均不对称。刚出生的比目鱼体形和正常的鱼类是一样的,两只眼睛位于头顶两侧,并且具有一个居中的嘴巴。当幼鱼逐渐长大,一只眼睛便逐渐移动到头顶,直至另一侧,嘴巴也逐渐扭曲,成年比目鱼永久性地以单侧躺在海底。比目鱼以鲜活、肉质细嫩富有弹性、鱼体无破损、无腥臭味者为佳。比目鱼富含蛋白质、维生素 A、维生素 D、钙、磷、钾等营养成分,尤其维生素 B_6 的含量颇丰,而脂肪含量较少,经常食用可增强智力,补虚益气,但不宜多食,有动气作用。比目鱼肉质鲜嫩,鱼刺较少,清蒸、红烧都很合适,还会被制作成罐头。它的肝脏还可以提炼鱼肝油。

图 10-36　石斑鱼　　　　　　　　　　图 10-37　比目鱼

十五、马面鲀

马面鲀又称橡皮鱼、剥皮鱼、面包鱼,为单角鲀科马面鲀属鱼类,如图 10-38 所示。马面鲀主要分布于太平洋西部,广泛分布于朝鲜、日本沿海以及东海、黄海,盛产于广东南部海区及北部湾海区。我国产的马面鲀因其鳍色不同分为绿鳍马面鲀和黄鳍马面鲀。马面鲀体较侧扁,呈长椭圆形。头与马面相似,头短,口小,体呈蓝灰色,无侧线。第一背鳍有 2 个鳍棘,第一鳍棘粗大并有 3 行倒刺。马面鲀以鲜活、肉质细嫩富有弹性、鱼体无破损、无腥臭味者为佳。马面鲀营养价值较高,每 100 克鱼肉含蛋白质 18.2 克、钙 50 毫克,还含有丰富的维生素及微量元素。其味甘、性平,可用于防治胃病、乳腺炎、消化道出血等症。马面鲀皮厚而韧,食用前需剥去。其肉质洁白、鲜美,呈蒜瓣状,鲜鱼在烹饪上以清蒸、红焖为佳。干制品经水发后,可炒、爆、烩等。马面鲀肝大,可制鱼肝油,鱼骨可做鱼排罐头,头、皮、内脏可以做鱼粉,皮可炼胶。

十六、鲨鱼

鲨鱼又称沙鱼、鲛鲨、鲛,为侧孔总目鲨鱼科鱼类,如图 10-39 所示。鲨鱼广泛分布在世界各大海洋中,种类较多,有 8 目 25 科,250～300 种,我国海域约有 130 种,如青鲨、阔鲨、狗鲨等。鲨鱼属于软骨鱼类,身上没有鱼鳔,调节沉浮主要靠它的肝脏。身体呈纺锤状,头两侧有腮裂,但类似普通鱼。除个别例外,典型的鲨鱼皮肤坚硬,呈暗灰色,牙齿状鳞片使皮肤显得粗糙。尾部强壮有力,不对称、上翘,鳍呈尖状,吻尖,前突,吻下有新月形嘴及三角形尖牙。鲨鱼体表有坚实的皮肤保护,因而不易腐败,以外观颜色鲜艳、有光泽、鳃孔黏液滑、透明无异味者为佳。鲨鱼肉中含有大量的蛋白质、脂肪、胶原蛋白以及多种无机盐、维生素、脂肪酸。鱼翅含有多种蛋白以及降血脂、抗动脉硬化及抗凝成分,常吃可美容,防治冠心病。鲨鱼肝是提取鱼肝油的主要来源,它能增强体质,健脑益智,预防干眼症、夜盲症和佝偻病。鲨鱼肉质粗糙有韧性,烹调前应先剥皮或去沙。鲨鱼可鲜食、蒸食、腌制,或作为鱼香肠、鱼膏、鱼罐头等的原料。鲜食时,由于肉中含有尿素,可用柠檬汁或番茄汁除去尿素,以提高肉的质量。

图 10-38　马面鲀

图 10-39　鲨鱼

十七、鳐鱼

鳐鱼为鳐形目鱼类,是多种扁体软骨鱼的统称,如图 10-40 所示。鳐鱼在中国沿海均有分布,黄海最多,代表品种有孔鳐、斑鳐等。鳐鱼体呈圆形或菱形,胸鳍宽大,由吻端扩伸到细长的尾根部。有些种类具有尖吻,它们的身体扁平,尾巴细长,有些种类的鳐鱼尾巴上长着一条或几条边缘生出锯齿的毒刺。体呈单色或具有花纹,多数种类脊部有硬刺或棘状结构,有些尾部内有发电能力不强的发电器官。鳐鱼以鲜活、黏液透明光滑、肉质富有弹性、鱼体无破损、无腥臭味者为佳。鳐鱼每 100 克鱼肉含蛋白质 20.8 克、脂肪 0.7 克,富含维生素 A、铁、钙、磷等营养成分,有养肝补血、泽肤养发的功效。鳐鱼含有丰富的镁,对心血管系统有很好的保护作用。鳐鱼肉质较粗,腥味大,加工时须刮去鳞,烹调时应多放醋、料酒、葱、姜、蒜等去腥。烹调方法以烧、焖、炖为佳。

十八、金枪鱼

金枪鱼又名鲔鱼、吞拿鱼,是鲈形目鲭科鱼类的统称,如图 10-41 所示。金枪鱼在太平洋、大西洋、印度洋都有广泛的分布,我国东海、南海也有分布。从渔业利用的角度可以将金枪鱼分为黄鳍金枪鱼、大眼金枪鱼、蓝鳍金枪鱼、长鳍金枪鱼、鲣鱼和马苏金枪鱼 6 种,以蓝鳍金枪鱼最为稀有、名贵。金枪鱼体呈纺锤形,具有鱼雷体形,粗壮而圆,向后渐细尖而尾基细长,尾鳍为叉状或新月形。背侧较暗,腹侧银白,通常有彩虹般的光芒和条纹。金枪鱼以鲜活、肉质富有弹性、鱼体无破损、无污染者为佳。金枪鱼肉色为红色,营养价值高,蛋白质含量高达 20%,含有维生素、丰富的铁、钾、钙、镁、碘等多种矿物质和微量元素。金枪鱼鱼肉中脂肪酸大多为不饱和脂肪酸,DHA 和 EPA 含量具各种食物之首。金枪鱼生鱼片堪称生鱼片之中的极品,除生食以外,常用烧、煎、烤、炸等方式成菜。菜肴如"金枪鱼寿司"、"糖醋金枪鱼球"等。金枪鱼还可以用来制作成金枪鱼罐头。

十九、黄姑鱼

黄姑鱼又称黄姑子、黄铜鱼、罗鱼、铜罗鱼,为石首鱼科黄姑鱼属鱼类,如图 10-42 所示。黄姑鱼分布于中国、朝鲜、日本南部,我国黄海、渤海、东海及南海均有分布。黄姑鱼外形与小黄鱼相似,一般体长 20～30 厘米,体重 300～700 克。体延长,侧扁,头钝尖,吻短钝,微突出。体背部呈浅灰色,两侧呈浅黄色,胸、腹及臀鳍基部带红色,有多条黑褐色波状细纹斜向前方,尾鳍呈楔形。黄姑鱼以鲜活、肉质富有弹性、鱼体无破损、无污染、无腥臭味者为佳。黄姑鱼每 100 克鱼肉含蛋白质 18.4

图 10-40　鳐鱼

图 10-41　金枪鱼

克、脂肪 7 克、胆固醇 166 毫克,以及多种维生素。黄姑鱼肉味甘、咸,性平,具有补肾、利水、消肿的功效,适合用于治疗肾炎水肿等病症。黄姑鱼与黄花鱼虽然只一字之差,但是味道相差很大,黄姑鱼肉质较黄花鱼松粗,鲜美嫩滑程度不及黄花鱼。黄姑鱼刺少,肉呈蒜瓣形,烹调方法宜清炖、红烧、油炸等。

二十、鮸鱼

鮸鱼又称鳘鱼、米鱼、敏鱼,为石首鱼科鮸鱼属鱼类,如图 10-43 所示。鮸鱼分布于北太平洋西部,包括中国的渤海、黄海及东海,朝鲜和日本南部。中国尤以东海的舟山群岛产量最大,是宁波一带的海渔特产之一。鮸鱼形似鲈鱼,体长而侧扁,背、腹部浅弧形,一般体长 45～55 厘米、体重 500～1000 克,大的个体可达 10 多千克。头小尖突,吻短,钝尖,体背部为银灰褐色,腹部为灰白,背鳍为灰黑。鮸鱼以鲜活、肉质富有弹性、鱼体无破损、无污染、无异味者为佳。鮸鱼富含蛋白质、脂肪、胆固醇、维生素和钙、磷、镁、钾等矿物质,营养价值极高。鮸鱼味甘、咸,性平,有养血、止血、补肾固精、润肺健脾和消炎功效。鮸鱼肉鲜嫩似黄鱼,无腥味,肉质能和野生大黄鱼相媲美。鮸鱼的食用方法以清蒸、红烧、煮汤为佳。

图 10-42　黄姑鱼

图 10-43　鮸鱼

任务三　鱼类原料的品质检验与储藏

任务描述

本任务主要介绍用感官检验法对鱼类原料进行品质检验,以及如何采取科学合理的方法对鱼类原料进行储藏。以便学生更好地掌握和了解鱼类原料的品质检验与储藏。

任务目标

掌握鱼类原料品质检验的标准和方法,掌握鱼类原料储藏方法。

任务评价

一、鱼类原料的品质检验

市场上的商品鱼主要有活鱼、鲜鱼、冰冻鱼三种类型。在选料时以感官检验法为主。

（一）活鱼

海水鱼出水后容易死亡,市场上销售的活鱼以淡水鱼为主。质量好的活鱼水中游动活泼,对外界的刺激有敏锐的反应,体表有一层清洁透亮的黏液,身体各部分如口、眼、鳃、鳞、鳍都完整无缺。质量差的活鱼行动迟缓,容易翻背,体表常有伤残。

（二）鲜鱼

鲜鱼的质量主要取决于鱼的新鲜度,鱼的新鲜度主要是根据鱼鳃、鱼鳞、鱼眼、鱼鳍、鱼唇、鱼肉的弹性,体表的黏液、气味以及鱼肉的色泽进行鉴别。

❶ **鱼鳃**　新鲜鱼的鳃盖紧密,鳃内整洁,鳃板色泽鲜红,黏液少且透明,无异味;不新鲜鱼的鳃盖松弛,鳃板灰黑色,黏液多,有腥臭味。

❷ **鱼鳞**　新鲜鱼的鱼鳞完整,有光泽,牢固紧密,不易脱落,无黏液或有少量透明无异味的黏液;不新鲜鱼的鱼鳞光泽稍差,黏液较多,鱼鳞易掉落,有异味。

❸ **鱼眼**　新鲜鱼的眼球饱满,澄清而透明,无充血现象;不新鲜鱼的鱼眼凹陷,色泽灰暗,有时因内部溢血而发红。

❹ **鱼鳍**　新鲜鱼的鱼鳍表面表皮完好;不新鲜鱼的鱼鳍部分破裂,甚至翅骨暴露而散开。

❺ **鱼唇**　新鲜鱼的鱼唇肉质结实,色泽正常;不新鲜鱼的鱼唇苍白无光泽。

❻ **鱼肉**　新鲜鱼的肉质紧密有弹性,肋骨与脊骨处的鱼肉组织很结实;不新鲜鱼的肉质松弛,骨肉易分离。

❼ **体表**　新鲜鱼的体表清洁,黏液较少,气味正常,有弹性,用手按压的凹陷处可马上恢复,鱼腹不胀大;不新鲜的体表黏液较多,有异味,透明度下降,失去弹性,用手按压凹陷处不能马上平复。

（三）冰冻鱼

冰冻鱼的鱼体应当是坚硬的,温度应在 $-8\sim -6$ ℃。其质量好坏主要跟鱼在冰冻之前的质量有密切关系,其新鲜度在冰冻状态下不易鉴别。通常应观察以下特征:

❶ **鱼体**　质量好的冰冻鱼的鱼鳞完整,色泽鲜亮,鱼体无残缺;质量差者鱼鳞不完整,皮色暗淡无光,鱼体有残缺。

❷ **鱼眼**　质量好的冰冻鱼的眼球凸起,角膜清亮;质量差者眼球凹陷,无光泽,且黑白不分明。

❸ **鱼肛门**　质量好的冰冻鱼的肛门完整不破,不凸出;质量差者肛门松弛、凸出,甚至破裂。

二、鱼类原料的储藏

鱼类原料的储藏应针对原料不同的情况,选择科学合理的储藏方法,保持原料的新鲜度。

（一）活养

活养是保持鱼类新鲜度的最佳办法,既可保持鱼类鲜活的状态,又能减少鱼类原料体内的污染,减少异味。

❶ **鱼池**　鱼池要求宽阔、清洁,新建的鱼池须经过消毒、水泡,水泡时间不低于 15 天。

❷ **水质**　不同品种的鱼类应选用不同水质的水。淡水鱼可直接用清水,海水鱼最好用天然无污染的海水,或使用"海水晶"按比例冲入清水中,也可在清水中加入适量浓度的盐。

❸ **水温**　大多数鱼类最适宜的水温在 $20\sim 30$ ℃,因此水池须有控温设备。

❹ **氧气**　鱼池须安装供氧设备,保持鱼池内有足够的氧气,提高鱼类存活率。

（二）冷藏

冷藏是将新鲜的鱼类原料冷却至 0 ℃左右,然后控制在 0～2 ℃的低温环境下保存。此方法储藏时间较短,但对鱼类原料的品质影响最小,适用于鱼类原料短时间保鲜。

（三）冰藏

冰藏是水产品保鲜时储运中使用最早、最普遍的一种保鲜方法。冰藏保鲜就是将一定比例的冰或冰水混合物与鱼体混合,放入可密封的泡沫箱或船舱,利用冰或冰水降温的一种保鲜方法。用于冰藏保鲜的冰有淡水冰和海水冰。对于冰的选用,一般认为,淡水鱼可用淡水冰,也可用海水冰,而海水鱼最好用海水冰。

（四）冷冻

冷冻是将鱼类原料在冰点以下的低温中(－20 ℃左右)储存。分为普通冻结和快速冻结两种方式,以快速冻结为佳。鱼类原料在冷冻前须清洗鱼体,去净内脏,滤干水分。

任务评价

同步测试

项目小结

本项目主要介绍了淡水鱼、海水鱼原料的品种、产地、形态特征、营养保健、质量标准、烹饪应用,以及鱼类原料的品质检验和储藏。学好本项目内容,将为进一步学习烹饪工艺打下良好的基础。

Note

项目十一

动物性原料——无脊椎动物类

扫码看课件

项目描述

在动物分类中,根据动物身体中有没有脊椎骨而分成脊椎动物和无脊椎动物两大类。无脊椎动物的种类数占动物总种类数的95%,约有120万种,人们认知、可作为烹饪原料的还不足千分之一。

项目目标

了解无脊椎动物类原料的分类,熟悉烹饪中常见的无脊椎动物的种类(品种),掌握主要无脊椎动物类原料的分布、主要特征、营养成分及烹饪特点,掌握无脊椎动物类原料的品质检验和储藏,能正确识别不同种类的无脊椎动物类原料,能根据菜肴的不同要求选择无脊椎动物类原料,能正确运用感官鉴定的方法判断无脊椎动物类原料的新鲜度。

任务一 无脊椎动物类原料概述

任务描述

本任务主要介绍与烹饪原料有关的棘皮动物门、软体动物门、有刺胞动物门、节肢动物门等无脊椎动物主要门类的特征。

任务目标

了解无脊椎动物类原料的分类,了解常用于烹饪原料的无脊椎动物主要门类的概况,掌握常用于烹饪原料的无脊椎动物每门的种类。

无脊椎动物是背侧没有脊柱的动物,它们是动物的原始形式。其主要特征是神经系统呈索状,位于消化管的腹面,心脏位于消化管的背面,无骨骼或仅有外骨骼,无真正的内骨骼和脊椎骨。无脊椎动物主要包括原生动物门、棘皮动物门、软体动物门、扁形动物门、环节动物门、节肢动物门、刺胞动物门等,常作为烹饪原料的主要有以下几门。

一、节肢动物门

节肢动物门是动物界最大的一门,通称节肢动物。节肢动物生活环境极其广泛,无论是海水、淡水、土壤、空中都有它们的踪迹。节肢动物门常见的烹饪原料主要是虾类、蟹类。

二、软体动物门

软体动物种类繁多,分布广泛,是动物界中仅次于节肢动物的第二大门类。软体动物门常见的烹饪原料主要是鱿鱼、墨鱼、鲍鱼、牡蛎、海螺、河蚌等。

三、棘皮动物门

棘皮动物全为海产,从浅海到数千米的深海都有广泛分布,现有 6000 多种,中国已发现 500 多种。棘皮动物门常见的烹饪原料主要是海参、海胆、海星。

四、刺胞动物门

刺胞动物大多数生活在浅海,有些生活在深海,现存种类大约有 11000 种。刺胞动物门常见的烹饪原料主要是海蜇。

任务评价

任务二　节肢动物类原料

→ 任务描述

本任务主要介绍烹饪中使用广泛的虾、蟹等的品种、产地、形体特征、营养价值及烹饪运用。

→ 任务目标

掌握虾的种类、特征、产地及烹饪运用,掌握蟹的种类、特征、产地及烹饪运用,熟悉虾蟹类原料的营养成分。

一、虾类

虾为节肢动物门甲壳纲动物。虾的种类很多,大多数生活在海水中,少数生活在淡水中。作为烹饪原料的虾主要有龙虾、小龙虾、对虾、基围虾、草虾、白虾、毛虾、虾蛄、琵琶虾等。

图 11-1　龙虾

（一）龙虾

龙虾又称龙头虾、虾魁,为龙虾科虾类的统称,如图 11-1 所示。现分布于世界各大洲,品种繁多,中国的龙虾种类主要有中国龙虾、波纹龙虾、锦绣龙虾、密毛龙虾等。龙虾的头胸部较粗大,外壳坚硬,色彩斑斓,腹部短小,是虾类中最大的一类。夏秋季是产销旺季。龙虾肉质细嫩,色泽洁白,滋味鲜美,适宜于焗、滑炒、蒸、炸、熘等烹调方法,一般多用于宴席大菜,菜肴如"粤式焗龙虾"、"百合龙虾"、"清炸龙虾"、"龙虾刺身"等。

（二）小龙虾

小龙虾又称克氏原螯虾、红螯虾,为螯虾科原螯虾属虾类,如图 11-2 所示。原产于美国南部路易斯安那州,1918 年引入日本,1929 年经日本进入中国,是我国主要的淡水经济虾类。小龙虾生活在水体较浅、水草丰盛的湿地、沟渠、池塘、湖泊和河沟内,我国主要产于江苏盱眙、湖北潜江、江西鄱阳湖、安徽合肥等地,每年的 5—8 月是小龙虾的盛产期。小龙虾肉质鲜美,风味独特,蛋白质含量高,脂肪含量低,烹调方法主要有烧、焖、蒸等,口味上以香辣、麻辣、咸香为主,菜肴如"香辣小龙虾"、"麻辣小龙虾"、"十三香小龙虾"、"蒜茸小龙虾"等。

图 11-2　小龙虾　　　　　　　　　　　　图 11-3　对虾

（三）对虾

对虾又称东方对虾、中国对虾、明虾,是对虾科对虾属的统称,如图 11-3 所示。对虾可分为定居型和洄游型两种,世界各大洲均有分布,我国黄海、渤海等沿海地区是对虾的重要产地。对虾在中国北方常成对出售,故称为对虾。对虾肉质细嫩,味道鲜美,营养丰富,含有丰富的维生素和镁、磷、钙等人体必需的物质。对虾一般适宜蒸、焖、炸、煎、烧、焗、白灼等烹调方法,菜肴如"油焖大虾"、"炸烹大虾"、"水晶虾仁"、"白灼大虾"、"椒盐大虾"等。

（四）基围虾

基围虾学名刀额新对虾,俗称沙虾、泥虾等,因海水围基养殖而得名,为对虾科新对虾属虾类。基围虾主要分布于中国、日本、菲律宾、马来西亚、印尼及澳大利亚一带,在我国广泛分布于福建、台湾、广东和广西沿海地区。基围虾形态似对虾但略小,壳色透明泛青、泛黄,壳薄肉厚,市场上常常以活虾出售而深受消费者青睐,是目前"海虾淡养"的优良品种。食用方法基本同对虾。

（五）草虾

草虾学名斑节对虾,又称鬼虾、竹节虾等,为对虾科对虾属虾类。由于该虾喜欢栖息于水草场所,故称为草虾。草虾生命力强,个体大,是对虾属中最大的一种,在我国分布于浙江、福建、海南、广西海域及台湾沿海地区。草虾具有生长快、食性杂、养殖周期短、肉味鲜美、营养丰富、成虾产量高等特点。食用方法基本同对虾。

（六）白虾

白虾为长臂虾科白虾属虾类的统称。由于该虾甲壳较薄,色素细胞少,平时身体透明,死后肌肉呈白色,故称为白虾。我国约有 4 种,为脊尾白虾、秀丽白虾、安氏白虾、东方白虾,其最常见的为脊尾白虾。我国沿海和湖泊中均产,以黄海、渤海居多,著名的"太湖三白"之一。除供鲜食外,还可干制成海(虾)米,卵可干制成虾子,皆可作为鲜味调味品。一般适宜于炒、煮、蒸、醉等烹调方法,菜肴如"盐水虾"、"清炒虾仁"、"白虾炒韭菜"、"白虾蒸蛋"、"醉虾"等。

（七）毛虾

毛虾又称小白虾、水虾,为樱虾科毛虾属虾类的统称。毛虾广泛分布于印度洋、太平洋和大西洋,我国约有 6 种,常见的、产量最大的是中国毛虾,我国辽宁、山东、河北、江苏、浙江、福建等地沿海均有分布。毛虾体小,皮薄,肉少,除可供鲜食外,主要用于加工虾皮、虾酱、虾油等。一般适宜于炒、拌、煮、余等烹调方法,菜肴如"虾皮炒蛋"、"虾皮紫菜汤"、"虾皮拌豆腐"等。

（八）虾蛄

虾蛄又称螳螂虾、虾爬子、皮皮虾等,为虾蛄科口虾蛄属虾类,如图11-4所示。虾蛄全世界约有400种,绝大多数种类生活于热带和亚热带海域,少数见于温带海域,我国沿海均有分布,南海种类最多,已发现80余种。虾蛄富含蛋白质、纤维素等营养物质以及钾、锌、铁、镁、磷、硒等元素。虾蛄肉质含水分较多,肉味鲜甜嫩滑,清淡而柔软,并且有一种特殊诱人的鲜味,一般适用于煮、炒、炸等烹调方法,菜肴如"椒盐皮皮虾"、"香辣皮皮虾"、"炒富贵虾球"等。

图 11-4　虾蛄　　　　　　　　　　　　　　　图 11-5　九齿扇虾

（九）九齿扇虾

九齿扇虾又称琵琶虾、虾排,为蝉虾科扇虾属虾类,如图11-5所示。九齿扇虾在日本、菲律宾、澳大利亚近海均有分布,我国主要分布于东海、南海,是南海地区经济价值较大的虾类之一。九齿扇虾虾头胸甲极扁平,体被褐红色硬甲,尾部呈薄扇状,因形似乐器中的琵琶而得名琵琶虾。琵琶虾肉质鲜美、软嫩,色泽洁白,但外壳坚硬,食用不太方便。

二、蟹类

蟹为节肢动物门甲壳纲动物。雌蟹的腹部为圆形,称为"圆脐",雄蟹的腹部为三角形,称为"尖脐"。雌蟹体内发达的卵巢和消化腺呈橘黄色,味鲜美,称为"蟹黄";雄蟹的性器官及分泌物自然状态为青白色半透明果冻状液体,蒸熟后为半透明白色膏状物,称为"蟹膏"。蟹的种类很多,在我国有600种以上,以海产蟹居多。常见的食用价值较高的有梭子蟹、青蟹、帝王蟹、河蟹等。

❶ 梭子蟹　梭子蟹又称三疣梭子蟹、枪蟹、海螃蟹等,为梭子蟹科梭子蟹属蟹类,如图11-6所示。我国沿海均产,现已人工饲养,是食用价值、经济价值较高的蟹类之一。其头胸甲呈梭形,稍隆起,表面有3个显著的疣状隆起,故有三疣梭子蟹之名。雄蟹背面为茶绿色,雌蟹背面为紫色,腹面均为灰白色。梭子蟹肉质细嫩、洁白,滋味鲜美,一般适宜于蒸、炒、烹、焗等烹调方法,菜肴如"姜葱焗蟹"、"香辣蟹"、"清蒸梭子蟹"等。

❷ 青蟹　青蟹又称锯缘青蟹、膏蟹、肉蟹等,为梭子蟹科青蟹属蟹类,如图11-7所示。我国主要分布于浙江省以南的沿海水域。其甲壳略呈椭圆形,两侧较尖,头胸部发达,双螯强有力,头胸甲表面有明显的"H"形凹痕,背面及附肢呈青绿色。一般把肥大多肉的雄蟹称为肉蟹,把交配后性腺成熟的雌蟹俗为膏蟹。每年中秋至冬初,青蟹脂膏丰满,肉质鲜嫩,适宜的烹调方法有蒸、炒、烹、焗、烩等,菜肴如"清蒸膏蟹"、"姜葱肉蟹"、"香辣肉蟹"、"烩肉蟹羹"等。

❸ 皇帝蟹　皇帝蟹学名巨大拟滨蟹,又称澳洲皇帝蟹、澳洲巨蟹,为哲蟹科拟滨蟹属蟹类,如图11-8所示。皇帝蟹是海鲜中的上品,产于澳大利亚塔斯马尼亚岛,是世界上最重的螃蟹之一。皇帝蟹甲壳较为坚硬,呈红白色,甲壳为扇形,螯足粗壮,钳指为黑色,多膏多肉。皇帝蟹蟹肉结实,一般适宜于煮、炒、煲粥等烹调方法。

图 11-6　梭子蟹

图 11-7　青蟹

图 11-8　皇帝蟹

图 11-9　面包蟹

❹ **黄道蟹**　黄道蟹为黄道蟹科黄道蟹属蟹类的统称,分布于世界各海洋中,生活在大陆沿岸浅海,栖息于潮间带岩石质海底,为欧美国家重要的经济蟹类,主要用来食用的有首长黄道蟹(珍宝蟹)、普通黄道蟹(面包蟹)、北黄道蟹(乔纳蟹)等。本文只介绍产量较大、食用价值较高的普通黄道蟹(面包蟹)。普通黄道蟹又称面包蟹,如图 11-9 所示,主要分布于太平洋海域。面包蟹体型粗壮,呈红褐色,甲壳呈椭圆形,第一步足为一对强壮的钳,钳指及掌指黑色。面包蟹是英国、法国、爱尔兰、挪威等国的重要水产,因此也常常被称为"英国面包蟹"或"爱尔兰黄金蟹"。

❺ **帝王蟹**　帝王蟹又称阿拉斯加帝王蟹、堪察加拟石蟹,为石蟹科拟石蟹属蟹类,如图 11-10 所示。帝王蟹主要分布于北太平洋的冷水海域,因其体型巨大而得名,素有"蟹中之王"的美誉。帝王蟹不是真正的螃蟹,真正的螃蟹有四对脚加上一对蟹钳子,脚关节的连接处是往前曲,帝王蟹则只有三对脚加上一对蟹钳。我国周边海域不产,以进口的速冻产品为主。

图 11-10　帝王蟹

图 11-11　河蟹

❻ **河蟹**　河蟹学名中华绒螯蟹,又称毛蟹、湖蟹、大闸蟹、清水蟹,为弓蟹科绒螯蟹属蟹类,如图 11-11 所示。河蟹广泛分布于我国的江、河、湖泊中,著名的品种有苏州阳澄湖大闸蟹、天津七里海河蟹、鄂州梁子湖大闸蟹等。其头胸甲呈方圆形,质地坚硬,身体最前端的一对附肢叫螯足,表面长满绒毛,成蟹背面呈墨绿色,腹面呈灰白色。河蟹适宜的烹调方法较多,由于肉质细嫩、滋味鲜美,最适合清蒸、水煮。

❼ **蛙形蟹**　蛙形蟹又称蛙蟹、老虎蟹,为蛙蟹科蛙蟹属蟹类,因其外形似蛙,故称蛙蟹,如

图 11-12 所示。蛙形蟹主要分布于日本、澳大利亚、南非以及我国东海、南海。其头胸甲呈蛙形,长度大于宽度且前半部宽于后半部,侧面密盖长毛,背面隆起,具鳞状锐刺,呈鲜艳的橘红色,螯足壮大、对称,掌节扁平,步足呈桨状。蛙形蟹体大,肉肥,味道鲜美,食用方法同前面的大型肉质蟹。

图 11-12 蛙形蟹

任务三 软体动物类原料

任务描述

在烹饪中,软体动物类原料高蛋白、低脂肪、低胆固醇,是一类营养价值和食用价值较高的原料,其中有一些是海味珍品,如鲍鱼、象拔蚌等。本任务主要介绍软体动物类原料中常见的品种、形体特征、产地及烹饪应用。

任务目标

掌握腹足类原料的种类、特征、产地及烹饪运用,掌握瓣鳃类原料的种类、特征、产地及烹饪运用,掌握头足类原料的种类、特征、产地及烹饪运用,熟悉软体动物类原料的营养成分。

一、腹足类

腹足类为软体动物门的一个纲,绝大多数种类体外由外套膜和外套膜分泌物形成一发达的贝壳,头、足、内脏囊均可缩入壳内。壳因种类不同,在形状、颜色、花纹及壳面装饰上表现出多样性。腹足类主要生活于海洋、湖泊、河流、沼泽、水田中,也有的生活在潮湿的草地森林中。

❶ **鲍鱼** 鲍鱼俗称为海耳、鰒鱼、镜面鱼等,是鲍科鲍属动物的通称。鲍鱼通常生长在水温较低的海底,足迹遍及太平洋、大西洋和印度洋,我国东北部也是传统产区。全世界鲍鱼有 200 余种,分布在我国的有 8 种,其中又以渤海湾出产的皱纹盘鲍(图 11-13)和东南沿海的杂色鲍最为多见,现已人工养殖。鲍鱼的单壁壳质地坚硬,壳形右旋,表面呈深绿褐色,壳内侧紫、绿、白等色交相辉映,具有珍珠光泽。软体部分有一个宽大扁平的肉足,为扁椭圆形,黄白色。鲍鱼肉质鲜美,营养丰富,有极高的食用价值和经济用途,被誉为海鲜"八珍"之一。有生鲜品、速冻品、罐头制品、干制品。鲜、速冻品适合爆、炒、炝、氽、清蒸等旺火速成的烹调方法,以体现鲜美脆嫩的特点;罐头制品、干制品涨发后适合扒、烧、蒸、烩、煨等烹调方法,辅以鲜汤,调味以鲜咸为主。菜肴有"清蒸原壳鲍鱼"、"红烧鲍鱼"、"扒鲍鱼"、"蚝油鲍鱼"、"一品鲍鱼"等。

❷ **红螺** 红螺又称皱红螺、海螺,为骨螺科红螺属动物,如图 11-14 所示。我国常见的红螺有两

种：一种个体较大，以渤海湾产量较高，主要产地有大连、烟台、威海、青岛等地；另一种个体较小，只产于南方沿海，称为皱红螺。红螺在浅海的泥沙滩上生活，其壳大而坚厚，呈灰黄色或褐色，壳面粗糙，具有排列整齐而平的螺肋和细沟；壳口内面很光滑，呈橘红色，有珍珠光泽，所以称为红螺。螺肉特别是足部的肌肉肥厚，经出肉加工后可爆、炒、烧、汆、煮等，菜肴如"油爆海螺"、"红烧海螺"、"鸡蓉海螺"、"竹笋海螺汤"等。大螺壳可作为菜肴的盛装器皿，还可做乐器、工艺品。

图 11-13　皱纹盘鲍

图 11-14　红螺

❸ **田螺**　田螺学名中国圆田螺，为田螺科圆田螺属动物，如图 11-15 所示。我国各地的淡水湖泊、水库、稻田、池塘、沟渠均广泛分布，现已人工养殖。田螺贝壳大，壳薄而坚固，呈圆锥形，壳表面光滑呈黄褐色或深褐色，壳口边缘呈黑色。田螺营养丰富，肉质脆嫩，滋味鲜美，可洗净泥沙带壳烹调，口味以香辣、麻辣为主；出肉加工后可爆、炒、汆、烩等。菜肴如"香辣田螺"、"麻辣田螺"、"炒田螺片"、"辣爆田螺"等。

❹ **蜗牛**　蜗牛不是生物学上一个分类的名称，一般是指腹足纲蜗牛科、大蜗牛科、玛瑙螺科的陆生所有种类的通称。世界各地皆有，在我国各省区都有分布。蜗牛整个躯体包括眼、口、足、壳、触角等部分，身背螺旋形的贝壳，眼睛长在头部的一对触角上。现国内养殖的品种有法国蜗牛、白玉蜗牛、非洲大蜗牛等，食用价值较高的为白玉蜗牛，如图 11-16 所示。蜗牛具有很高的营养价值，属高蛋白、低脂肪、富含微量元素的保健食品，颇受欧美人士的喜爱，是西餐中的上等原料。其肉质软嫩，滋味鲜美，可带壳烹调，也可出肉加工后烹调，适宜的烹调方法有爆、炒、焗等。菜肴如"法式焗蜗牛"、"香辣蜗牛"、"蚝油蜗牛"等。

图 11-15　田螺

图 11-16　白玉蜗牛

❺ **瓜螺**　瓜螺又称油螺、红塔螺，为涡螺科瓜螺属动物，如图 11-17 所示。常见于我国台湾、福建、广东等沿海，主要产于海南三亚、琼海和文昌沿海。瓜螺生活于较深的浅海泥沙质海底。贝壳大，近球状，壳光滑，质薄而脆，呈灰褐色，杂有棕色斑块，壳面有细密的生长纹，足块肥大，有花纹。瓜螺肉质肥美，营养丰富，经出肉加工后可爆、炒、烧、汆、煮等。

二、瓣鳃类

瓣鳃类为软体动物门的一个纲,大部生活于海洋中,仅少部分生活于淡水中。瓣鳃类动物种类较多,其中有些品种肉味鲜美,营养丰富,是餐桌上的美味珍馐,作为烹饪原料的有贻贝、牡蛎、扇贝、蚶、江珧、蛤蜊、蛏等;还有一些产珍珠,有极高的经济价值。

❶ **河蚌** 河蚌又称蚌壳,为蚌科动物的统称,如图 11-18 所示。河蚌广泛分布于我国各地的江、河、湖、泊、水库、沟渠及池塘中,常见的主要品种有三角帆蚌、褶纹冠蚌、背角无齿蚌等。河蚌身体侧扁,贝壳大,两侧贝壳不对称,壳长可达 20 厘米,呈有角突的卵圆形,幼体壳面呈黄绿色或黄褐色,成体蚌的壳面呈黑褐色或黄褐色。河蚌的营养价值很高,富含蛋白质、矿物质和维生素,其肉质鲜嫩,滋味鲜美,但蚌在加热时要加热至熟透,以免传染上肝炎等疾病。适宜的烹调方法有烧、炖、煨、煮、烩、蒸等,菜肴如"老蚌怀珠"、"河蚌狮子头"、"腊味河蚌"、"河蚌炖豆腐"等。

图 11-17 瓜螺

图 11-18 河蚌

❷ **河蚬** 河蚬又称为蚬、黄蚬、沙螺等,为蚬科蚬属动物,如图 11-19 所示。河蚬广泛分布于我国各淡水域中,常栖息于底质多为泥沙的江河、湖泊特别是咸淡水交汇的江河口。河蚬贝壳比河蚌小,呈圆底三角形,一般壳长 3 厘米左右,壳高与壳长相近似,壳厚而坚硬,两壳膨胀壳顶高,壳面具有光泽,颜色因环境而异,常呈棕黄色、黄绿色或黑褐色。适宜的烹调方法有炒、爆、烧、汆、煮等,菜肴如"香辣河蚬"、"汆河蚬"、"河蚬炒时蔬"、"煲蚬粥"等。

❸ **象拔蚌** 象拔蚌学名称是太平洋潜泥蛤,又称管蛤、皇帝蚌、女神蛤,为缝栖蛤科潜泥蛤属动物,如图 11-20 所示。原产地在美国和加拿大北太平洋沿海,现在我国东南沿海各地已规模化养殖。象拔蚌壳长 18～23 厘米,虹管可伸展达 1.3 米,不能缩入壳内,体重连壳可达 3.6 千克,壳薄而脆,两侧对称相等,身体侧扁。象拔蚌营养价值高,有一定的食疗作用,是名贵的烹饪原料。象拔蚌非常鲜嫩,一般采用爆、炒、汆、灼、蒸等旺火速成的烹调方法,调味宜淡色轻口,菜肴如"刺身象拔蚌"、"五彩象拔蚌"、"蒜蓉蒸象拔蚌"、"白灼象拔蚌"等。

图 11-19 河蚬

图 11-20 象拔蚌

④ **蚶** 蚶又称毛蚶、蚶子,为蚶科动物的统称,如图 11-21 所示。我国有 50 余种,分布于我国沿海潮湿带或浅海区,常见的有魁蚶、泥蚶、毛蚶三种。其贝壳坚厚,两壳表面有自顶部发出的规则、粗壮的放射肋,肋与肋之间形成小沟,形似瓦垄。蚶肉质嫩,味道鲜美,有些污染水域的毛蚶携带有甲型肝炎病毒,忌生食,通常需加热 5～10 分钟。适宜于炒、爆、汆、烩、焗、烤、蒸等烹调方法。

⑤ **贻贝** 贻贝又称壳菜、海虹,俗称青口,为贻贝科贻贝属动物,如图 11-22 所示。我国沿海均有分布,主要产于渤海、黄海沿岸。其贝壳呈楔形,前端尖细,后端宽广而圆;一般壳长 6～8 厘米,壳薄,左右对称,壳面呈紫黑色,具有光泽,生长纹细密而明显,自顶部起呈环形生,壳内面呈灰白色,边缘部为蓝色,有珍珠光泽。食用价值较高的品种有紫贻贝、厚壳贻贝、翡翠贻贝等。贻贝肉质鲜嫩,有鲜活品、冰鲜品、干制品、罐头制品,煮熟后加工成干品为淡菜,还可以其鲜汤、肉汁加工鲜味调味品。鲜品适宜于炒、爆、汆、烩、焗、烤、蒸等烹调方法,干品涨发后适宜于烧、焖、炖、扒等方法。菜肴如"蒜茸蒸青口"、"香葱烤贻贝""法式焗贻贝"、"红烧淡菜"等。

图 11-21 蚶

图 11-22 贻贝

⑥ **牡蛎** 牡蛎又称海蛎子、蚝、蛎子等,为牡蛎科牡蛎属贝类的统称,如图 11-23 所示。牡蛎是世界上第一大养殖贝类,属全球性分布物种,我国拥有丰富的牡蛎资源,主要产地为辽宁、山东、浙江、福建、广东、广西等。其壳形不规则,因种类的不同而有差异,呈圆形、卵圆形、三角形不等;壳的大小、厚薄因品种而异,主要的品种有长牡蛎、褶牡蛎、近江牡蛎、大连湾牡蛎等。牡蛎肉质细嫩,味道鲜美,营养丰富,有较高的食用价值,其肉与壳均可入药,具有较高的药用价值。鲜品适宜于炒、爆、汆、涮、炸、烤、蒸、焗、煎、烧等多种烹调方法;除鲜食外,还可干制成蚝豉、熬制成蚝油、加工成罐头。菜肴如"清蒸海蛎子"、"炸蛎黄"、"烤生蚝"等。

⑦ **蛤蜊** 蛤蜊又称蛤,为蛤蜊科贝类的统称,如图 11-24 所示。世界各大洋都有分布,我国沿海已发现 30 余种,常见的有西施舌、四角蛤蜊和中国蛤蜊等品种。其贝壳两壳等大,壳形因品种的不同而呈三角卵圆形、卵圆形、四角形等,贝壳较厚,有的种类两壳闭合,大多数种类一端开口或两端开口,壳面光滑,有同心生长纹。蛤蜊营养丰富,肉质细嫩,滋味鲜美,适宜于炒、爆、汆、蒸、烧、炖等烹调方法,菜肴如"蛤蜊蒸蛋"、"麻辣蛤蜊"、"芙蓉蛤蜊"等。

图 11-23 牡蛎

图 11-24 蛤蜊

⑧ **花蛤**　花蛤学名菲律宾帘蛤，又称杂色蛤、蚬子，为帘蛤科花帘蛤属贝类，如图11-25所示。花蛤广泛分布于我国沿海各海域，是我国主要的养殖贝类。壳坚固，壳瓣左右相等，外形略呈椭圆形，壳面有清晰可见的浅色和深色细密的放射肋，贝壳表面的颜色、花纹变化大，一般有奶油色、棕色、深褐色，有密集褐色或赤褐色组成的带状、斑点和花纹。花蛤肉质细嫩，滋味鲜美，适宜于炒、爆、蒸、烧、汆、烤等烹调方法，菜肴如"蒜茸烤花蛤"、"葱爆花蛤"、"香辣花蛤"等。

⑨ **扇贝**　扇贝又称海扇蛤，为扇贝科贝类的统称，如图11-26所示。扇贝广泛分布于世界各海域，我国沿海均有分布。扇贝种类繁多，我国沿海有40余种，其中最常见的有栉孔扇贝、海湾扇贝、虾夷扇贝和高贵海扇蛤。其贝壳多呈圆扇形，两个壳大小几乎相等，壳面有粗细不等放射肋，壳面一般呈紫褐色、浅褐色、黄褐色、红褐色等。扇贝肉色洁白、细嫩，味道鲜美，营养丰富，鲜品为"鲜贝"，干制后即是"干贝"，被列入海鲜"八珍"之一。鲜扇贝适宜于汆、爆、炒、熘、蒸、烤等烹调方法，干贝涨发后常作为配料烹制成菜，也可煲粥，是传统的海味珍品。菜肴如"蒜茸粉丝蒸扇贝"、"芝士焗扇贝"、"芙蓉干贝"、"鸡茸干贝"等。

图 11-25　花蛤

图 11-26　扇贝

⑩ **长肋日月贝**　长肋日月贝又称亚洲日月蛤、日月贝，为扇贝科日月贝属贝类的统称，如图11-27所示。我国产于南海，在广东、广西沿海分布很广，广西北部湾是主要产区。其壳为圆形，双壳同形，壳薄，中央部略向外凸起，左壳为红棕色，右壳为乳白色，故称为"日月贝"。除鲜食外，将其闭壳肌和外套膜在一起加工干制，即为广东等地有名的海珍品"带子"。食用方法基本同扇贝。

⑪ **江珧**　江珧又称江瑶，为江珧科贝类的统称，如图11-28所示。主要分布在热带和亚热带沿海，我国沿海均有分布，以广东、福建沿海产量最多。目前我国约有8种，其中栉江珧产量较大，也是常见的江珧科贝类。贝壳大而薄，长可达30厘米，呈锐角三角形，壳呈浅黄色、浅褐色或褐色。江珧肉嫩味美，营养丰富，它的干制品就是江珧柱也称干贝。鲜江珧适宜于爆、炒、汆、蒸等烹调方法，干制品的使用方法同扇贝的干制品，菜肴如"生炒江珧"、"鲍汁江珧"、"蒜茸蒸江珧"等。

图 11-27　长肋日月贝

图 11-28　江珧

⑫ **蛏**　蛏又称蛏子，属竹蛏科贝类的统称，如图11-29所示。我国沿海均有分布，以浙江、福建产量最大，我国沿海养殖的主要是缢蛏、竹蛏等种类。其贝壳两扇，质薄脆，形状狭而长，外面为黄褐

色,里面为白色,其形状因种类的不同而有差异。蛏子肉味道鲜美,营养丰富,除鲜食还可加工制成蛏干、蛏油等,适宜于炒、爆、汆、蒸等烹调方法,还可煲粥,菜肴如"蒜茸蛏子"、"香辣蛏子"、"葱姜炒竹蛏"等。

三、头足类

头足类是软体动物门头足纲所有种类的统称,主要是各类乌贼、章鱼和鹦鹉螺。头足纲动物全部海生,肉食性,身体两侧对称,分头、足、躯干三部分。在无脊椎动物里,体型最大的、游得最快的都是头足类动物。常用的烹饪原料主要有各种乌贼、枪乌贼、章鱼等。

（一）乌贼

乌贼本名乌鲗,又称花枝、墨斗鱼或墨鱼,是乌贼科动物的统称,如图 11-30 所示。乌贼分布于世界各大洋,主要生活在热带和温带沿岸浅水中,我国主要分布于黄海、东海海域。其身体扁平柔软,两侧有肉鳍,可分为头、足和躯干三个部分。躯干背侧上皮下聚集着数百万个色素细胞,可根据环境改变皮肤颜色。体内有一个墨囊,里面有浓黑的墨汁,在遇到敌害时迅速喷出,将周围的海水染黑,掩护自己逃生,故称为墨鱼。乌贼除鲜食外,还可加工制成罐头食品或干制品。雄性生殖腺干制品称为乌鱼穗,雌性缠卵腺干制品称为乌鱼蛋,均为海味佳品。乌贼骨即中药海螵蛸,有止血的作用。乌贼肉洁白如玉,具有鲜、嫩、脆的特点,且营养丰富,蛋白质含量高,非常适合人类的营养需求。烹调中适宜于炒、爆、烧、汆、烩、熘等,菜肴如"青椒墨鱼仔"、"油爆墨鱼卷"、"烧墨鱼"等。

图 11-29 蛏

图 11-30 乌贼

（二）枪乌贼

枪乌贼俗称鱿鱼,为枪乌贼科枪乌贼属动物的统称,如图 11-31 所示。我国沿海都有分布,主要产于东海和南海,主要有中国枪乌贼、日本枪乌贼、剑尖枪乌贼等。其头小,体稍长,呈锥状,两片肉鳍在身体后端相连,呈菱形,内壳较小,呈角质薄片,皮下有色素细胞,可变换体色适应环境。鱿鱼口感鲜嫩,营养丰富,其食用价值远高于乌贼。除鲜食外,还可加工成干制品。高血脂、高胆固醇血症、动脉硬化等心血管病及肝病患者应慎食,脾胃虚寒的人也应少吃。鱿鱼是发物,患有湿疹、荨麻疹等疾病的人忌食,乌贼也是如此。鱿鱼适宜于爆、炒、涮、烧、烩等烹调方法,菜肴如"铁板鱿鱼"、"干锅鱿鱼"、"芫爆鱿鱼卷"等。

（三）章鱼

章鱼又称八爪鱼、八带鱼,为章鱼科（蛸科）动物的统称,如图 11-32 所示。我国常见的有短蛸、长蛸、真蛸等。短蛸、长蛸在我国南北沿海均有分布,其中长蛸在黄海、渤海产量较大,真蛸主要分布于东南沿海。章鱼种类很多,大小相差极大,最熟知的是普通章鱼,体型中等,广泛分布于世界各地热带及温带海域,该种被认为是无脊椎动物中智力最高的,具有高度发达的含色素的细胞,能极迅速地改变体色。章鱼头与躯体分界不明显,头上有大的复眼及 8 条可收缩的腕,故称八爪鱼,每条腕均有两排肉质吸盘。章鱼除鲜食外,还可加工制成干制品,干制品涨发后以烧、扒、焖为主,鲜品适宜于炒、烧、爆、白灼、烩、焖等烹调方法,菜肴"香辣小章鱼"、"铁板章鱼"、"辣爆八爪鱼"等。

图 11-31　枪乌贼

图 11-32　章鱼

任务四　棘皮动物类、刺胞动物类原料

任务描述

棘皮动物类原料主要有海参、海胆,刺胞动物类原料主要是海蜇。本任务主要介绍这几类原料的品种、产地、形体特征、营养特点及烹饪应用。

任务目标

掌握海参、海胆、海蜇的种类、特征、产地及烹饪运用,熟悉常见棘皮动物类、刺胞动物类原料的营养成分。

一、棘皮动物类

棘皮动物门主要有海参纲、海星纲、海胆纲、蛇尾纲、海百合纲,全部海产。作为烹饪原料的主要来自海参纲,此外,海胆纲的部分种类也有一定的食用价值。

（一）海参

海参为海参纲动物的统称,如图 11-33 所示。全球有 900 多种,我国约有 140 种,其中印度洋、西太平洋海区是世界上海参种类最多、资源量最大的区域。我国海参分布在温带区和热带区,温带区主要在黄海、渤海海域,主要经济品种是刺参,也是我国最为知名的海参种类;热带区主要在广东、广西和海南沿海,主要经济品种有梅花参等。海参虽为圆筒状,但粗细、形状和大小随种类不同而有很大的差异。根据海参背面有无疣足,海参可分为刺参类和光参类两大类。刺参类有仿刺参、梅花参、绿刺参、花刺参等,其中仿刺参是食用海参中品质最好的一种;光参类有图纹白尼参、蛇目白尼参、辐肛参等。高品质的海参食用价值、营养价值、药用价值较高,历来被称为海鲜"八珍"之一。鲜海参由于有自溶性,只有在产地有条件鲜食外,其他地区只能食用干制品。常选择加热时间较长的烹调方法,即使烹调时时间较短,但也要在涨发后期辅以鲜汤,使其入味。适宜的烹调方法有烧、扒、炖、煨、焖等烹调方法,菜肴如"葱烧海参"、"鲍汁辽参"、"干烧海参"、"鸡米海参"等。

（二）海胆

海胆为海胆纲动物的统称,如图 11-34 所示。世界各大洋均有分布,其中以印度洋和西太平洋

图 11-33　海参

图 11-34　海胆

海域的种类最多。中国主要分布于黄海、渤海海域,向南至浙江、福建浅海以及舟山群岛和台湾海峡,现已进行人工养殖。全球海胆有 900 余种,我国已发现有 100 余种,主要品种有紫海胆、马粪海胆等。海胆体呈球形、盘形或心脏形,无腕,内骨骼互相愈合,形成一个坚固的壳,壳上生有能活动的棘。海胆的食用部位是其生殖腺,也就是海胆黄。海胆黄营养素含量高,其味极鲜美,口感柔软,可生食、可制馅、可煲粥,还可制酱,适宜于炖、蒸、汆、炸、煎等烹调方法。菜肴如"海胆黄蒸蛋"、"刺身海胆"、"海胆黄豆腐羹"等。

二、刺胞动物类

刺胞动物又称刺细胞动物,除极少数种类在淡水生活外,绝大多数种类均在海洋生活,多数在浅海,以热带和亚热带海洋的浅水区最丰富。刺胞动物类作为烹饪原料的主要是海蜇。

海蜇俗称水母、白皮子等,为根口水母科海蜇属动物,如图 11-35 所示。我国沿海分布很广,北起辽东湾,南至海南岛沿海及北部湾,而以辽宁、河北、浙江、福建沿海较多。其体呈蘑菇状,分伞部(蜇皮)和口腕(蜇头)两部分,体色变化很大,多为青蓝色,有的呈暗红色或黄褐色。海蜇口感脆嫩爽滑,属佐酒佳肴。其体内含有毒素,不宜鲜食,又由于自溶性很强,捕获后用明矾、食盐腌制,去毒保鲜防自溶,食用前浸泡漂洗,再烹制菜肴。最适宜于制作冷菜,菜肴如"红油蜇丝"、"老醋蜇头"、"芥末海蜇"等。

图 11-35　海蜇

任务评价

任务五　无脊椎动物类原料的品质检验与储藏

任务描述

无脊椎动物类原料含水量大,营养丰富,极易腐败变质。本任务主要介绍用于烹饪的无脊椎动物类原料的品质检验与储藏。

任务目标

掌握虾类的品质检验的标准和方法,掌握蟹类的品质检验的标准和方法,掌握贝类的品质检验的标准和方法,掌握无脊椎动物的原料储藏方法。

一、无脊椎动物类原料的品质检验

(一)虾类的品质检验

市场上的商品虾主要有活虾、鲜虾、冰冻虾三种类型,在选料时以感官检验法为主。

❶ **活虾** 活虾主要是淡水养殖和浅海围基养殖为主。质量好的活虾在水中游动迅速,对外界的刺激反应敏锐,头须、附肢完整无伤残。在水中游动缓慢、对外界的刺激反应迟钝、肢体不完整有伤残的质量次。

❷ **鲜虾** 鲜虾的品质是根据虾的外形、色泽、肉质等方面来确定。

(1)外形:新鲜的虾头尾完整,甲壳有光泽,半透明,有一定的弯曲度,虾身较挺。不新鲜的虾,头尾容易脱落,光泽度较暗,不能保持原有的弯曲度。

(2)色泽:新鲜虾皮壳发亮,呈青绿色或青白色,即保持原色。不新鲜的虾,皮壳发暗,原色变为红色或灰紫色。

(3)肉质:新鲜虾肉质坚实,充满甲壳,有弹性,细嫩。不新鲜的肉质松软,无弹性。

❸ **冰鲜虾** 冰鲜虾没解冻前主要看色泽和外形,色泽是否是虾原有的色泽,是否变色;头胸部与腹部连接是否紧密。解冻后新鲜度的判断同鲜虾。

(二)蟹类的品质检验

❶ **新鲜蟹** 新鲜的蟹腿肉坚实、肥壮,用手捏有硬感,脐部饱满,分量较重,翻扣在地上能很快翻转过来,螯钳咬合力强,外壳呈青色泛亮,腹部发白,"团脐"有蟹黄,肉质鲜嫩。

❷ **不新鲜的蟹** 不新鲜的蟹腿肉空松、瘦小,行动不灵活,分量较轻,背色呈暗红色,肉质松软,味不鲜美。蟹以鲜活的为好,如果已死,就不宜选用。

(三)贝类的品质检验

❶ **鲜活贝类** 新鲜的贝类外壳具有每种贝类特有的色泽,颜色一致且有光泽,有特有的海腥味(海产),贝壳坚硬,闭合紧密或张开受外力影响会迅速闭合;如缓慢闭合,则新鲜度低;不闭合的是死贝类,不能食用。如贝壳光泽度发暗或无光泽度,有腥臭味,则不新鲜。

❷ **冰鲜贝类** 新鲜的冰鲜品贝壳清洁有光泽,肉色鲜亮洁白,解冻后肉有弹性,无异味,闭壳肌牢固地贴在壳上;反之,则不新鲜。

(四)头足类(鱿鱼)的品质检验

新鲜鱿鱼体表有一层光亮的表皮,表皮上有鲜艳的紫红色斑点,体表面略现白霜,有一层清洁透明的黏液;身体较挺,头足与身体连接紧密,肉肥厚,半透明,去表皮后肉呈乳白色,用手按柔软有弹性,有鱿鱼应有的海腥味。不新鲜的鱿鱼色素斑面积大,发暗无光泽,表面白霜过厚,体表黏液发黏、浑浊,有轻微的氨臭味。如氨臭味重,则已变质;如鱿鱼胴体洁白,说明已被加工处理。

二、无脊椎动物类原料的储藏

(一)活养

活养是保持无脊椎动物类原料新鲜度的最佳办法,既可保持其鲜活的状态,又能减少体内污染,还能减轻异味。活养的方法通常有有水活养和无水活养两种。

❶ **有水活养** 有水活养主要适用于虾类、贝类(水刚淹没贝体),淡水品种用淡水养,海水品种用海水或海水晶配置成海水养。

❷ **无水活养** 无水活养主要适用于蟹、蜗牛等的活养。蟹的无水活养应排紧固定,控制爬行,防止互相蜇伤,要通风透气,防止闷死。蜗牛放置在养殖箱内,温度在 25～30 ℃,湿度在 30%～50%,不可喷水,不可浸泡于水中。

（二）冷藏

冷藏适用于不能活养或刚死需要保鲜的品种，是将新鲜原料放入冷藏室，温度控制在－4～0 ℃的低温环境下保存。此方法储存时间为数小时到 1 天左右，对原料的品质影响最小，适用于原料短时间保鲜。

（三）冰藏

冰藏保鲜就是将一定比例的冰或冰水混合物与藏品混合，放入可密封的泡沫箱或船舱，利用冰或冰水降温的一种保鲜方法。用于冰藏保鲜的冰有淡水冰和海水冰。对于冰的选用，一般认为，淡水产品可用淡水冰，也可用海水冰，而海产品最好用海水冰。

（四）冷冻

冷冻是将原料在冰点以下的低温中（－20 ℃左右）储藏，分为普通冻结和快速冻结两种，以快速冻结为佳。

任务评价

项目小结

本项目主要介绍了无脊椎动物类原料的分类、每一类中的主要品种、分布、特征、营养成分、烹饪应用，以及无脊椎动物类原料的品质检验和储藏。学好本项目内容，将为进一步学习烹饪工艺打下良好的基础。

同步测试

干货类原料

项目描述

通过本项目的学习,从理论上掌握干货类原料的分类、鉴定、营养特点及在烹饪中的具体应用,对常见的干货类原料能够熟练进行选择与加工操作。

项目目标

了解干货类原料的分类和加工方法,掌握干货类原料的品质特点以及在烹饪中的应用,掌握干货类原料的品质鉴定及储藏措施,掌握干货类原料的初加工方法。

任务一　干货类原料概况

任务描述

本任务主要是介绍干货类原料的基本知识。

任务目标

了解干货类原料的分类,了解干货类原料的特点。

一、干货类原料的定义

干货类原料又称干货、干料,是指鲜活原料以外,一切可供食用的干制品,即将鲜活的动植物原料个体的全部或局部组织经过脱水干燥而制成的总称。

干货类原料是烹饪原料的重要组成部分,品种繁多,各具特色,利用干货类原料制作菜肴是中国烹饪的一大特色。

二、干货类原料的分类

干货类原料品种繁多,特点各异,根据其生长环境和原料性质可分为陆生植物性干料、陆生动物性干料、海味动物性干料、海味植物性干料、菌类干料。

（一）陆生植物性干料

陆生植物性干料指陆地上生长的植物性原料经脱水干制而成的干制品。如黄花菜、笋干、贡菜、梅干菜等。

（二）陆生动物性干料

陆生动物性干料指陆地上饲养的畜类原料、禽类原料经脱水干制而成的干制品。如肉松、蹄筋、干肉皮等。

（三）海味动物性干料

海味动物性干料指海水中生长的动物性原料经脱水干制而成的干制品。如鱼肚、鱼唇、鱼信、海米、海参等。

（四）海味植物性干料

海味植物性干料指海水中生长的植物性原料经脱水干制而成的干制品。如海带、紫菜等。

（五）菌类干料

菌类干料指菌类原料经脱水干制而成的干制品。如木耳、猴头菇、羊肚菌等。

三、干货类原料的特点

干货类原料的特点如下：
(1) 含水量少，便于储存和运输，避免变质，有利于烹饪原料的开发和广泛利用；
(2) 原料内部物质浓缩，形成了干料各自特殊的风味；
(3) 组织紧密，干、硬、韧、老，不能直接加热食用，只有涨发后才能使用。

任务评价

任务二　陆生植物性干料

▶ **任务描述**

本任务主要介绍陆生植物性干料的基本知识。

▶ **任务目标**

了解陆生植物性干料的品种及分布，掌握陆生植物性干料的特点。

一、黄花菜

黄花菜是将鲜黄花的花蕾采摘后经晾晒或烘干而成的干品，如图 12-1 所示。黄花菜原产于亚洲和欧洲，我国黄花菜产地较广，主要产于河南、河北、山东、湖南、山西、江苏、四川等省，其中以湖南、山西、江苏产量最多，质量也最好。以色黄有光泽、味香、条长肥壮、干燥者为佳。每年 6—9 月采收上市，干品常年有供应。黄花菜在烹饪中既可作菜肴主料，也可作配料，适于炒、烧、炖等烹调方法，还可以用来制作汤菜。菜肴如"黄花豆腐汤"、"黄花菜炒肉丝"、"黄花菜烧五花肉"、"黄花菜炖蹄髈"等。

二、梅干菜

梅干菜又称咸干菜、霉干菜，是用鲜雪里蕻腌制、晒干而成，如图 12-2 所示。梅干菜主要产于浙江绍兴、慈溪、余姚等地，以色泽黄亮或黑褐、菜细嫩、圆心、咸淡适度、香气正常、身干、无杂质、无硬

Note

梗者为佳。在烹饪中适于炒、炖、蒸、烧等烹调方法,常作为肉类原料和水产类原料菜肴的配料,有除腥、解腻、增香的作用。菜肴如"梅菜扣肉"、"梅菜烧仔排"、"虾米干菜汤"等。

图 12-1　黄花菜

图 12-2　梅干菜

三、玉兰片

玉兰片是以鲜嫩的冬笋或春笋为原料,经加工干制而成,因形如玉兰花,故称玉兰片,如图 12-3 所示。玉兰片主要产于福建、湖南、江西、浙江等地。按采收时间不同可分为冬片、桃片和春片,以冬片最好。以色泽玉白、无霉点或黑斑、片小肉厚、节密、质地坚脆鲜嫩、无杂质者为佳。在烹饪中主要作菜肴配料,适于炒、烧、炖、焖等烹调方法,也可作为面点的馅心原料。

四、贡菜

贡菜是用薹菜加工干制而成的制品,如图 12-4 所示。我国主要产于江苏睢宁、邳州等地,具有色泽碧绿、鲜美清香、脆嫩爽口等特点。以根条均匀、无霉烂、色泽好碧绿、干燥者为佳。在烹饪中适于拌、炒、制汤等烹调方法,还可以腌渍后食用。

任务评价

图 12-3　玉兰片

图 12-4　贡菜

任务三　陆生动物性干料

任务描述

本任务主要介绍陆生动物性干料的基本知识。

了解陆生动物性干料的品种及分布,掌握陆生动物性干料的特点。

一、干肉皮

干肉皮是用猪肉皮经煮熟或除去皮下脂肪及杂毛后晒干或自然晾干而成,如图 12-5 所示。干肉皮富含胶原蛋白和弹性蛋白。以外表洁净、色白亮、无残余肥膘、皮质坚厚、干爽、无杂质、无异味者为佳。涨发后的干肉皮适于拌、烩、炖、扒等烹调方法,既可单独成菜,也可以与其他原料组合成菜。菜肴如"凉拌发皮"、"菜心扒肉皮"等。

二、蹄筋

蹄筋是用有蹄动物蹄部的肌腱及相关联的关节环韧带干制而成,如图 12-6 所示。按选用的原料品种不同可分为猪蹄筋、牛蹄筋、羊蹄筋、鹿蹄筋等,按选用部位不同可分为前蹄筋和后蹄筋。猪蹄筋产量较多,鹿蹄筋最为名贵;前蹄筋质量较差,后蹄筋质量较好。干蹄筋以色正、干爽、透明、无残肉、无异味、无霉变者为佳。蹄筋含有较多的胶原蛋白和弹性蛋白,都属于不完全蛋白质,营养价值不高,但因其富含胶质,口感柔糯、肥美润滑,为烹饪中常用的干货原料。在烹饪中适于炖、煨、扒、烧、烩、爆等烹调方法。菜肴如"干烧蹄筋"、"蒜头牛筋"、"虾籽烧蹄筋"等。

图 12-5　干肉皮

图 12-6　蹄筋

三、鹿筋、鹿尾、鹿鞭

鹿筋是鹿科动物梅花鹿或马鹿四肢的筋。一般以马鹿筋为好,梅花鹿筋干瘪瘦细,甚少采用。以身干、条长、粗大、金黄色有光泽者为佳。

鹿尾是鹿科动物梅花鹿或马鹿的尾巴,形状粗短,略呈圆柱形,先端钝圆,基部稍宽,割断面不规则。一般以马鹿尾为好,梅花鹿尾瘦小,甚少采用。以身干、肥短粗壮者为佳。

鹿鞭为鹿科动物梅花鹿或马鹿的阴茎和睾丸。味甘、咸,性温,具有补肾精、壮肾阳、强腰膝的功效。

四、哈士蟆油

哈士蟆又称雪蛤,学名中国林蛙,主要产于黑龙江、吉林、辽宁和内蒙古等地。烹饪中使用的是雌蛙输卵管的干制品,即哈士蟆油,如图 12-7 所示。哈士蟆油色褐黄,干爽,具有哈士蟆特有的气味,营养丰富,含蛋白质、脂肪、维生素等。在烹饪中适于烧、炖、蒸、煨等烹调方法,菜肴如"冰糖哈士蟆"、"海米哈士蟆"、"百合哈士蟆"等。

五、燕窝

燕窝又称燕菜,是雨燕科金丝燕属的几种燕类用唾液与羽毛、纤细海藻、未及消化的小鱼虾等混凝而筑成的燕巢,如图12-8所示。我国燕窝多产于福建、台湾、海南等地,尤以海南万宁所产的燕窝最为著名。燕窝按色泽和品质不同可分为白燕、毛燕和血燕三大类。燕窝以形状完整、根小毛少、棱条粗壮、色白而略有清香者为佳。燕窝具有较高的营养价值,富含蛋白质、碳水化合物、无机盐和脂类,可以养阴、润燥、养颜、延缓衰老,并且清虚热,治虚损,对咯血吐血、久咳痰喘、阴虚发热等导致津液脱失的病症有良好效果。在烹饪中多用来制作汤羹菜,适于蒸、煨、扒、炖等烹调方法,菜肴如"清汤燕窝"、"冰糖燕窝"、"绣球燕菜"等。

任务评价

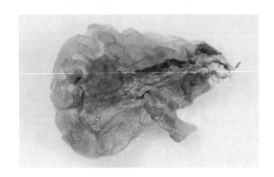

图 12-7　哈士蟆油

图 12-8　燕窝

任务四　海味动物性干料

→ 任务描述

本任务主要介绍海味动物性干料的基本知识。

→ 任务目标

了解海味动物性干料的品种及分布,掌握海味动物性干料的特点。

一、鱼肚

鱼肚是由大中型硬骨鱼的鳔或胃加工干制而成,是一种名贵的干货原料,如图12-9所示。我国主要产于广东、福建、浙江、江苏、辽宁等地。鱼肚按鱼的品种不同可分为如下几种:毛鲿鱼肚,由毛鲿鱼的鳔制成,形大,呈椭圆形,体壁厚实,色浅黄;黄唇鱼肚,由黄唇鱼的鳔制成,形大,壁厚,椭圆形并带有两根胶条,扁平,色浅黄,有光泽,半透明;鮸鱼肚,由鮸鱼的鳔制成,呈纺锤形,形大,壁厚,末端圆而尖突,凸面略有波纹,凹面光滑,色浅黄而有光泽,透明;鮰鱼肚,由长江中的鮰鱼的鳔制成,形大,却不规则,壁厚,色白而半透明;鳗鱼肚,由海鳗或鹤海鳗的鳔制成,形小,呈牛角形,壁薄,色浅黄,半透明;黄鱼肚,由大黄鱼的鳔制成,形较小,壁薄,色浅黄,呈叶片状。

二、鱼唇

鱼唇是以鲟鱼、鳇鱼、大黄鱼以及一些鲨鱼的上唇部的皮或连带鼻、眼、鳃部的皮干制而成,主要产于舟山群岛、渤海、青岛、福建等地。营养丰富,烹饪中以红烧、黄焖为主。

三、鱼皮

鱼皮是用鲨鱼、鳐鱼等鱼背部的厚皮干制而成,如图 12-10 所示。以皮厚面大、无破孔、洁净有光泽者为佳。鱼皮主要产于广东、山东、江苏、福建、辽宁等地,在烹饪中适于烧、烩、炖、扒、焖等烹调方法,菜肴如"红烧鱼皮"、"三鲜鱼皮"等。

图 12-9　鱼肚

图 12-10　鱼皮

四、鱼信

鱼信是鲨鱼脊骨髓的干制品。质地较脆嫩,色白,一般作为烹制高档菜肴的原料,菜肴如"籴鱼信"、"扒鱼信"等。

五、鱼骨

鱼骨又称鱼脑、鱼脆,是用鲨鱼头部鳃裂的软骨加工而成的,以均匀、完整、色泽透明、身干无血筋、无红黑杂色者为佳。鱼骨含有较多的蛋白质和钙、磷等营养成分,烹饪上以煲汤为佳。

六、裙边

裙边是指甲鱼背甲(上边)边缘很软的一圈肉。市场上出售的甲鱼裙边以东亚水域的甲鱼裙边为多。甲鱼裙边具有滋阴凉血、补益调中、补肾健骨、散结消痞等作用。

七、干鲍鱼

干鲍鱼为鲍鱼干制而成,如图 12-11 所示。干鲍鱼分为淡干鲍和咸干鲍两种,品尝干鲍鱼以淡干鲍为好。干鲍鱼根据产地和质量可以分为南非鲍、吉品鲍、网鲍。

八、干贝

扇贝闭壳肌的干制品称为干贝,如图 12-12 所示。干贝主要产于沿海地区,如广东、福建、山东、辽宁等地。干贝以粒形完整、干燥、色泽浅黄、坚实饱满、有光泽、无杂质、表面有白霜者为佳。干贝含蛋白质、脂肪、碳水化合物、钙、铁、磷等营养成分。在烹饪中适于烧、烩、蒸等烹调方法,菜肴如"芙蓉干贝"、"鸡蓉干贝"等。

图 12-11　干鲍鱼

图 12-12　干贝

图 12-13　海米

九、海米

海米是用中小型海产的虾经盐水煮、晒干、去头去壳后的干制品,如图 12-13 所示。海米以个体大小均匀、形态完整、肉质坚硬、色泽鲜艳光洁、盐度轻、干燥、无异味、无虫蛀者为佳。我国沿海各地均产。在烹饪中多作为配料,起增鲜作用。菜肴如"海米扒菜心"、"海米西芹"等。

十、虾皮、虾子

(一) 虾皮

虾皮是毛虾的干制品,有生干品和熟干品两种。虾皮体小、皮薄,"虾皮"一名由此而来。用中国毛虾生产的虾皮为上乘食品。虾皮富含蛋白质、矿物质、虾青素等物质,营养价值很高,味道鲜美。烹饪中用作汤菜或凉拌菜均可,菜肴如"虾皮冬瓜汤"、"虾皮豆腐汤"、"虾皮拌香菜"等。

(二) 虾子

虾子是虾卵的干制品,赤黑色,味鲜浓但带有腥味。虾子富含蛋白质及其他营养成分,味道鲜美。烹饪中主要用作调味料。

十一、干海参

海参是世界上少有的高蛋白、低脂肪、低胆固醇的珍贵海产品,被誉为"海底人参"。干海参是海参经过加工后的制品,如图 12-14 所示,烹饪前应进行泡发。在烹饪中适于烧、扒、烩、煨、蒸、酿等烹调方法,因其本身不显味,需借助鲜味较足的原料增鲜,菜肴如"扒海参"、"葱烧海参"、"红焖海参"等。

十二、乌鱼蛋

乌鱼蛋是用雌墨鱼的缠卵腺加工制成的,以饱满坚实、体表光洁、蛋层揭片完整、乳白色者为佳。菜肴如"乌鱼蛋汤"、"烩乌鱼蛋"等。

十三、鱿鱼干

鱿鱼干是由新鲜的枪乌贼干制而成的,如图 12-15 所示。鱿鱼干富含蛋白质、碳水化合物、钙、磷、铁等营养成分,烹饪前应进行泡发。在烹饪中适于炒、烧、烩等烹调方法,菜肴如"清蒸鱿鱼"、"爆炒鱿鱼"、"三鲜烩鱿鱼"等。

图 12-14　干海参

图 12-15　鱿鱼干

任务评价

任务五　菌类干料和海味植物性干料

→ **任务描述**

本任务主要介绍菌类干料和海味植物性干料的基本知识。

→ **任务目标**

了解菌类干料和海味植物性干料的品种及分布,掌握菌类干料和海味植物性干料的特点。

一、菌类干料

(一)木耳

木耳又称黑木耳、云耳,如图 12-16 所示。我国许多地区均有栽培,通常加工成干制品应市。以色泽乌黑光润、朵大均匀、体轻干燥无杂质、无僵块、无小耳、味清香、涨发率高者为佳。在烹饪中应用广泛,既可作主料,也可以作配料,适于炒、烧、烩、炖、拌等,菜肴如"木耳炒肉""拌木耳"等;还可以制汤或作菜肴配色、装饰料以及面点的馅心。

(二)银耳

银耳又称白木耳,如图 12-17 所示。我国许多地区均有栽培,通常加工成干制品应市。以朵大肉厚、色泽黄白、味清香、底板小、干燥、涨发率高、胶质重者为佳。在烹饪中多用于汤菜的制作,也可用于炒、烩等,菜肴如"银耳莲子汤"、"银耳烩菜心"等。

(三)香菇

香菇又称香菌、香蕈,如图 12-18 所示。我国许多地区均有栽培,通常加工成干制品应市。以子实体完整、大小均匀、色泽正、味香浓、肉质厚、菌褶白、菌柄短而粗壮、干燥、无杂质、表面有白霜者为佳。在烹饪中应用较广,既可作主料,也可作配料,适于炒、炖、烧、煮、煨等,菜肴如"香菇菜心"、"香菇炒肉片"、"素鳝丝"、"香菇煨鸡"等,也可制成汤菜,菜肴如"香菇豆腐汤",还可以作为面点的馅心及拼制冷盘,并常用于配色。

图 12-16　木耳

图 12-17　银耳

（四）竹荪

竹荪又称竹参、竹笙，如图 12-19 所示。我国许多地区均有栽培，通常加工成干制品应市。以个体大、色微黄、形状完整、质地柔软、无杂质者为佳。在烹饪中适于烧、扒、炒、烩、涮等，尤其适于制作汤菜，夏季竹荪还有保持菜肴不腐不馊的功能，菜肴如"推纱望月"、"白扒竹荪"等。

图 12-18　香菇

图 12-19　竹荪

（五）猴头菇

猴头菇又称猴头菌，如图 12-20 所示。我国许多地区均有栽培，通常加工成干制品应市。以个体大、形状完整、色泽浅黄、干燥、无杂质者为佳。在烹饪中可作主料，也可以作配料，可荤可素，适于炒、煲、炖、烧、扒等，菜肴如"扒猴头"、"御笔猴头"等。

（六）羊肚菌

羊肚菌又称羊肚菜，如图 12-21 所示。我国许多地区均有栽培，通常加工成干制品应市。以子实体完整、个体均匀、干燥、无杂质者为佳。在烹饪中适于炒、烧、烩、扒、炖等烹调方法，也可以瓤馅或做汤，菜肴如"羊肚菌鱼汤片"、"红烧羊肚菌"、"羊肚菌烧肉"等。

图 12-20　猴头菇

图 12-21　羊肚菌

二、海味植物性干料

（一）紫菜

紫菜又称子菜、索菜、膜菜，如图 12-22 所示。我国浙江、福建、广东、山东、江苏等沿海地区均产，通常加工成干制品应市。以色黑紫有光泽、片薄质嫩、大小均匀、干燥味香、无泥沙、无杂质者为佳。紫菜是日本料理寿司的主要原料。中餐中，适宜拌、炝、煮、烩、汆等，菜肴如"紫菜鸡蛋汤"、"紫菜饼"等。还可作为馅心原料，起提味作用。

（二）海带

海带又称昆布、江白菜，如图 12-23 所示。我国东海、黄海、渤海沿海岸均产，通常加工成干制品应市。以形态宽长、色深褐、肉质厚实、干燥、无泥沙、无杂质者为佳。在烹饪中适于拌、烧、炒、烩、炖等，菜肴如"海带烧肉"、"凉拌海带"等，也可制汤，菜肴如"海带冬瓜汤"、"海带排滑汤"等，还可以作为面点馅心以及菜肴配色。

图 12-22　紫菜

图 12-23　海带

任务评价

任务六　干货类原料的品质检验与储藏

任务描述

本任务主要介绍干货类原料的品质检验和储藏措施。使学生能正确鉴别干货类原料的品质，选择合适的储藏方法储藏原料。

任务目标

掌握干货类原料品质检验的标准和方法，掌握干货类原料的储藏方法。

一、干货类原料的品质检验

干货类原料品种较多，品质各异，特征不同，干制的方法也不同，以及在储藏、保管、运输过程中受外界条件的影响，干货类原料的品质也会发生变化。对干货类原料的检验应根据其共同特点和必备的基本要求进行品质鉴定，主要是用感官检验。

（1）看，就是对干货类原料进行观察，看杂质含量，形状是否整齐、均匀、完整，色泽是否为干货

Note

规定色泽,是否有虫蛀和霉烂。

(2)嗅,就是对干货类原料进行气味鉴别,以气味来确定干货是否具有本身固有的清香味,确定干货的新陈,以及干货是否发生变质和霉变。

(3)敲、摸,就是对干货进行敲打和触摸,以此来确定干货的含水量,干货类原料的含水量越低越好。

二、干货类原料的储藏

干货类原料含水量较低,能保管较长时间。但一般干料中都含有糖、蛋白质、脂肪等成分,这些成分具有较强的吸湿性,一旦与空气中的水汽接触,就会使干料吸湿回潮,产生霉点,逐渐变色变味,直至腐败变质。此外,干货类原料多为孔状组织,很容易吸收异味。虫蛀、虫咬也是干料变质的一个重要因素。干料储藏的要点:一是防潮湿,二是防串味,三是防虫害。能妥善解决这几个方面的问题,干料就可以保存较长的时间。

干料储藏的一般方法及注意事项如下。

(1)库房要干燥、通风、凉爽,避免阳光照射。可安装温度计和湿度计,定时检查室内温度和湿度,防止库房内温度和湿度越过许可范围。

(2)干料虽经日晒、密封储藏,但时间过长仍会回软、潮湿乃至发霉变质,所以要常晒常查。

(3)干料应放置在货架上,保证干料至少离地面25厘米,离墙壁12厘米,以便空气流通,并随时保持货架和地面的干净,防止污染。

(4)干料存放应远离自来水管道、热水管道和蒸气管道,有些干料需放置石灰、明矾等干燥剂、防霉防腐剂加以储藏,使干料不易受潮变质。

(5)经常检查是否有虫、鼠咬破袋子。

(6)干料不能和含水量高的新鲜原料存放在一起,以免增加空气湿度,使干料受潮。动物性干料与植物性干料、菌类干料,应分类储藏,以避免干料产生异味。

任务评价

项目小结

本项目主要介绍了干货类原料的品种产地、形态特征、营养保健、质量标准、烹饪应用,以及干货类原料的品质检验和储藏。学好本项目内容,将为进一步学习烹饪工艺打下良好的基础。

同步测试

调味品和食品添加剂

项目描述

本项目主要介绍常用调味品的风味类型,每种风味调味品的种类、特点及调味作用;食品添加剂的定义、类型,每种添加剂的特点及烹饪运用。

扫码看课件

项目目标

了解常见调味品的风味类型,熟悉每种风味调味品的种类、特点及调味作用,熟悉食品添加剂的种类及属性,能在烹调中科学运用。

任务一 调味品和食品添加剂概况

任务描述

本任务主要介绍调味品、食品添加剂的定义、分类以及在烹饪中的作用,使学生对调味品和食品添加剂有一个初步的认识。

任务目标

熟悉调味品的定义及分类,掌握调味品在烹饪中的作用,熟悉调味品引起的味觉生理,熟悉食品添加剂的定义、分类及在食品加工中的作用。

我国自古就有"五味调和百味香"之说,中国菜肴讲求色、香、味、形、器、质等诸因素的协调统一,在诸因素中,调料直接影响菜肴的色、香、味、质(食品添加剂)。调料又称佐料,是烹饪行业及商品流通领域的一个习惯名称,它所指的范围没有严格、统一的界定。有些人认为调料通常指天然植物香辛料,是八角、花椒、桂皮、陈皮等植物香辛料的统称,还有人认为应包括咸、甜、酸、辣、苦、鲜等呈味物质,有时还包括淀粉、食用油脂。调味品和食品添加剂在烹调制作菜点的过程中用量少,但对菜品的色、香、味、质等起着重要的作用。

一、调味品概述

(一)调味品的定义

调味品又称调味料、调料,是指在烹饪的过程中,用量少但赋予菜点风味,能增进食欲的原料的统称。调味品赋予中国菜点特有的风味和魅力,我国调味品种类繁多,使用历史悠久,对我国烹饪技术的发展及地方菜风味的形成起了重要的作用。

（二）调味品与味觉生理

菜点或食品的味道是多种多样的,菜点中可溶性成分溶于唾液或菜点的汤汁刺激舌头表面的味蕾,再经过味觉神经将信息传至大脑中枢神经,从而产生味觉,这种味觉主要是咸、甜、酸、苦、鲜味;刺激味蕾产生灼痛感是辣味,产生麻痹感是麻味,产生收敛感的是涩味;还有一些调味品,含有呈香或其他特殊气味成分,经鼻腔刺激人的嗅觉神经,然后传至大脑中枢神经而感到香气或其他气味,也称为嗅味,这种味也可经口腔进入鼻腔产生。菜点或食品的味不是单纯调味品的味,它是由原料的本味、调味品的味、加热形成的味综合形成菜点的味。不同生理特点的人,同一菜点进入口腔,香气进入鼻腔也会产生不同的味感。

（三）调味品的分类

调味品种类繁多,按呈味不同分为咸味调味品、甜味调味品、酸味调味品、辣味调味品、麻味调味品、鲜味调味品、香味调味品等;按性质不同分为天然调味品、化学调味品;按来源不同分为动物型、植物型、微生物型;按形态不同分为固态型、半固态型、液态型;按生产方法的特点不同分为抽提型、发酵型、分解型、混合型等;按用途不同分为复合调味品、方便食品调味品、火锅调味品、西式调味品、快餐调味品等。本项目将按调味品的呈味分别加以介绍,苦味没有单独的呈味调味品,只有带苦味的烹饪原料,本项目不再介绍。

（四）调味品在烹饪中的作用

调味品是形成菜点风味的重要因素,在菜点的制作过程中具有以下作用:赋予菜点风味,确定菜点口味;改善并丰富菜点色泽;对气味不良原料矫臭、抑臭,并给菜点赋香、增香;增加菜点的营养,延长原料的保存期;杀菌消毒,增进食欲,促进消化吸收等。

二、食品添加剂概述

（一）食品添加剂的定义

世界各国对食品添加剂的定义不尽相同,联合国粮农组织（FAO）和世界卫生组织（WHO）联合食品法规委员会对食品添加剂定义为:食品添加剂是有意识地一般以少量添加于食品,以改善食品的外观、风味和组织结构或储存性质的非营养物质。按照这一定义,以增强食品营养成分为目的食品强化剂不应该包括在食品添加剂范围内。在我国,根据《中华人民共和国食品卫生法》规定,食品添加剂指"为改善食品品质和色、香、味以及为防腐、保鲜和加工工艺的需要而加入食品中的人工合成或者天然物质"。

（二）食品添加剂的分类

食品添加剂按其来源分为天然食品添加剂和人工化学合成添加剂;按其功能作用的不同分为23个类别,有2000多个品种,与烹饪有关的常用的有膨松剂、着色剂、护色剂、酶制剂、增味剂、营养强化剂、防腐剂、甜味剂、增稠剂、食用香料等。

（三）食品添加剂在食品加工中的作用

❶ 延长食品保存期,防止食品腐败变质 大多数食品都来自动植物原料,适量加入防腐剂可以防止由微生物引起的食品腐败变质,延长食品的保存期,同时还具有防止由微生物污染引起的食物中毒作用。抗氧化剂则可阻止或推迟食品的氧化变质,提高食品的耐藏性,还可防止食品,特别是水果、蔬菜的酶促褐变与非酶褐变,对食品的储藏很有意义。

❷ 改善食品的感官性状 食品在加工过程中加入着色剂、护色剂、食用香料以及乳化剂、增稠剂等食品添加剂,可以明显改善食品的感官性状,满足人们生理、心理的不同需求。

③ **保持或提高食品的营养价值**　有些食品在烹制中加入适宜的营养强化剂,可保持或提高食品的营养价值。

④ **丰富菜点(食品)品种**　选择适宜的食品添加剂,采用分子烹饪的方法,可烹制出新的菜点品种。

⑤ **有利于加工并提高品质**　有些菜点在烹制中加入适宜的食品添加剂,有利于原料成形,简化操作过程,降低操作难度,使制品质量上乘。

⑥ **满足特殊人群的需要**　烹制有些甜味菜点(食品),应考虑糖尿病病人不能吃糖,则可选用有甜味无糖成分的甜味剂或低热能甜味剂,以满足特殊人群的需要。

任务评价

任务二　咸味调味品

任务描述

本任务主要介绍咸味的特性、在烹调中的作用;烹调中使用食盐的特性及在烹调中的作用;烹调中使用酱油的特性及在烹调中的作用;其他咸味调味品的种类及调味特点。

任务目标

熟悉咸味的特性,掌握咸味在烹调中的作用;了解食盐、酱油的分类及种类,掌握食盐、酱油在烹调中的作用;熟悉其他咸味调味品品种,掌握其品种特点。

咸味是中性无机盐的一种味道,是人的味蕾受无机盐解离的阴离子和阳离子的影响而产生的感觉。咸味与盐解离的阳离子有关,并由阳离子所确定,阴离子影响咸味的强弱,并能产生副味。许多中性盐都具有咸味,但除了食盐外,其他中性盐还带有苦味、涩味、金属味等不良味道。一般盐的阴离子和阳离子的原子量越大,呈味越趋向苦味。只有食盐——氯化钠具有纯正的咸味,氯化钾极咸,其他盐基本都有苦味,故烹调中使用的咸味调味品主要是氯化钠及氯化钠的加工制品。咸味是百味之主,多数菜点都离不开咸味,只有少数甜味菜点、生食淡味果蔬可不添加咸味调味品。咸味调味品在烹调中能给菜点赋味,具有提鲜、除腥、解腻、突出菜肴本味等作用。在烹调中常用的咸味调味品主要有食盐、酱油、酱、豆豉等。

一、食盐

食盐是烹调中主要的咸味调味品,主要的呈味物质是氯化钠($NaCl$),易溶于水,有纯正的咸味,温度对其味感的影响不大。食盐具有维持人体细胞外液的渗透压、参与体内酸碱平衡的调节、维持神经和肌肉的正常兴奋性等作用。人体对食盐的需要量一般为每人每天 3～5 克,由于生活习惯和口味的不同,实际食盐的摄入量因人因地有较大差别。我国一般每人每天进食食盐 10～15 克,但目前推荐健康成年人每人每天的食盐摄入量不超过 6 克。

（一）食盐的分类及种类

我国食盐资源非常丰富,按产地来源的不同可分为海盐、湖盐、池盐、井盐及矿盐;按加工程度的不同分为粗盐(原盐)、洗涤盐、再制盐(精盐);按是否强化营养物质分为碘盐、锌盐、铁盐、硒盐、低钠盐等营养强化盐或食疗盐;按加工成不同风味特色分为烧烤盐、泡菜盐、香辣盐、海鲜盐、香菇盐等复合盐。本项目将以加工程度的不同介绍盐的种类(品种)。

①粗盐 粗盐又称原盐、大粒盐,为海水或盐井、盐池、盐湖中的盐卤水经盐田煎晒、水分蒸发而成的结晶体,即天然盐。其结构紧密,颗粒较大,色泽灰白,氯化钠含量为94%左右,因含有氯化镁、硫化镁等杂质,除有咸味外还兼有苦味,在空气中较易潮解。粗盐多用于腌腊制品,可用于盐焗菜肴,不建议用于烹调中调味。

②洗涤盐 洗涤盐是以粗盐为原料,经过机械粉碎、水洗、筛选、烘干等工艺,除去部分杂质而成的盐,比粗盐纯度较高、颜色较白,氯化钠含量为95%以上,水分含量2%~3%,用途同粗盐。

③再制盐 再制盐又称为精盐、精制盐,是以天然盐卤水和粗盐溶解制成的盐卤水为原料,用化学方法除去其中的可溶性杂质,澄清后再经蒸发、结晶、脱水、干燥、筛分等工艺加工而成。氯化钠含量为99%以上,咸味纯正,色泽洁白,呈微粒或粉末状,易溶解,咸味比粗盐轻。最适宜烹调用盐,是烹调中使用最多、用途最广的盐。

(二)食盐在烹调中的作用

(1)咸味的主要来源,具有提鲜、增本味的作用。食盐是菜点咸味的主要来源,大多数菜点离不开咸味,没有咸味,原料的本味、鲜味就不能充分体现出来。食盐的味感舒适量为0.8%~1.2%,但从人体健康的角度出发,最好不要超过0.8%。

(2)具有助酸、增甜味的作用。在菜点的调味中,少量食盐(咸味)有助于突出呈酸味物质的酸味;同样,少量食盐的添加能增加食糖的甜度。

(3)防腐脱水的作用。食盐具有高渗透性,食盐的浓度达到10%,就可使原料中所含的微生物细胞脱水死亡,达到储藏原料的目的(腌菜、腌肉的食盐浓度是8%~10%);同样2%的食盐就可以使植物细胞脱水,常用于植物性原料制馅"杀"去水分。

(4)嫩化剂的作用。食盐中的Na^+和Cl^-具有强烈的水化作用,可提高肉的保水性,增加菜点的脆嫩程度。

(5)制作泥、蓉、馅料时加入食盐,能加大吸水量,使馅料的黏着力提高。

(6)可增加植物蛋白的"筋性"和淀粉的"韧性"。在面点的制作中,在面粉中加入不突出咸味的食盐,可提高面粉中蛋白质的"筋性"和淀粉的"韧性"。如在面条、拉面、饺子皮、春卷皮、蛋皮、凉粉等制作中加盐就是这个原因。

(7)作为传热介质可加工和烹制风味独特的菜肴。食盐的熔点是801 ℃,能蕴藏大量的热量,保温性能好,可用来涨发鱼肚、猪皮、蹄筋等干货类原料,可用来制作盐焗类的菜肴。

(8)盐析作用。盐析作用一般是指溶液中加入无机盐类而使某种物质溶解度降低而析出的过程。这就是说在煮肉或制汤时不能过早加入食盐,煮肉时加盐过早,肉中的风味物质难溶出,汤不鲜、肉不香;制好的汤加盐过早,汤中风味物质聚集凝固,影响汤的品质。

二、酱油

酱油为我国传统调味品,又称酱汁、清酱、豉油,是由大豆、小麦、面粉、麦麸及食盐经过制汁、发酵等程序酿制而成的汁液。酱油色泽红褐,有独特酱香,滋味鲜美、醇厚,味咸香。酱油在酿造过程中以咸味为基础,还形成了甜、酸、鲜、香等风味,构成独特的风味体系。酱油的咸味来自添加的食盐,甜味来自发酵产生的还原糖,酸味来自发酵产生的乳酸、醋酸、琥珀酸等多种有机酸,鲜味来自发酵产生的氨基酸及肽类。酱油的成分中有呈苦味的物质存在,但苦味在酱油酿造合成中被改变了味道,苦味消失。酱油在酿造中生产的醇、酸、醛、酯、酚、缩醛和呋喃酮等多种成分,虽多属微量,但却能构成酱油复杂的香气。在烹调中随加热时间的延长,酱色色泽加深,甜味降低,酸味增加。

(一)酱油的分类及主要品牌

酱油按加工工艺不同分为酿造酱油、配制酱油、化学酱油;按形态不同分为液体酱油、固态酱油、粉末酱油;按酿造时添加的风味物不同分为辣味酱油、鱼露酱油、五香酱油、草菇酱油等;按色泽不同分为生抽(浅色)、老抽(深色)、白酱油(无色)。著名的酱油品牌有海天酱油、李锦记酱油、厨邦酱油等。

（二）酱油在烹调中的作用

酱油在烹调中具有以下作用:代替食盐起到确定咸味的作用;赋予菜肴酱色、酱味,并增加鲜味的作用;具有除腥、解腻、增香的作用。

三、酱

酱是以豆类、小麦粉、米或鱼虾等为主要原料,利用微生物的生化作用而酿制的一种发酵糊状调味品,根据用料的不同有豆酱(大豆酱)、面酱、豆瓣酱等。

（一）豆酱

豆酱又称大豆酱(黄豆酱)、黄酱,是以优质大豆或黑豆、面粉、食盐等为原料,经发酵、晒制、蒸汽杀菌等多道工序精制而成的一种酱类。其特点是色泽橙黄,光亮,酱香浓郁,质醇味厚,咸淡适口。根据制酱时加水的多少分为干黄酱和稀黄酱。烹调中常用于制作炸酱和酱爆菜肴。

（二）面酱

面酱又称甜面酱,是以小麦面粉为原料,利用曲霉等微生物分泌的酶的作用酿造而成的酱类。其特点是色泽红褐,有光泽,味醇厚鲜甜。常用于烤鸭的蘸料,其他用法同豆酱。较著名的品牌有保定面酱、济南甜面酱、北京六必居甜面酱等。

（三）蚕豆酱

蚕豆酱又称豆瓣酱,是以蚕豆为主要原料再辅以面粉、辣椒、香油、食盐、味精、香料等,利用酱曲发酵制成的一种酱类。其特点是色泽红褐,鲜艳而有光泽,酱香浓郁,香鲜醇厚,豆瓣酥软,微带辣味。

（四）柱侯酱

柱侯酱是以大豆、面粉为原料,经制曲、晒制后成酱胚,再加入白砂糖、食盐、香油、味精等调料,发酵制成的一种酱类。其色泽红褐,豉味香浓,入口醇厚,鲜甜甘滑,为佛山特产调味品之一。常用于烹制鸡、牛、鸭、猪等畜禽肉类,香浓入味,肉质鲜嫩,不油腻。

（五）海鲜酱

海鲜酱是以白砂糖、大豆、面粉、食盐、醋、脱水大蒜、盐渍辣椒、黄原胶、红曲米等为原料酿制而成的一种酱类。其特点是色泽红褐,鲜中带咸,有浓郁的鱼香味和海鲜味,是烹制海鲜的优质调料,也可用于生鲜肉类及鱼香味型菜肴的烹制调味。

四、豆豉

豆豉为中国传统特色发酵豆制调味品,是以大豆或黑豆为主要原料,引入毛霉、曲霉菌种发酵后制成的,如图13-1所示。按加工原料的不同可分为大豆豉(黄豆豉)和黑豆豉;按加工方法的不同分为干豆豉和水豆豉;按风味的不同可分为咸豆豉和淡豆豉。以咸豆豉较多,比较著名的有四川潼川豆豉、重庆永川豆豉、湖南浏阳豆豉、贵州"老干妈"风味豆豉、广西黄姚豆豉等。优质的豆豉以色泽黑亮、香味浓郁、咸淡适中、油润质干、颗粒饱满、无霉变、无异味者为佳。烹调中主要起提鲜、增香的作用。

五、腐乳

腐乳又称豆腐乳,是以大豆制成豆腐,引入菌种发酵,用盐腌再装坛,加入用黄酒、高粱酒及各种香辛料配制的卤汤封盖数月而成,如图13-2所示。腐乳口感醇厚,风味独特,味咸香适口,除佐餐外常作为烹饪中咸味调味品。以色正、形状整齐、质地细腻、无异味者为佳。比较著名的有北京王致和豆腐乳、广东广合豆腐乳、绍兴咸亨豆腐乳、上海鼎丰豆腐乳等。

任务评价

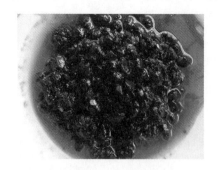

图 13-1 豆豉

图 13-2 腐乳

任务三 甜味调味品

任务描述

本任务主要介绍甜味的特性、在烹调中的作用,呈甜味调味品及在烹调中的运用。

任务目标

熟悉甜味的特性,掌握甜味在烹调中的作用;熟悉每种甜味调味品的呈味特点及烹饪运用。

甜味是人们喜欢的一种味型,在烹调中是仅次于咸味的味,可以单独呈味,也可以和其他调味品组成带有甜味的复合味型。呈甜味的主要成分与烹调中调味品有关的主要是单糖、双糖,而食品工业中用到的甜味剂除以上两种外还有许多成分,本任务不再阐述。

甜味调味品在烹调中能起到增鲜味(咸味品和鲜味品复合味型是清鲜,甜味品和鲜味品复合味型是浓鲜),抑制辣味(使辣味醇厚)、苦味、涩味的作用,在某些菜点中起着色、增色和增加光泽的作用。与烹调有关的甜味调味品主要有食糖、饴糖、蜂蜜等。

一、食糖

食糖是从甘蔗、甜菜等植物中提取的一种甜味调味品,其主要成分是蔗糖。我国以福建、台湾、广东、广西、海南、云南及东北、内蒙古、新疆等地为主要的产地。蔗糖是将甘蔗、甜菜等原料经过清洗、压汁、过滤、浓缩、结晶等工序加工而成的,按其外形和色泽不同可分为白砂糖、绵白糖、冰糖、方糖、赤砂糖等。

（一）白砂糖

白砂糖的蔗糖含量为99%,纯度高,色泽洁白明亮,晶体均匀,水分、杂质、还原糖等含量很低,是人们日常生活中使用最普遍的一种糖,烹调中主要用于拔丝、挂霜、蜜汁及带甜味的菜点。

（二）绵白糖

绵白糖又称细白糖,呈粉末状,在加工时加入约2.5%的转化糖浆,甜度高于白砂糖,色泽洁白,质地绵软细腻。因含有转化糖,重结晶不易析出,不适宜做挂霜菜肴,其他用法同白砂糖。

（三）冰糖

冰糖是以白砂糖为原料再加工、重结晶而成的大颗粒结晶糖,纯度高,甜味纯正。冰糖按生产工艺不同可分为单晶冰糖、多晶冰糖、冰片冰糖。在烹调中冰糖主要用于加热时间较长、带甜味、纯甜味的菜点。

（四）方糖

方糖是白砂糖的再制品，烹调中多不用，主要用于牛奶、咖啡等饮料中。

（五）赤砂糖

赤砂糖又称红糖、黑糖，是制糖时生产出糖的最初产品，用传统方法加工的称为土红糖。其主要成分蔗糖，含有较高的还原糖，另外还含有一定量的葡萄糖、果糖、糖蜜、微量元素、维生素等营养成分，其味比白砂糖甜，晶粒较大，晶面明显，色泽有红褐、赤红、青褐、黄褐等。面点制作中可用红糖制馅，也有用红糖发面制皮的；烹调中红烧、红焖、红扒、红卤、炒糖色也可使用红糖。

二、饴糖

饴糖又称麦芽糖、淀粉糖、糖稀，是以粮食中的淀粉（现在主要用玉米淀粉）为原料，以淀粉酶液化、大麦芽作糖化剂糖化，经过滤精制、浓缩而成的一种糊状调味品。饴糖口感纯正，甜度低，蔗糖含量为蔗糖的40%。饴糖可分为硬饴糖和软饴糖，硬饴糖为淡黄色，软饴糖为黄褐色。饴糖在烹饪中主要用于面点制作及烧、烤、炸类菜肴，可使面点松软而不发硬，如广式月饼、沙琪玛等，可使菜肴色泽红润有光泽，如烤鸭、脆皮鸡等。

三、蜂蜜

蜂蜜是蜜蜂从开花植物的花中采得花蜜，在蜂巢中经过充分酿造而成的天然甜味物质。其气味清香浓郁，味道纯正甜美，因蜜源花蜜的不同，香味、色泽也不同。以色泽黄白、透明、水分少、味纯正、无杂质、无酸味者为佳品。在烹饪中主要用来代替食糖调味，具有矫味、增白、提色等作用，在菜肴的制作中主要用于蜜汁菜肴的调味，在面点的制作中可起到增添香酥的作用。

四、玫瑰酱

玫瑰酱又称玫瑰糖，是将玫瑰花的花瓣用糖腌制成的甜味调味品或甜味食品，如图13-3所示。在烹调中主要用于蜜汁类菜肴的调味，此外还可用于酥饼、花卷、花式蒸饼（馒头）、汤圆、酥皮点心、月饼等的馅料。

五、桂花酱

桂花酱又称桂糖，是用鲜桂花、白砂糖（冰糖）或蜂蜜和少许盐加工而成的甜味调味品或甜味食品，如图13-4所示。其色泽金黄鲜亮，芬芳清雅，是色、香、味俱佳的甜味调味品。其食用方法基本同玫瑰酱。

图13-3　玫瑰酱

图13-4　桂花酱

任务评价

Note

任务四　酸味调味品

任务描述

本任务主要介绍酸味的特征、在烹调中的作用,呈酸味的调味品及在烹调中的运用。

任务目标

熟悉酸味的特征,掌握酸味在烹调中的作用;熟悉呈酸味调味品的特点及在烹调中的运用。

酸味是烹调中常见的一种基本味,是有机酸、无机酸和酸性盐解离出的氢离子引起的味感,适当的酸味能给人以爽快的感觉。一般来说,酸味与溶液的氢离子浓度有关,氢离子浓度高则酸味强,当氢离子浓度过大(pH<3.0)时,酸味令人难以忍受,而且很难感到浓度变化引起的酸味变化,酸味物质的阴离子决定酸的风味特征。酸味不能单独呈味,与其他基本味组成带有酸味的复合味。酸味在烹调中可以起到:赋予菜肴独特的酸味或酸味复合味;去腥解腻,增加菜肴风味;刺激食欲,帮助消化;溶钙,促进钙的分解,保护维生素 C 不大量流失;可保持某些蔬菜的脆感;使某些菜品具有红亮的色泽;可防止某些果蔬类"锈色"的发生;具有杀菌防腐,使肉类软化等作用。常用的酸味调味品主要有食醋、柠檬酸、番茄酱、浆水等。

一、食醋

食醋又称醋,传统方法是以谷类粮食为主,辅以谷糠、麦麸等,经糖化、发酵等生化过程酿成的一种酸味液体调味品。其主要成分是醋酸,还含有氨基酸、琥珀酸、葡萄糖酸、苹果酸、乳酸等。食醋包括酿造醋和人工合成醋两大类,酿造醋有米醋、熏醋、香醋、麸醋、糖醋、酒醋等,其中以谷类粮食酿造的醋最佳。著名品种有山西老陈醋、镇江香醋、四川保宁醋、浙江玫瑰米醋、福建红曲老醋等。

（一）山西老陈醋

山西老陈醋以优质高粱、大麦、豌豆为主要原料,经蒸、酵、熏、淋、晒等过程陈酿而成。色泽棕红或红褐,汁液清亮,酸香浓郁,醇厚绵柔,酸而不涩,回甜绵长,越陈越香,久放不腐。

（二）镇江香醋

镇江香醋以优质糯米为主要原料,经过酿酒、制醅、淋醋三大过程酿造而成。色泽红褐,汁液清亮,酸而不涩,香而微甜。

（三）四川保宁醋

四川保宁醋以麸皮、小麦、大米为主要原料发酵,并配以砂仁、杜仲、白蔻等中药材制曲发酵酿造而成。色泽黑褐,汁液清亮,酸味柔和。

（四）浙江玫瑰米醋

浙江玫瑰米醋以大米为原料酿制而成。色呈玫瑰红色,清香浓郁,汁液清亮,醋味不烈,醇香回甜,非常适口。

（五）福建红曲老醋

福建红曲老醋以糯米、红曲、芝麻为原料陈酿精制而成。色泽棕黑,酸而不涩,酸中带甜,由于添加有芝麻提香,具有一种令人愉快的独特香气。

醋在烹饪中运用非常广泛,除具有酸味调味品的一些作用外,还有减弱甜味、增强咸味(少量醋)的作用。醋有挥发性,随加热时间的延长,色泽加深,酸味减轻,在烹调时要注意醋的添加时间。

二、番茄酱

番茄酱是以新鲜成熟红番茄为原料,经破碎、打浆、去皮、去籽后浓缩、罐装、杀菌制成的鲜红色酱状调味品。其色泽红艳,汁液滋润,酸味柔和回甜,具有增色、添酸、助鲜的作用。番茄酱源自西餐,现广泛应用于中餐,在烹调中主要用于色泽红亮、口味酸甜的菜肴,菜肴如"茄汁鱼片"、"茄汁大虾"、"咕咾肉"、"松鼠鱼"等。与番茄酱加工方法、口味、颜色相似的有番茄沙司,多用于西餐。

三、柠檬酸

柠檬酸又称枸橼酸,是一种重要的有机酸,广泛存在于柠檬、柑橘、草莓等水果中,最初由柠檬汁中分离制取而得名,酸味爽快可口。在烹调中起保色、增香、添酸等作用,使菜点产生特殊风味。

四、浆水

浆水又称酸菜水、酸浆水等,是用芥菜、包菜、芹菜等为原料,在沸水里烫过后,加入适量面糊制成面汤,加温水引入少量旧浆水做引子发酵而成。呈酸味的物质主要是乳酸,属菜汁两用型,菜为酸菜,汁为浆水。多见于西北甘肃、青海、宁夏、陕西等地。浆水凉爽可口,清甜曲香,酸味微酸适口,常用于主食调味,如"浆水面"、"浆水面片"、"浆水漏鱼"等,还可制作各种风味小吃,如"浆水搅团"、"浆水拌汤"等。

任务评价

任务五 麻辣调味品

任务描述

本任务主要介绍辣味和麻味的特征、在烹调中的作用,呈辣味和麻味的调味品及在烹调中的运用。

任务目标

熟悉辣味的特征,掌握辣味在烹调中的作用;熟悉呈辣味调味品的特点及在烹调中的运用;熟悉麻味的特征,掌握麻味在烹调中的作用;熟悉呈麻味调味品的特点及在烹调中的运用。

一、辣味调味品

辣味不属于味觉,是调味料和蔬菜中存在的某些化合物(呈辣味物质)刺激舌黏膜、口腔黏膜和鼻腔黏膜而产生的辛辣、刺痛、灼热的感觉。呈辣味物质主要是辣椒素、挥发油、胡椒碱、黑椒素、姜醇、姜酮、姜烯酚、二硫化合物、芥子油及蒜素等。辣味按其味感的不同,可以分为热辣味(火辣味)、辛辣(芳香辣)味、刺激性辣味三类。热辣味是在口腔中能引起灼烧感觉的无芳香的辣味物质,如辣椒、胡椒的辣味;辛辣味伴有较强烈的挥发性芳香物质,如姜、丁香和肉豆蔻的辣味;刺激性辣味除了能刺激舌黏膜和口腔黏膜外,还刺激鼻腔和眼睛,有催泪作用,如芥末、萝卜、辣根、葱及洋葱的辣味。

辣味在烹调中不能单独呈味,与其他基本味复合形成辣味复合味,在烹调中主要起赋予菜肴辣

Note

味、上色、和味、增香、解腻、压异等作用,还具有刺激食欲、帮助消化的功能。辣味调味品的品种较多,辣味差异很大,需根据烹调用途、食用者对辣味的敏感程度、气候、环境、季节等因素灵活掌握其品种及用量。

（一）辣椒制品

辣椒制品是指秦椒、陇椒、海椒、朝天椒、羊角椒等辣椒的干制品及干制品的加工品,主要包括干辣椒、辣椒粉（辣椒面）、泡辣椒、辣椒油等。

❶ **干辣椒**　干辣椒是各种新鲜尖头辣椒的干制品。以色泽紫红、油光晶亮、皮肉肥厚、身干籽少、辣中带香、无霉烂者为佳。烹调中常用于麻辣、香辣、鲜辣、酸辣等带辣味复合味的菜肴调味。

❷ **辣椒粉**　辣椒粉又称辣椒面,是将干辣椒研磨成粉末状的调味品。以色红、质细、籽少、香辣味浓者为佳。辣椒粉是加工辣椒油的主要原料,同时也是各种烧烤、辣味小吃的调拌料之一。

❸ **辣椒油**　辣椒油又称红油,是用辣椒粉、植物油、盐、白芝麻、葱、姜、蒜、花椒等香料炸制而成的。以色泽红亮、不焦不糊、香辣适口者为佳。烹调中主要用于辣味复合味的调制,如红油味、香辣味、怪味、麻辣味等,也是一些地区面食、特色风味小吃的调拌料,如"兰州牛肉面"、"红油抄手"、"担担面"、"凉粉"等。

❹ **泡辣椒**　泡辣椒又称泡海椒、泡椒,是以新鲜的尖头辣椒为原料,用盐、酒、香料等经腌渍而成的一种辣味调味品。以色泽鲜艳、滋润柔软、肉厚籽少、味道鲜美、兼带香辣、无霉味者为佳。泡辣椒是四川特色调味品,是鱼香味、泡椒类菜肴主要的调味品。

（二）胡椒

胡椒是胡椒科胡椒属植物胡椒的果实,其气味芳香,有刺激性及强烈的辛辣味,主要成分是胡椒碱、胡椒脂碱、挥发油等。成品因加工的不同而分为白胡椒和黑胡椒。黑胡椒以粒大饱满、色黑皮皱、气味芳香、味辛辣者为佳,白胡椒以个大、粒圆、坚实、色白、气味强烈者为佳。胡椒作为调味品通常加工研磨成粉末状后使用,称为胡椒粉,在烹调中主要起提味、增鲜、和味、增香、去异味等作用。胡椒主要适用于烹制鲜咸味的肉类菜肴、突出本味的菜肴及带汤的、羹类、面点、小吃和调馅,也是河南、陕西一带小吃"胡辣汤"的重要调味品。

（三）芥末

芥末为十字花科芸薹属植物芥菜的种子干燥后研磨成粉状的一种调味品,色黄又称为黄芥末。以油性大、辣味足、冲鼻、有香味、无异味、无霉变者为佳。芥末具有增香、提辣、刺激食欲的作用,多用于凉拌菜的制作,如"芥末鸭掌"、"芥末毛肚";有些地区也用于热菜,如"芥末肘子",还可用于面点、小吃的调味,如"凉面"、"酿皮"、"凉粉"等。在烹调中还用到与芥末味相似的调味品有芥末油、青芥辣（芥末膏）。

青芥辣又称为绿芥末,是用山葵的根茎磨成的酱。由于山葵种植环境要求高,种植周期长,成本高,现往往用辣根制茸后染成绿色代替山葵。绿芥末原产于日本,其色泽鲜绿,具有强烈的香辛味,能除去鱼的腥味,并有杀菌消毒、促进消化、增进食欲的作用,主要用于刺身类菜肴的蘸食调味。

（四）咖喱粉

咖喱粉是以姜黄为主要原料,再配入白胡椒、黑胡椒、辣椒、芥末、小茴香、桂皮等多种香辛料配制而成的粉末状调味料。咖喱粉呈深黄色或黄褐色,香辛味浓烈,香味重,辣味轻,具有提辣增香、去腥增色、增进食欲的作用。以色泽深黄、粉质细腻、松散无块、无杂质、无异味者为佳。咖喱粉在烹调中多用于烧制咖喱味的菜品,如"咖喱鸡块"、"咖喱牛肉"、"咖喱羊肉"、"咖喱鸡饭"等。

二、麻味调味品

麻味是麻味物质花椒素刺激舌黏膜、口腔黏膜及触觉神经而产生强烈的麻痹感。在烹调中不能单独呈味,需在咸味的基础上才能体现出来,常与辣味组合形成人们喜欢的麻辣味。呈麻味的调味品仅有花椒这一种。

花椒为芸香科花椒属植物花椒果皮或果实的干制品。我国大部分地区均产,主要产于四川、陕西、甘肃、山西、河北、河南等地。烹调中用的花椒有两种:一种是还未完全成熟的青花椒,外皮为绿色;另一种完全成熟,外皮为红色,以粒大均匀、果实干燥少籽、皮色鲜艳、香味浓、麻味足为佳。花椒具有除腥、解腻、增香、赋麻、去异味、杀菌、防腐、刺激食欲、增加菜肴风味等作用,可用于各种原料的腌制,与其他调味品复合成麻辣味、椒麻味、椒盐味、怪味等复合味,可在炒、烧、焐、烩、拌、卤等烹调方法中使用。经加工可制成花椒粉(面)、花椒盐、花椒油调味料。

任务评价

任务六 鲜味调味品

任务描述

本任务主要介绍鲜味的特征、在烹调中的作用,呈鲜味调味品的品种及在烹调中的运用。

任务目标

熟悉鲜味的特征,掌握鲜味在烹调中的作用;熟悉味精的呈味特性,掌握味精的调味方法;熟悉其他鲜味调味品的品种、特点及在烹调中的运用。

鲜味是食物中某些呈味物质刺激味蕾经中枢神经析出的一种复杂的美味感觉。鲜味在烹饪中不能单独存在,必须在咸味的基础上才能发挥作用。鲜味调味品指的是能给菜点赋予鲜美滋味的各种调味品,在使用时需掌握用量,不能压抑菜点的本味。其主要调味品有味精、鸡精(粉),还有加工成复合味型提鲜味、突出鲜味的调味品,如蚝油、虾油、鱼露等。

一、味精

味精又称味素,化学成分为谷氨酸钠,是一种鲜味调味品,通常为白色结晶或粉末。味精能刺激味蕾、增加食品特别是肉类和蔬菜的鲜味,烹饪中常添加于汤和肉类菜品中。

二、鸡精(鸡粉)

鸡精(鸡粉)是一种复合鲜味调味品,主要成分是谷氨酸钠、淀粉、增味核苷酸、糖以及其他一些香料。鸡粉的加工工艺与鸡精的相似,但呈味物质要低于鸡精,更突出鸡肉的风味。

三、蚝油

蚝油是用蚝(牡蛎)熬制而成的一种调味品,是福建、广东等沿海一带的特产调味品,具有浓郁的蚝鲜味。以色泽棕红色至棕褐色、鲜亮有光泽、有熟蚝香、味鲜美、咸淡适口、鲜甜无异味、黏稠适中、不分层、不结块、无异物者为佳。在烹调中可作为鲜味调味品和调色调味品,具有提鲜、赋咸、增香、补色的作用。菜肴如"蚝油牛肉"、"蚝油生菜"、"蚝油网鲍"、"蚝油鸡翅"等。

四、鱼露

鱼露又称鱼酱油,是广东、福建等地以及东南亚国家常见的鲜味调味品。鱼露以新鲜的海鱼和盐为原料,经自然发酵和生物酶解而成,以色泽橙黄色至棕红色,具有鱼露固有的香气和鲜美滋味,无异味及腐臭气味,澄清、不混浊、无异物者为佳,允许有少量蛋白质沉淀。鱼露含有多种呈鲜味的氨基酸成分,味极鲜美,营养价值高,是一些高级菜肴的调味品。在烹调中与酱油的用法相同,主要用于浅色菜肴的鲜味调味,尤其是制作海鲜类的菜肴、凉拌菜、蘸味碟的调味,用其腌制各种肉类制品也别具风味特色。

任务评价

五、虾油

虾油又称海虾油、虾油露,是以新鲜虾为原料经盐腌、发酵、熬炼、滤制而成的一种味道极为鲜美的调味品。虾油含有鲜虾浸出物中的各种呈味成分,营养丰富,易于消化吸收。以色泽棕黄色至棕褐色、无沉淀、具有虾油固有滋味、无杂质、无异味者为佳。我国沿海加工虾米的地区均有生产。在烹饪中多用于汤菜的调味品,也可用于烧、扒、拌等烹调方法的调味,菜肴如"虾油烧"、"虾油扒"等。

任务七 香味调味品

任务描述

本任务主要介绍呈香味调味品的种类、调味作用及在烹饪中的运用。

任务目标

了解香味的来源,掌握香味的定义;熟悉香味的分类,掌握其在烹调中的作用;熟悉香味调味品的种类及在烹调中的运用。

香味是指通过人们的嗅觉和味觉器官令人感到愉快舒适的气息和味感。香味调味品是以植物的种子、果实、根、茎、叶、花蕾、树皮及制品为原料,使食物具有浓郁香气的一类调味品及制品。香味的主要来源是其中含有的一些挥发性成分,包括醇、酮、酯、萜、烃及其衍生物等。香味调味品具有赋香、除异味、杀菌、灭虫、防腐、刺激食欲、帮助消化等作用,根据香味的不同可分为芳香料、苦香料、酒香料三类。

一、芳香料

芳香料是香味的主要来源,含有挥发油,香味浓郁,在烹调中有除异味、增香的作用。

(一)八角茴香

八角茴香又称八角、大料、大茴香,为木兰科八角属植物八角茴香的果实,如图13-5所示。红棕色,有浓烈的香味,原产于广西西南部,为我国西南部亚热带地区特产,现主要分布于广西、广东、云南、贵州等地,福建南部和台湾有少量栽培。八角以个大均匀、色泽棕红、鲜艳有光泽、香气浓郁、完整身干、果实饱满、无霉烂杂质者为佳。八角属的莽草、厚皮八角的果实极像八角,主要区别在于果实的蓇葖果多于八角,蓇葖果的顶端带有细长而弯曲的尖头,而八角的顶端钝尖。莽草和厚皮八角的果实有剧毒,不能食用。八角茴香在烹调中适宜于烧、炖、煮、焖、酱、卤等方法烹制的菜肴,有除腥解腻、和味增香、促进食欲等作用,是加工五香粉、十三香的主要原料。

(二)茴香

茴香又称小茴香,为伞形科茴香属植物茴香的果实(嫩苗为茴香菜,可食用),如图13-6所示。

原产于地中海地区,我国各地普遍栽培,主要产于山西、内蒙古、辽宁、甘肃等地。有特异茴香气,味微甜、辛。以颗粒均匀、质地饱满、色泽黄绿、芳香浓郁、无柄梗、无杂质者为佳。在烹调中常与八角茴香等其他香料配合使用,适用于腥臊味较重的动物性原料,有去腥膻、增香味的作用。

图 13-5　八角茴香

图 13-6　茴香

（三）丁香

丁香又称丁子香、雄丁香、公丁香等,为桃金娘科蒲桃属植物丁香的花蕾干燥品,如图 13-7 所示。以干燥花蕊入药,称为公丁香。丁香花盛开后坐果,采收未成熟果实,干燥后称为母丁香,香味不如公丁香浓烈,多用于药材。丁香原产地为印度尼西亚马鲁古群岛,我国海南及雷州半岛、广东、广西等地均有栽培。以个大均匀、饱满、鲜紫棕色、香气强烈、无异味、油多者为佳。烹调中应用同八角茴香,但香气比八角茴香浓烈,要注意使用量。

（四）桂皮

桂皮学名柴桂,又称香桂,为樟科樟属植物天竺桂、阴香、细叶香桂、肉桂或川桂等树的树皮,如图 13-8 所示。桂皮经干燥后两侧内卷,质地坚硬,折时脆断发响,皮面清灰中透棕色,皮内棕色,气味浓香略甜。我国主要产于浙江、湖北、湖南、四川、福建、广东、贵州、云南等地。以皮细肉厚、表面灰棕色、内面暗红棕色、油性大、香气浓、无虫蛀、无霉烂者为佳。桂皮在烹调中使用基本同八角茴香,适宜于烧、扒、酱、卤等菜品的调味,主要起增香味、去异味的作用,也是复合调味料的原料之一。此外,桂皮还是制作糖果、食品、香水、香皂等的重要原料。

图 13-7　丁香

图 13-8　桂皮

（五）孜然

孜然又称枯茗、孜然芹等,为伞形科孜然芹属植物的果实,如图 13-9 所示。孜然原产于埃及、埃塞俄比亚,我国主要产于新疆南部,具有独特的薄荷味和水果香味,略带苦味。孜然是一种特殊的香料,在烹调中可除异增香,解羊肉膻味,多用于羊肉菜品的制作,如"烤羊肉串"、"孜然羊肉"等。孜然使用时一般加工成粉末再使用。

（六）香叶

香叶又称香桂叶、月桂叶,为樟科月桂属植物月桂的叶,如图 13-10 所示。原产于地中海和西亚一带,现世界各地均有栽培,我国浙江、江苏、福建、台湾等地有少量栽培。香叶干燥后可作香料调味品,也可将干叶加工成粉末状;此外,枝、叶和果实均可提取芳香油。在烹调中有增香矫味的作用,多用于酱、卤、烧、焖等烹调方法的调味,在西餐中也应用较广。因含有柠檬烯等成分,也有杀菌防腐的功效。

图 13-9　孜然

图 13-10　香叶

（七）紫苏

紫苏又称桂荏、白苏、赤苏等,为唇形科紫苏属植物,如图 13-11 所示。原产于我国,主要分布于印度、缅甸、日本、朝鲜等国家。嫩叶可作蔬菜,取叶晒干或进一步粉碎即成使用香料,可做调味品,有除腥、解腻、增香的作用。常以鲜叶、嫩茎用在鱼、虾、蟹等原料的菜肴中,制作腌制(泡制)蔬菜放入紫苏叶或杆,可以防止泡菜液中产生白色的病菌。

（八）莳萝

莳萝又称土茴香,属伞形科莳萝属植物土茴香的果实(嫩苗同茴香菜,可食用),籽、叶均可作为调味品,如图 13-12 所示。原产于印度,自地中海沿岸传至欧洲各国,我国东北、甘肃、广东、广西等地均有栽培。在烹调中的用法与茴香基本相同,多用于酱、卤、烧等烹调方法的调味,在西餐中应用较多。

图 13-11　紫苏

图 13-12　莳萝

（九）迷迭香

迷迭香为唇形科迷迭香属植物,常绿灌木,如图 13-13 所示。迷迭香是一种名贵的天然香料植物,有清心提神的功效,它的茎、叶和花具有宜人的香味。原产于欧洲、非洲北部、地中海沿岸地区,我国现在主要在南方大部分地区和山东地区栽种。在烹调中主要用于酱、卤、烧等烹调方法的调味,有增香、除异的作用。在西餐中常用于牛排、羊肉、鸡、鸭、香肠、土豆等原料的调味,特别是烤制品中经常使用,香味浓郁,是西餐中常用的香料。

（十）百里香

百里香又称地椒、地花椒、山胡椒、麝香草等，为唇形科百里香属多年生草本植物，如图 13-14 所示。原产于南欧，我国主要产于甘肃、陕西、青海、山西、河北、内蒙古等地。在烹调中多用于鱼类、肉类及汤类的调味，有除腥、增香的作用；腌菜和泡菜时加入百里香，能增加其清香味；在西餐中用途较广，是西餐中常用的香料。

图 13-13　迷迭香

图 13-14　百里香

（十一）罗勒

罗勒又称兰香、九层塔等，为唇形科罗勒属植物，如图 13-15 所示。原产于非洲、美洲及亚洲热带地区，我国分布较广，野生和栽培均有，多为栽培。气味芳香，有清凉感。烹调中多用于除腥膻、增香味的菜品，与番茄或番茄汁搭配风味独特，是西餐烹饪常用的香料。

（十二）鼠尾草

鼠尾草又称洋苏草，为唇形科鼠尾草属多年生草本芳香性植物，如图 13-16 所示。原产于欧洲南部与地中海沿岸地区，我国主要产于浙江、安徽、江苏、江西、湖北、福建等地。其嫩茎、叶、花都具有辛辣的芳香味，多用于西餐调香，适合于跟奶制品和油腻食物一起烹饪，常用于鸡、鸭类菜肴和汤类、牛奶布丁的调香，有时也会加入葡萄酒、啤酒、茶和醋当中。鼠尾草的香味浓烈，用量不宜太多。

图 13-15　罗勒

图 13-16　鼠尾草

二、苦香料

苦香料是一类含有生物碱、糖苷等苦味成分和挥发性香味成分的调香料。苦味并不是令人愉快的味感，在烹调中适量添加可去腥解腻、除异增香，与其他香料配合使用能形成特殊的风味。

（一）陈皮

陈皮又称陈橘皮，为芸香科柑橘属植物橘及其栽培变种成熟果皮的干制品。我国主要产于福建、浙江、广东、广西、江西、湖南、贵州、云南、四川等地，广东新会陈皮更具特色。以皮薄、片大、色红、油润、体轻、身干、无霉烂、香气浓郁者为佳。陈皮味微苦而芳香，既可入药，又可做调味品。烹调中多用于炖、烧、焖、酱、卤等方法烹制的菜肴，主要起除腥膻、增香、提味的作用。菜肴如"陈皮牛肉"、"陈皮兔丁"、"陈皮鸡"、"陈皮鸭"等。

（二）草果

草果又称草果仁，为姜科豆蔻属多年生草本植物草果果实的干制品，如图 13-17 所示。我国主要产于云南、广西、贵州等地。草果色泽为黄棕色或红棕色，气芳香，味辛辣。以个大、饱满、色棕红、质干、香气浓者为佳。烹调中往往和八角茴香等香味调料配合使用，有除腥、增香、压异的作用。

（三）白豆蔻

白豆蔻又称壳蔻、白蔻，为姜科豆蔻属植物的果实或种子，如图 13-18 所示。白豆蔻主要产于越南、柬埔寨、泰国等地，我国广东、广西、云南等地均有栽培。以色白或微黄、大小均匀、表面有皱纹并被有残留的假种皮、体轻、质干、气味芳香者为佳。白豆蔻气味芳香，微辛略苦，具有去异味、增香辛的作用，在烹调中常用于配制各种卤汤，卤制各种肉制品，也是加工咖喱粉的原料之一。

图 13-17　草果

图 13-18　白豆蔻

（四）肉豆蔻

肉豆蔻又称肉果、玉果、肉蔻等，为肉豆蔻科肉豆蔻属常绿乔木肉豆蔻的种仁，如图 13-19 所示。原产于印度尼西亚、马来西亚、西印度群岛及巴西等地，我国广东、广西、云南、海南等地均有栽培。肉豆蔻外观为灰棕色至棕色，呈卵圆形、球形或椭圆形，味道辣中带苦，具有芳香味，具有除异增香的作用，其烹饪应用同白豆蔻。

（五）草豆蔻

草豆蔻又称草蔻、紫蔻等，为姜科多年生草本植物草豆蔻的种子的干制品，是一种具有苦香味的调味品，如图 13-20 所示。我国主要产于广东、广西、福建、云南、贵州等地。以个大、饱满、质实、芳香味浓者为佳。烹调用途同白豆蔻。

图 13-19　肉豆蔻

图 13-20　草豆蔻

（六）荜拨

荜拨又称毕勃、荜茇、荜拨，为胡椒科胡椒属植物荜拨的穗状花序的干制品，如图 13-21 所示。

荜拨产于云南东南至西南部，广西、广东、福建也有栽培。荜拨具有类似胡椒的特异香气，味辛辣。以身干、肥大、色黑褐、质坚、辛辣味浓郁者为佳。烹调中可用成熟和未成熟的果实入馔，具有矫味、除异、增香的作用，一般与其他香料配合使用，可用于烧、炖、焖、烩、制卤、制汤等烹调方法的调味。

图 13-21　荜拨

图 13-22　山奈

（七）山奈

山奈又称沙姜、三奈、山辣等，为姜科山奈属多年生宿根草本植物山奈的根状茎经干制而成的苦香味调料，如图 13-22 所示。我国主要产于广东、广西、云南、海南、台湾等地。山奈富含姜辣素，气味芳香，味辛辣，具有除异增香的作用。以色白、粉性足、饱满、香气浓厚而辣味强者为佳。烹调中一般与其他香料配合使用，可用于烧、炖、制卤、制汤等烹调方法的调味。

（八）白芷

白芷又称香白芷、香芷，为伞形科当归属植物白芷的根加工而成的苦香味调料，如图 13-23 所示。白芷气芳香，味辛，微苦。烹调中多用于卤制品、酱制品、煮肉制汤的调味，具有除异增香的作用。

（九）砂仁

砂仁为姜科豆蔻属植物砂仁的果实或种子，如图 13-24 所示。我国主要产于广东、广西、云南、四川、福建等地。砂仁主要有阳春砂仁、缩砂仁、绿壳砂仁三种，其中阳春砂仁品质最好。砂仁气芳香而浓烈，味辛辣、微苦。以个大、坚实、饱满、香气浓、搓之果皮不易脱落者为佳。在烹调中的用法同白豆蔻，具有除腥、增香、压异的作用。

图 13-23　白芷

图 13-24　砂仁

（十）苦豆子

苦豆子又称苦槐，为豆科槐属植物，落叶灌木。多生于干旱沙漠和草原边缘地带，主要产于我国内蒙古、山西、陕西、宁夏、甘肃、青海、新疆、河南、西藏等地。其种子多作药用，也可用作香料；其叶片，采其嫩叶，干燥后研磨呈粉末，黄绿色，清香微苦，多用于面食花卷、烙饼中提味增色。苦豆子含多种生物碱,有毒性,烹调时注意使用量。

（十一）茶叶

茶叶又称茶、茗等,由山茶科山茶属植物的芽或叶加工而成。我国是茶叶的故乡,有着悠久的饮茶史。茶叶按其加工方法的不同可分为绿茶、红茶、青茶(乌龙茶)、白茶、黑茶、黄茶 6 大类。著名的品种有西湖龙井、碧螺春、黄山毛峰、庐山云雾茶、六安瓜片、君山银针、信阳毛尖、武夷岩茶、安溪铁观音、祁门红茶等,其茶香、茶汤各具特色。在烹调中可用茶粉、茶汤、茶叶制作不同茶香的菜点,如"绿茶酥"、"龙井虾仁"、"茶香鸡"等。

三、酒香料

酒香料是以粮食为原料酿造的含有乙醇的各种饮品。乙醇是有机溶剂,能溶解烹饪原料中的腥膻味成分,随挥发而散失;同时利用在酿造过程中产生的香味成分给菜肴增香。烹饪中常见的酒香料有黄酒、葡萄酒、白酒、啤酒、酒酿、香糟,主要用于动物性原料菜肴的调味。

（一）黄酒

黄酒又称米酒、料酒、绍酒,以谷物为原料,拌以麦曲、米曲,进行糖化和发酵酿制而成,如图 13-25 所示。一般酒精含量为 14%~20%,属于低度酿造酒。黄酒主要产于长江中下游一带,现全国各地都有出产,以绍兴黄酒最为著名。以色泽橙黄、清澈透明、香气浓郁、味道醇厚为佳。在烹调中主要用于动物性原料烹调前的腌渍码味、烹调过程中的调味,有杀菌消毒、除腥、解腻、增香、入味的作用。菜肴如"黄酒焖肉"等。

（二）白酒

白酒又称烧酒、白干,以曲类、酒母为糖化发酵剂,利用淀粉质(糖质)原料,经蒸煮、糖化、发酵、蒸馏、陈酿和勾兑而酿制而成,酒精含量为 40%~55%,也有少数可达 65%。白酒的主要香型有酱香型、清香型、浓香型等。白酒在烹调中主要用于除腥、解腻,也有消苦、减酸、增香的作用。白酒还可作为制作醉菜的调味品,菜肴如"醉虾"、"醉蟹"等。

（三）葡萄酒

葡萄酒以鲜葡萄或葡萄汁为原料,经全部或部分发酵酿制而成,酒精含量不低于 7%,如图 13-26 所示。以成品颜色不同,可分为红葡萄酒、白葡萄酒及粉红葡萄酒三类。其中红葡萄酒又可细分为干红葡萄酒、半干红葡萄酒、半甜红葡萄酒和甜红葡萄酒,白葡萄酒则细分为干白葡萄酒、半干白葡萄酒、半甜白葡萄酒和甜白葡萄酒。葡萄酒多作饮品,在西餐中应用广泛,中餐主要用于动物性原料的腌制、菜肴味汁的调制,具有除腥膻、添酒香、增色泽等作用,菜肴如"葡萄酒焗鸡"、"贵妃鸡翅"、"葡萄鱼"、"葡萄酒炖排骨"等。

图 13-25　黄酒

图 13-26　葡萄酒

（四）啤酒

啤酒以小麦芽和大麦芽为主要原料,加入啤酒花,经过液态发酵酿制而成,酒精含量一般为

$3\%\sim5\%$，如图 3-27 所示。在烹调中可代替黄酒使用，有除腥、致嫩的作用；既可以用于调味，也可以作为汤使用，形成独特的风味，菜肴如"啤酒鸡"、"啤酒鸭"、"啤酒鱼"等。我国各地均产，著名的品牌有青岛啤酒、雪花啤酒、燕京啤酒、哈尔滨啤酒等。

（五）酒酿

酒酿又称醪糟、米酒、甜酒，是用蒸熟的江米（糯米）拌上酒醇发酵而成的一种甜米酒，如图 13-28 所示。酒酿是中国传统特产，历史悠久，全国各地均有出产。其甜醇甘美，略有酒香，酒精含量低，营养丰富。以色白质稠、香甜适口、无酸苦异味、无杂质者为佳。酒酿可以直接食用，也可作调料食用，其调味作用同黄酒，有除腥、解腻、增香的作用，作用比黄酒要弱；在烹调中还可制作甜羹类菜肴及风味小吃，如"八宝醪糟汤"、"鸡蛋醪糟"、"牛奶醪糟"、"酒酿圆子"、"仙米醪糟"等。

图 13-27　啤酒

图 13-28　酒酿

（六）香糟、香糟卤

香糟以酒糟为主要原料，经压榨过筛，并与香辛料均匀混合后入坛密封发酵而成。香糟可分白糟和红糟两类：白糟为绍兴黄酒的酒糟加工而成；红糟是福建特产，在酿酒时需加入 5% 的天然红曲米。现成的酒糟还不能直接作调味用，必须加工成香糟卤才能使用。

香糟卤以香糟为原料，加水浸取糟汁后，添加黄酒、香辛料、食盐等经配置、过滤、灭菌、灌装而成。以色泽淡褐色或淡黄色、有香糟香味、咸中带鲜、醇和爽口、无异味、清澈透明者为佳。香糟风味独特，既有黄酒的酒香味，又有辛香料的香味，香味更加浓郁，具有除腥、解腻、增香、生味、增色（红糟）的作用，适用于炒、熘、爆、烧、扒、拌、卤等多种烹调方法的调味，是山东、江苏、上海、浙江、福建等地的特色风味。菜肴如"糟熘三鲜"、"糟扒三白"、"香糟卤蛋"、"红糟鸡丁"、"香糟鸡翅"等。

任务评价

任务八　食品添加剂

> **任务描述**

本任务主要介绍我国允许在食品中添加的着色剂、发色剂、膨松剂、增稠剂、凝固剂、致嫩剂的常见种类及其特性、在烹调中的运用。

> **任务目标**

熟悉食品添加剂的分类，掌握食品添加剂的定义；了解每种着色剂、发色剂、膨松剂、增稠剂、凝固剂、致嫩剂的加工制作，熟悉其着色特点，掌握其在烹饪中的运用。

食品添加剂是指食品在生产、加工、储藏等过程中，为了改良食品品质及其色、香、味，为了改变

Note

食品的结构,防止食品氧化、腐败、变质和为了加工工艺的需要而加入食品中的天然物质或化学合成物质。这些物质不影响食品的营养价值,能改善食品的感官性状,延长食品保质期,综合提高食品质量。烹饪中常见的食品添加剂有着色剂、膨松剂、发色剂、凝固剂、增稠剂、致嫩剂等。

一、着色剂

着色剂又称食用色素,是以食品着色和改善食品色泽为目的的食品添加剂。着色剂根据来源可分为天然色素和人工合成色素,前者较为安全,可以使用;后者有些有相对毒性,虽价廉、色艳、着色力强,能不用尽量不用,要用则不能超出合成色素的使用标准。

(一)天然色素

天然色素是由动物、植物组织中提取的色素,基本上是植物色素,也有一些是动物色素和微生物色素。这类色素稳定性和着色力一般不如人工合成色素,但安全性高,尤其是果蔬类原料来源的天然色素更是如此。天然色素根据加工程度的不同又分为天然品色素和天然合成品色素。

❶ 天然品色素

(1)红曲色素。红曲色素商品名叫红曲红,是以大米、大豆为主要原料,经红曲霉菌液体发酵、培养、提取、浓缩、精制而成,以及以红曲米为原料,经萃取、浓缩、精制而成的天然红色色素。红曲色素在烹调中多用于肉类菜点和肉类制品的着色,如叉烧肉、红烧肉、无锡排骨、火腿、香肠的着色;在食品工业中用于果酱、红腐乳、饮料等食品的着色。

(2)姜黄素。姜黄素是从姜科、南星科多年生草本植物姜黄、郁金、莪术、菖蒲等的根状茎中提取的黄色色素。姜黄的根状茎干制后磨成粉即为姜黄粉,民间称为姜黄,常用于突出黄色的面点制品及菜肴制作的着色;食品生产中广泛应用于饮料、果酒、糖果、糕点、罐头、果汁,作为复合调味品应用于鸡精复合调味料、咖喱粉、膨化调味料、方便面及面膨化制品、方便食品调味料、火锅调味酱、牛肉干制品等。

(3)胡萝卜素。胡萝卜素是以深绿色蔬菜(不能用于自制)和黄色或橘色的果蔬(如胡萝卜、菠菜、生菜、番茄、西兰花、哈密瓜、杏、橘子、橙子、南瓜、彩椒等)用天然物萃取法、化学合成法及微生物发酵法等方法制取的红紫色至暗红色结晶性粉末。胡萝卜素具有良好的着色性能,着色范围是黄色至橙红,着色力强,色泽稳定均匀,烹调中的应用同叶绿素铜钠。

❷ 天然合成品色素

(1)紫胶虫色素。紫胶虫色素又称紫胶色素,是从同翅目紫胶虫科的一种雄性小介壳昆虫——紫胶虫所分泌排泄的红棕色树脂状体,经揩脂、醇溶、滤分、浓缩、沉淀、分离、酸化、浓缩、重结晶纯化等工序而获得的。紫胶虫色素为鲜红色粉末,呈酸性,属蒽醌衍生物,热稳定性好,随溶液酸碱性的变化而变色,pH 值小于 4.5 为橙黄色,pH 值 4.5~5.5 为橙红色,pH 值大于 5.5 为紫红色。多用于果蔬汁饮料、糖果、果酱、调味酱、罐头等着色。

(2)叶绿素铜钠。叶绿素铜钠为墨绿色粉末,是以天然的绿色植物和干沙蚕为原料,用丙酮、甲醇、乙醇、石油醚等有机溶剂提取,以铜离子取代叶绿素中心镁离子,同时用碱对其进行皂化,除去甲基和植醇基后形成的羧基成为二钠盐。在烹调中常用于菜点的绿色色素使用,面点制作中可用叶绿素铜钠水溶液调制面团、粉团,使制品色泽呈鲜绿色;制作卷类菜肴可在皮料或馅料里添加,使皮或馅心呈绿色;还可用于各类蒸糕、拼盘打底、点缀用料的着色。食品加工业中常用于饮料、罐头、雪糕、饼干、干酪、酸黄瓜等。

(3)焦糖色素。焦糖色素又称焦糖色、焦糖、酱色、糖色等,是糖类物质(如饴糖、蔗糖、糖蜜、转化糖、乳糖、麦芽糖浆和淀粉的水解产物等)在高温 160~180 ℃下脱水、分解和聚合而成的复杂红褐色或黑褐色稠状液体。焦糖色素在烹调中运用广泛,厨师常常根据制品对色泽的要求自己炒制,多用于酱红色菜肴的烹制中,适宜于红烧、红扒、黄焖、红焖等烹调方法的调色。能使菜肴色泽红润光亮,风味独特。加工不好的焦糖色微有苦味,注意其使用量,以免影响制品风味。

随着科学技术的进步和食品工业的发展,现今还有许多的天然食用色素,如辣椒红素、栀子(黄、红、蓝)色素、可可色素、胭脂树橙色素、茶绿色素、红花红色素、高粱红色素、桑椹红色素、紫甘薯色素、紫草红色素、胭脂虫色素、玫瑰茄色素、甜菜色素等,烹饪中使用不多,在此不再一一阐述。

（二）人工合成色素

人工合成色素是指用人工化学合成方法所制得的有机色素,主要是以煤焦油中分离出来的苯胺染料为原料制成的。我国允许使用的人工合成色素有苋菜红、胭脂红、新红、赤藓红、诱惑红、柠檬黄、日落黄、靛蓝、亮蓝等9种。人工合成色素有一定毒性,存在食品安全风险,各国对人工合成色素的种类及使用量都有严格的控制。

❶ **苋菜红**　苋菜红又称杨梅红、鸡冠花红、蓝光酸性红。为紫红色均匀粉末,无臭,耐光性、耐热性、耐酸性好,遇碱变为暗红色。易溶于水,不溶于油脂,0.01%的水溶液呈玫瑰红色,最大使用量为每千克0.05克。烹调中主要用于突出红色菜点的着色。

❷ **胭脂红**　胭脂红又称丽春红4R、大红、亮猩红,是苋菜红的异构体。胭脂红是目前我国使用最广泛、用量最大的一种单偶氮类人工合成色素。为红色至深红色均匀粉末,无臭,耐光性、耐酸性较好,耐热性强,溶于水,水溶液呈红色,不溶于油脂,遇酸稳定,遇碱变为褐色。着色性能与苋菜红相似,烹调用途同苋菜红,最大使用量为每千克0.05克。我国规定,肉制品、水产品不允许添加胭脂红。

❸ **柠檬黄**　柠檬黄又称酒石黄、酸性淡黄、肼黄。为橙黄色粉末,其0.1%的水溶液呈鲜艳的嫩黄色,易溶于水,不溶于脂肪,耐酸性、耐光性、耐盐性好,耐氧化性较差,遇碱稍微变红,最大使用量为每千克0.1克。烹调中常用于突出黄色菜点的着色。

❹ **日落黄**　日落黄又称夕阳黄、橘黄、晚霞黄。为橙红色粉末或颗粒,0.1%水溶液呈橙黄色,无臭,易溶于水,不溶于油脂,中性和酸性水溶液呈橙黄色,遇碱变为红褐色,易吸湿,耐热性、耐光性强,还原时褪色,易着色且牢固。最大使用量为每千克0.1克。烹调中常用于突出黄色菜点的着色。

❺ **靛蓝**　靛蓝又称食用蓝、酸性靛蓝、磺化靛蓝。为蓝色均匀粉末,无臭,0.05%的水溶液呈深蓝色,微溶于水,不溶于油脂,对光、热、酸、碱、氧化均敏感,耐盐性较差,还原时褪色,但着色性好。最大使用量为每千克0.1克。

二、膨松剂

膨松剂又称膨胀剂或疏松剂。膨松剂在加热前掺入原料(面粉或淀粉)中,加热后分解产生气体,使原料或面坯起发,形成松软的海绵状致密的多孔组织,使食品具有膨松、柔软或酥脆感。膨松剂可分为化学膨松剂和生物膨松剂。

（一）化学膨松剂

化学膨松剂是一些具有膨松作用的化学物质,按其组成成分的多少可分为单一膨松剂和复配膨松剂。

❶ **单一膨松剂**

（1）碳酸氢钠。碳酸氢钠俗称重碱、小苏打等,为白色晶体或不透明单斜晶系细微结晶,比重2.15,无臭、无毒、味咸,可溶于水,其水溶液因水解而呈微碱性,常温中性质稳定,受热易分解,在50 ℃以上逐渐分解,生成二氧化碳,使制品膨胀疏松。在干燥空气中无变化,在潮湿空气中缓慢潮解。碳酸氢钠在烹调中主要用于发酵面团酸味的中和,一些面点制品的膨松,还具有腐蚀蛋白质性质的原料,使其吸水,嫩化菜肴口感的作用,主要用于牛肉类菜肴的制作。在使用时要注意使用量,成品菜点不能有碱味,发酵面点添加过量会使制品发黄。

（2）碳酸氢铵。碳酸氢铵又称碳铵、臭粉,为白色斜方或单斜结晶体或结晶性粉末,无毒,有氨臭,易溶于水,水溶液呈碱性,对热不稳定,在空气中易风化,36 ℃以上分解为二氧化碳、氨和水,60 ℃可分解完。有吸湿性,潮解后分解会加快。在烹调中主要用于面点的制作,容易使食品内部及表面呈大空洞,光泽度差,同时产生的氨除了挥发外还有少量残留,影响产品的风味,往往和碳酸氢钠混合使用。

（3）碳酸钠。碳酸钠俗称苏打、纯碱、碱粉、碱面,为白色粉末或细粒,无臭,有碱味;易溶于水,水溶液呈碱性,在空气中极易潮解结块,并吸收二氧化碳生成碳酸氢钠,遇酸分解释放出二氧化碳。在烹调中广泛应用于面肥发酵面团中和酸味的作用;在面条制作中可抑制面条受热发酵,并能增加面团的弹性和延伸性;还可用于干制的富含胶原蛋白的原料的涨发。

❷ **复配膨松剂** 复配膨松剂又称发酵粉、发粉、泡打粉、焙粉,为白色的粉末,是由碱性剂、酸性剂和填充剂组成的复合型化学膨松剂。糕点类以面粉干重计使用 1%～3%,馒头、包子等面食品以面粉干重计使用 0.7%～2%,还可用于热菜制作中发粉糊的调制。目前在市场上还能见到一种采用碳酸氢钠、玉米淀粉、碳酸钙、酒石酸、磷酸二氢钠、柠檬酸、纤维素酶等为主要成分,配制的复配油条膨松剂或无铝油条膨松剂,专用于油条的炸制,建议使用量 2%～3%。

（二）生物膨松剂

生物膨松剂是指含有酵母菌等发酵微生物的膨松剂。酵母菌能分解面团中的单糖产生二氧化碳,使制品膨松;发酵微生物本身含有蛋白质和维生素等,可增加制品的营养价值。

❶ **鲜酵母** 鲜酵母又称压榨鲜酵母、面包酵母、新鲜酵母,是一种没有经过干燥、造粒工艺的酵母,是将纯酵母进行培养,达到标准的酵母液,精高速离心机将其沉淀,再压榨其水分呈块状的制品。

❷ **面肥** 面肥又称老面、老肥、老酵面等,是指含有酵母菌的一种能起到发酵作用的面团。面肥在烹调中适合制作各类发面制品,如馒头、花卷、包子、烙饼等。每次留的面肥要保管好,防止发霉。

三、发色剂

发色剂又称为护色剂、呈色剂或助色剂,是添加到烹饪原料中的适量化学物质,这些化学物质与原料中的某些成分作用而使制品呈现良好的色泽,常用的有硝酸盐和亚硝酸盐。

（一）硝酸钠

硝酸钠为白色结晶或浅黄色粉末,味咸微苦,有潮解性,易溶于水,有刺激性,有毒性,对人体有危害,属危险品,有助燃性,易燃烧爆炸,注意储藏。主要用于肉类的腌制和肉类制品的加工,如火腿、香肠、腊羊肉、镇江肴肉等,最大使用量为每千克 0.5 克。

（二）硝酸钾

硝酸钾俗称土硝、火硝、硝石,为无色透明斜方结晶体或白色粉末,无臭,有咸味和清凉感,稍有吸湿性,易溶于水,其 10% 的水溶液呈中性,最大使用量为每千克 0.5 克,残留量不得超过每千克 0.03 克。烹饪运用同硝酸钠。

（三）亚硝酸钠

亚硝酸钠为白色或微带淡黄色结晶或粉末,外观形似食盐,有咸味,易潮解,易溶于水,其水溶液呈碱性,最大使用量为每千克 0.15 克,残留量不得超过每千克 0.03 克。

四、凝固剂

凝固剂是指促进食物中蛋白质溶液凝固的添加剂。常用的凝固剂可分为盐类和酸类两类,盐类凝固剂常见的有氯化镁、氯化钙、硫酸钙,酸类凝固剂常见的有葡萄糖酸内酯、浆水。凝固剂主要用于将豆浆制成豆制品。

（一）硫酸钙

硫酸钙又称石膏，为白色单斜结晶体或结晶性粉末，无臭，微溶于水，相对密度2.32，水溶液呈中性。一般用于制作豆腐脑、豆腐等豆制品。

（二）氯化钙

氯化钙为白色硬质碎块或颗粒，无臭，味咸微苦，吸湿性极强，暴露于空气中极易潮解，易溶于水。其水溶液可保持果实原料的脆感，并起护色作用，还可用于制作豆制品。

（三）葡萄糖酸-δ-内酯

葡萄糖酸-δ-内酯简称内酯，为白色结晶体或白色结晶性粉末，几乎无臭，呈味先甜后酸，易溶于水。葡萄糖酸-δ-内酯作为凝固剂主要用于豆腐的生产，也可作为奶类制品蛋白质凝固剂。制成的豆腐为内酯豆腐，质地细腻有弹性，微有酸味。

（四）盐卤

盐卤又称卤水、苦卤、卤碱，是海水或盐湖水制盐后残留于盐池内的母液经蒸发、冷却后析出的氯化镁结晶，除氯化镁外还含有氯化钠、氯化钾、氯化钙、硫酸镁、溴化镁等。盐卤主要用来制作豆腐。

五、增稠剂

增稠剂是一种改善和稳定菜点物理性质或形态（如增加菜肴黏稠度和光泽度、赋予菜点黏滑适口的口感）的添加剂。增稠剂的种类很多，按其来源可分为天然品和合成（化学）品两类：天然品是从含多糖类黏性物质的植物性原料和从富含胶原蛋白的动物性原料中制取，如淀粉、阿拉伯胶、果胶、琼脂、明胶、海藻胶、糊精等天然品，合成品如黄原胶、淀粉磷酸钠、羧甲基纤维素钠等。我国目前批准使用的增稠剂品种有30余种。

（一）淀粉

淀粉又称团粉、芡粉、粉面，是植物的种子或果实、根、茎中含有的多糖类物质。淀粉呈白色粉末状，无臭，不溶于冷水，能溶于热水，在热水中易糊化，温度降低后会老化。淀粉在烹调中用途及广，作为增稠剂主要用于菜肴的勾芡。淀粉的增稠或勾芡，就是利用了淀粉糊化这一性质。使其具有吸水、提高菜肴的持水能力，丰富菜肴的质感，保持菜肴的温度，突出汤菜的主料以及汤汁的黏着力。

目前在食品工业中采用变性淀粉技术（在淀粉分子上引入新的官能团或改变淀粉分子大小和淀粉颗粒性质，从而改变淀粉的天然特性），我国已经生产出了预糊化淀粉、酸化淀粉、氧化淀粉、醚化淀粉、酯化淀粉、交联淀粉、接枝淀粉等，使淀粉的品种多样化。

质量好的淀粉色泽洁白细腻，有光泽，吸水性强，胀性大，黏性强，不吐水，芡汁亮，能长时间保持菜肴的形态、色泽和口感。烹调中常见的淀粉主要有以下几种。

❶ 玉米淀粉 玉米淀粉又称玉蜀黍淀粉，为白色微带淡黄色光泽的粉末，是将玉米用0.3%亚硫酸浸渍后，通过破碎、过筛、沉淀、干燥、磨细等工序而制成，是目前使用最广的一种淀粉。

❷ 菱角淀粉 菱角淀粉是用水生植物菱角加工的淀粉，其颜色洁白，富有光泽，呈粉末状，质感细腻光滑，黏性大，吸水性较差，产量低。

❸ 马铃薯淀粉 马铃薯淀粉俗称土豆淀粉，以马铃薯的块茎加工而成，特点是颜色洁白，黏性足，质地细腻，光泽度强，吸水性较差，勾芡成菜放凉后有"吐水"现象。

❹ 绿豆淀粉 绿豆淀粉以绿豆种子加工而成，其色洁白而有光泽，微泛绿色，质地细腻，黏性足，吸水性较差，为淀粉中的上品，主要用于凉粉、粉皮、粉丝的制作。

❺ 豌豆淀粉 豌豆淀粉又称豆粉，以豌豆种子加工而成，其色泽洁白，质地细腻，黏性强，胀性大，无异味，吸水性强，是淀粉中的上品，其品质不次于菱角淀粉。

❻ **甘薯淀粉** 甘薯淀粉又称红薯淀粉、地瓜淀粉、山芋淀粉,以红薯的块根加工而成,色泽灰暗,质地粗糙呈颗粒状,吸水性、胀性较强,黏性较差,一般不用于勾芡淀粉,主要用于制作粉条。

❼ **小麦淀粉** 小麦淀粉又称澄粉,以小麦的种子加工而成,色泽洁白,光泽度较低,黏性差,透明度好,一般不用于勾芡,主要用于面点制品,如蒸饺。

❽ **木薯淀粉** 木薯淀粉以木薯的块根加工而成,为白色或微带浅黄色阴影的粉末,有光泽,无异味,淀粉汁液清澈透明,黏性好,胀性大,是淀粉中的上品。

（二）琼脂

琼脂又称为冻粉、琼胶、洋粉,由红藻中的石花菜等藻类提取出来的胶质凝结干燥而成,是海藻中提取的多糖体;无臭、无味,体干,半透明,为无定形的粉末、薄片或颗粒;色白亮或微黄,洁净;弹性大,吸水性、持水性强,能吸收相当本身体积 20 倍的水;溶于热水,在水中需加热至 95 ℃时才开始溶化,熔化后的溶液温度需降至 40 ℃时才开始凝固。在烹调中多用于制作甜点、冷饮,也常用于胶冻类菜肴及花式工艺菜肴的制作。

（三）明胶

明胶是从动物的皮、骨、肌腱、韧带等结缔组织中提取的多肽化合物,为白色或淡黄色半透明微带光泽的薄片或粉粒,故又称为动物明胶;微有脂味,再无其他味,无挥发性;在冷水中缓慢吸水膨胀软化,可吸收相当于自身重量 5～10 倍的水,溶于热水,冷却后凝结成柔软而有弹性的胶冻。在烹调中多用于有咸味的凉菜和一些工艺菜品的制作,面点制品中可用于馅心的调制,如灌汤包。

（四）果胶

果胶是将天然果胶类物质在酸、碱、盐等化学试剂及酶的作用下,加水分解变成的水溶性果胶。天然果胶以原果胶、果胶、果胶酸的形态广泛存在于植物的果实、根、茎、叶中,不溶于水。加工后形成的果胶为白色或带黄色、浅灰色、浅棕色的粗粉或细粉,易溶于水,无臭,口感黏滑,呈弱酸性,耐热性强,能形成具有弹性的凝胶。果胶主要用于果酱、果冻、凝胶软糖以及冷冻甜点、冰激凌、酸奶等食品的加工。

（五）羧甲基纤维素钠

羧甲基纤维素钠通常是由天然的纤维素和苛性碱及一氯醋酸反应后而制得的一种阴离子型高分子化合物。为白色纤维状或颗粒状粉末,无臭、无味、有吸湿性,易分散在水中形成透明的胶体溶液,在中性或碱性时,溶液呈高黏度。在烹饪制汤时添加可稳定蛋白质,同时降低脂肪和水之间的表面张力,使脂肪充分乳化,形成透明稳定的胶液;在面包的制作中添加 6％的量,可使面包的体积变大,使水分不易挥发。

（六）黄原胶

黄原胶又名汉生胶,是以碳水化合物为主要原料,经野油菜黄单胞菌发酵,产生的微生物胞外多糖。为浅黄色至白色可流动粉末,稍带臭味;易溶于冷、热水,溶液中性,对酸、碱、盐稳定;耐冻结和解冻,遇水分散乳化变成稳定的亲水性黏稠胶体;是目前世界上生产规模最大且用途极广的微生物多糖。黄原胶作为稳定剂、乳化剂、悬浮剂、增稠剂和加工辅助剂,被广泛应用于色拉调料、面包、奶制品、冷冻食品、饮料、调味品、糖果、糕点、汤料和罐头食品中,同时也是分子烹饪的主要添加剂。

（七）结冷胶

冷结胶又称凯可胶,是由假单胞菌在中性条件下,经有氧发酵而产生的细胞外多糖胶质,是一种新型的全透明的粉末状增稠剂。干粉呈米黄色,无特殊的滋味和气味,耐热性、耐酸性良好,不溶于冷水,加热即溶解成透明的溶液,冷却后,形成透明且坚实的凝胶。所形成的凝胶富含汁水,具有良好的风味释放性,有入口即化的口感。结冷胶是一种全新的微生物制剂,性能优于琼脂、明胶,是琼脂、明胶的替代品。

（八）瓜尔豆胶

瓜尔豆胶也称古耳胶、瓜尔胶或胍胶，是以瓜尔豆的种子为原料加工制取的增稠剂。为白色至浅黄褐色粉末，接近无臭，也无其他任何异味，能分散在热水或冷水中形成黏稠液，为已知天然胶中黏度最高的，广泛应用于饮料、冷饮、面制品、肉制品、乳制品、豆制品、调味品、罐头制品中。

六、致嫩剂

致嫩剂是指可以使肉类肌纤维嫩化的添加剂，一般适用于肌纤维较粗、口感老韧的肉类原料，如牦牛肉、黄牛肉等。如对肉制品的嫩度要求高，也可以添加。

（一）木瓜蛋白酶

木瓜蛋白酶又称木瓜酶，是一种蛋白水解酶，广泛地存在于番木瓜的根、茎、叶和果实中。为白色至浅黄色的粉末，溶于水，具有酶活高、热稳定性好、天然卫生安全等特点。其作用是水解肌肉蛋白和胶原蛋白，提高肉的嫩度，是目前使用效果做好、使用最广泛的致嫩剂。烹调中主要用于肉类菜肴成熟前的腌制。

（二）菠萝蛋白酶

任务评价

菠萝蛋白酶又称菠萝酶，是由菠萝的果实、茎，主要是皮中提取的巯基蛋白酶。为浅黄色无定形粉末，溶于水，有菠萝的香味，其作用是将肉类蛋白质的大分子水解为易吸收的小分子。烹调中主要运用于肉类的嫩化处理。

项目小结

本项目主要介绍了调味品的主要品种、调味特性、质量标准及烹饪应用，还介绍了食品添加剂的主要品种、特性及烹饪应用。

同步测试

辅助原料

项目描述

　　辅助原料又称佐助原料,是指在菜点制作中既不作为菜点的主、配料,也不作为调味料的一类原料,主要包括食用油脂和食用淡水等,虽然这类原料不是菜点的主体原料,但它们对菜点的色、香、味、形、质等方面起着至关重要的作用,是烹调中不可或缺的原料之一。

项目目标

　　了解食用油脂、食用淡水的主要种类和特点,掌握食用油脂、食用淡水在烹饪中的运用。

任务一　食用油脂

任务描述

　　本任务主要介绍食用油脂的概况、种类特点、烹饪运用、品质检验,使学生能正确地选择和运用食用油脂。

任务目标

　　熟悉食用油脂的主要种类和特点,掌握食用油脂在烹饪中的运用。

一、食用油脂概况

　　油脂是油和脂肪的总称。在常温下液态的称为油,呈固态或半固态的称为脂肪。来源于动植物体内的油脂无毒,具有一定营养价值,可供食用,即为食用油脂。

　　天然的食用油脂含有多种成分,主要是甘油三酯,而且多为混合甘油酯,此外还含有游离脂肪酸、磷脂、色素、维生素、甾醇等。纯净的、等级高的油脂是无色、无味、无臭的,但一般的食用油脂都具有一定的颜色和气味。油脂的颜色往往来自脂溶性色素,如叶绿素、类胡萝卜素、黄酮色素及花色苷等,其气味主要由低级脂肪酸以及其他挥发性成分所产生。油脂由固体变为液体的温度称为熔点。动物油脂的甘油酯中饱和脂肪酸多,因此熔点较高,常温下呈固态;植物油脂的甘油酯中不饱和脂肪酸多,因此熔点低,常温下为液态。熔点低的油脂易吸收,吸收率可达95%左右。

二、食用油脂的种类和特点

食用油脂的来源广泛,品种繁多。烹饪中常根据其制作方法及品质特点,分为普通食用油脂、高级食用油脂和食用油脂制品三大类,如表14-1所示。

表 14-1　食用油脂的分类及特点

分　类		特　点
普通食用油脂	植物油脂	植物油脂来自植物的种子(如麻油、大豆油、菜籽油、花生油、棉籽油等)、果肉(如棕榈油、橄榄油、椰子油等)以及某些谷物种子的胚芽和麸糠中(如玉米胚芽油、米糠油等)。
	动物油脂	动物油脂来自陆地和水中动物的脂肪组织及陆地动物的乳汁中,如猪脂、牛脂、羊脂、牛乳脂肪、鱼油等。区别主要在于水中动物油脂中含有高度不饱和的脂肪酸。由于生活习惯等原因,动物性油脂在流通中占的比例很少,仅占食用油脂总消费的1.5%左右。
高级食用油脂	高级烹调油	高级烹调油是植物毛油经脱胶、脱酸、脱色、脱臭,必要时经脱蜡等工序精制而成的高级食用油,可用于烹调炒菜,也用于油炸食物,通常用于油炸后立即食用。
	色拉油	色拉油加工同高级烹调油。可生吃,是用于制作凉拌菜、人造奶油、蛋黄酱的上乘油脂。此外,也可用于油炸即食食品。
	调和油	调和油又称调合油,一般是将两种或两种以上成品植物油经科学调配制成符合人体使用需要的高级食用油。调和油合理配比脂肪酸种类和含量,有利于人体健康。常选用精炼花生油、大豆油、菜籽油等为主要原料,还可配有精炼过的玉米胚油、小麦胚油、米糠油、油茶籽油等特种油。
食用油脂制品	人造奶油	人造奶油又称"白脱"、"麦淇淋",一般用精制植物食用油添加水及其他辅料,经乳化、急冷捏合成具有天然奶油特色的可塑性制品,具有保形性、延展性、口溶性的特点,主要是用来制作糕点,也可涂抹在面包上食用。
	起酥油	起酥油指精炼的动植物油脂、氢化油或其他油脂的混合物,经急冷捏合制造的固态油脂或不经急冷捏合加工出来的固态或流动态的油脂产品,具有可塑性、起酥性、酪化性、乳化性、吸水性、氧化稳定性。
	代可可脂	代可可脂能迅速熔化,其甘油三酯的组成与天然可可脂的完全不同,而其物理性能接近于天然可可脂。另有从天然植物油中提取的特种脂肪称类可可脂,也可作为可可脂的代用品。
	风味油	风味油指在精炼油脂中添加各种风味物质,调制成具有各种风味的调味油。例如红油、咖喱油、葱油、蒜油、花椒油等,家庭或饭店用来烹制菜肴或凉拌菜肴均可。

三、食用油脂在烹饪中运用

(一)传热介质

从传热介质的角度看,食用油脂在烹饪中的一些作用是其他介质无法代替的。食用油脂的燃点高,传热速度快,同样加热,油脂比水的温度升高快1倍,停止加热后,温度下降也更快,这些特点都便于灵活地控制和调节温度,使原料受热均匀,迅速成熟,以制作出各种质感的菜肴。

(二)增色保色

在高温油脂中,食品表面发生羰氨反应,形成金黄色、黄褐色的呈色物质。如果要求成菜色泽洁白时,则选用颜色较浅的色拉油或猪油。制作汤菜时,如果要求汤色浓白,则选择乳化作用较强的油脂。油脂可作为溶剂而溶解脂溶性色素,增加烹调菜肴的色泽,如红色的辣椒油、黄色的咖喱油等。食用油脂本身光亮滋润,也能使菜肴增加一定光泽,故有"明油亮芡"之说。

（三）增香调香

这主要表现在两个方面:一是油脂本身具有香味或作为芳香物质溶剂的作用,如为了增加一些菜肴的香气,常在菜肴即将出锅或出锅后淋上一些香味较浓的油脂,如麻油、葱油、花椒油、蒜油、鸡油等;二是通过油脂的高温加热使原料产生香气,油脂在高温作用下,发生多种复杂的化学反应生成具有挥发性的醛类、酮类等芳香物质,从而增加菜肴香味。

（四）调质作用

烹调中大量用到油脂的起酥作用。原料在热油中经过一定时间的煎、炸加热后,可使原料表面甚至内部的水分蒸发,而使菜点具有外酥里嫩或松、香、酥、脆的口感。在调制酥炸菜肴的酥糊时要加入一定量的精炼植物油,油脂加入量的多少是酥糊炸制后是否酥脆的关键。在调制油酥面团时,将油脂和面粉充分搓擦,扩大了油脂的表面积,使油脂均匀地包裹在面粉粒外面,油脂的表面张力使面粉粘连成团,由于没有水分,不能形成面筋网络,因而制成的面点比较松散,口感酥脆。

（五）造型作用

油脂在菜点烹调中有辅助菜点成型的作用,这其实是利用了部分油脂可塑性强的特点。常用油脂中只有猪油和奶油的可塑性较好,在菜点的成型中用得也较多,如江苏菜"藕粉圆子"是用猪油将松散的八宝果仁凝结成团,搓成球形后,再滚上藕粉入锅氽熟而成。奶油中含有部分水分,经搅打后可充入大量的空气,具有很好的可塑性,可用于蛋糕的裱花工艺中。另外,"黄油雕"也是充分利用了奶油的可塑性特点。

（六）润滑作用

油脂在菜点烹调过程中常作为润滑剂而广泛应用。例如在烹调菜肴时,原料下锅一般都需要少量的油脂滑锅,防止原料粘锅和原料之间相互粘连,保证菜肴质量;上浆的原料在下锅前加入一些油,原料在滑油时容易散开,便于成型;在面包制作中,常加入适当的油脂降低面团的黏性,便于加工操作,并增加面包制品表面的光洁度、口感和营养;在面点加工中,为防止粘连,在容器、模具、用具表面都需涂抹一层油脂。

四、食用油脂的品质检验

食用油脂的质量主要从气味、滋味、颜色、透明度、沉淀物等方面进行鉴别。

（一）气味

各种食用油脂都具有各自特有的气味,可通过嗅觉来辨别其是否正常。方法有以下几种:一是在盛装油脂的容器开口的瞬间用鼻子靠近容器口,闻其气味;二是取几滴油脂放在手掌或手背上,双手摩擦至发热后闻其气味;三是用不锈钢勺取油样 25 克左右,加热到 50 ℃左右闻其气味。

（二）滋味

每种油脂都具有固有的独特滋味,通过滋味的鉴别可以知道油脂的种类、品质的好坏、酸败的程度、能否正常食用等。质量好的油脂没有异味,变质的油脂则会带有酸、苦、辛辣等滋味。

（三）颜色

不同品种的油脂颜色各有差异,可根据这一特点鉴别油脂是否具有该品种油脂的正常色泽。油脂色泽深浅主要取决于油料所含脂溶性色素的含量、油料籽粒品质的好坏、加工方法、精炼程度及油脂储藏过程中的变化等。从感官上看,除小磨香油允许微浊外,其他种类的油脂要求色泽清淡,清亮透明,无沉淀,无悬浮物。国家标准规定,油脂色泽越浅,质量越好。

（四）透明度

正常的油脂应该是完全透明的,如果油脂中含有碱脂、类脂、蜡质和含水量较大时,透明度就会降低。将油取出用肉眼即可判断透明度。

（五）沉淀物

油脂在加工过程中混入的机械杂质、蛋白质、树脂、固醇等物质,在一定条件下沉入油脂的下层,称为沉淀物。品质优良的油脂,不应含有沉淀物。

任务评价

任务二　食用淡水

任务描述

本任务主要介绍食用淡水的概况、种类特点、烹饪运用,使学生能正确地选择和运用食用淡水。

任务目标

熟悉食用淡水的主要种类和特点,掌握食用淡水在烹饪中的运用。

一、食用淡水概况

食用淡水是指符合饮用水水质标准的淡水,为无色无味的透明液体,是参与烹饪的主要辅助原料,在烹饪中具有重要的作用。

水的沸点随着外界压力的增大而升高,在一个标准大气压下,水的沸点是 100 ℃。减压时,沸点降低;加压时,沸点升高。欲使食物脱水而又不需要高温时,可以利用减压的办法;欲缩短食物成熟时间,需提高蒸煮温度,可利用高压烹饪炊具。在冰点时,水分冻结,体积膨胀,冰晶形成,从而使富含水分的原料或食品在冷冻储藏时造成组织的损坏;另外,冰在融化时可以吸收食物的热量而使其降温,常用于冷藏和冰镇食物。

水具有很强的溶解能力,有些不溶于水的高分子化合物,如蛋白质、多糖、脂肪等,在适当条件下可以分散在水中,形成乳浊液或胶体,如制作奶汤、胶冻即利用了此原理。

水的比热容较大,在烹饪中广泛作为传热介质使用,如煮、烫、氽等加热方式;另一方面,还可采用漂洗等方法使原料迅速降温。当利用蒸汽传热时,水蒸气在食物表面由气态转化为液态,释放出大量的潜热,从而使食物在短时间内成熟,并避免了水溶性营养物质的损失。

二、水在烹饪中的作用

（一）水是烹调中最常用的传热介质

许多烹调方法如蒸、炖、煮、烧、扒、煨、卤等和原料的初加工处理如焯水、水煮等都离不开水。用水传热的特点在于传热均匀、穿透性好,而且温度相对较低,可保护原料营养成分,保持原料色泽,不会产生有害物质。此外,水蒸气传热还可保护菜点的形状。

（二）水是烹调中最主要的溶剂,具有分散和稀释的作用

❶ 分散作用　水可溶解固体原料,使之均匀分散。如盐、味精、食碱等可溶于冷热水中;淀粉、胶原蛋白、果胶可溶于热水中;面粉中的麦谷蛋白和麦醇溶蛋白在水中揉合可形成面筋蛋白质;许多

水溶性的呈味物质在水溶液的环境中发生多种呈味反应,使菜点鲜香可口。这种分散作用也可造成水溶性维生素、单双糖、无机盐、氨基酸的损失。损失的程度与原料与水接触的面积、加热的时间和温度的高低有密切的关系。

❷ **稀释作用**　在烹调过程中,若菜肴、汤品的味道过重,可加水降低调味品的浓度,盐分较高的原料,通过水浸也可使盐度降低。

（三）水是原料初加工的重要媒介

❶ **洗涤作用**　洁净的水不但可以除去原料表面的污物杂质,还可以除去原料中某些不良的呈味物质。如苦瓜、陈皮等原料可以通过水浸、水煮等方法除去部分苦味;萝卜、竹笋、菠菜、叶用甜菜等经焯水处理可除去辣味或酸涩味;牛羊肉及其内脏等动物性原料通过水浸和焯水可去除血污及腥膻异味。

❷ **原料涨发**　许多干货类原料在使用前需浸泡在冷水、温水或热水中,使原料吸水,最大限度地恢复其原来的新鲜状态,利于成菜。而油发和碱发也离不开水。

（四）水是构成菜点的成分

某些菜肴在制作时必须添加一定量的水才能满足成菜的质量要求,如汤、炖菜、烩菜等。在制作面点制品时,水是调面团的重要原料,可以使面团具有一定的弹性和可塑性。

（五）水可影响菜肴的质感

含水量的多少是决定原料质地的主要因素之一。原料中水分含量越高,则质地越脆嫩或柔嫩。在烹饪加工过程中,常常通过浸泡、搅打等方式增加植物性或动物性原料的水分含量,以改善其质地。

（六）水对烹饪原料的色泽有一定的影响

水可阻止某些原料的氧化褐变。如马铃薯、藕、茄子及部分水果等切开后若在空气中暴露时间过长,则易发生褐变,使切面的色泽变褐发黑,影响成品色泽。若将切好的原料浸泡在冷水中,由于水的隔氧作用,可以防止酶促褐变发生,从而保持了原料的本色。另外,绿色蔬菜在水中短时间焯烫,可使叶绿素游离,色泽更加碧绿,如沸水焯烫过的菠菜、荷兰豆。

（七）水有利于发酵正常进行

在各种发酵过程中,发酵菌的生长均离不开水。因此,水是发酵菌正常生长繁殖的基本条件之一。通过发酵菌旺盛的新陈代谢活动,形成了制品特有的质地和独特的风味,如泡菜、酸菜、发酵面团等。此外,水还有杀菌防腐的作用,沸水可以杀灭大量的病原菌和腐败菌;而将原料浸泡在洁净的冷水中也可在短时间内抑制微生物的繁殖,如豆腐浸水。

三、水的种类和特点

水根据其性质特点可以分为矿化水、纯净水、净化水、硬软水。

（一）矿化水

矿化水是以纯净水作为基水,经矿化器过滤自动溶出多种微量元素和矿物质所得的富含人体必需的常量元素及微量元素饮用水。长期饮用矿化水可以补充正常饮食中缺少的微量元素和矿物质营养素,以改善人体营养状况。

（二）纯净水

所谓纯净水是指其水质清纯,不含任何有害物质和细菌,其优点是能有效安全地给人体补充水分,具有很强的溶解度,因此与人体细胞亲和力很强,有促进新陈代谢的作用。纯净水缺乏微量元素,不适合老人和婴幼儿长期饮用。

（三）净化水

净化水是指经过技术净化过滤的水。

（四）硬、软水

凡不含或含有少量钙、镁离子的水称为软水，反之称为硬水。依照水的总硬度值大致划分，总硬度 0～30 ppm 称为软水，总硬度 60 ppm 以上称为硬水，高品质的饮用水不超过 25 ppm，高品质的软水总硬度在 10 ppm 以下。在天然水中，远离城市未受污染的雨水、雪水属于软水；泉水、溪水、江河水、水库水，多属于暂时性硬水，部分地下水属于高硬度水。

项目小结

本项目主要介绍了食用油脂、食用淡水的概况、种类特征、烹饪应用等知识。

任务评价

同步测试

参考文献

[1]　崔桂友.烹饪原料学[M].北京:中国轻工业出版社,2006.

[2]　王向阳,许睦农.烹饪原料学[M].3版.北京:高等教育出版社,2015.

[3]　王兰.烹饪原料学[M].南京:东南大学出版社,2007.

[4]　杨月欣.中国食物成分表(第一册)[M].2版.北京:北京大学医学出版社,2009.

[5]　黄梅丽,王俊卿.食品色香味化学[M].2版.北京:中国轻工业出版社,2008.

[6]　刘凌云,郑光美.普通动物学[M].4版.北京:高等教育出版社,2009.

[7]　苏爱国.烹饪原料与加工工艺[M].重庆:重庆大学出版社,2015.

[8]　赵廉.烹饪原料学[M].北京:中国纺织出版社,2008.

[9]　周宏.烹饪原料知识[M].2版.北京:中国劳动社会保障出版社,2007.

[10]　吴志华.烹饪原料[M].北京:中国轻工业出版社,2007.

[11]　阎红.烹饪原料学[M].北京:高等教育出版社,2005.

[12]　冯胜文.烹饪原料学[M].上海:复旦大学出版社,2011.

[13]　[美]哈洛德·马基.食物与厨艺:奶·蛋·肉·鱼[M].邱文宝,林慧珍,译.北京:北京美术摄影出版社,2013.

[14]　[英]克雷兹.香料鉴赏手册[M].葛宇,译.上海:上海科学技术出版社,2000.

[15]　杨予轩.食物营养圣经[M].北京:电子工业出版社,2000.

[16]　任俊.烹饪原料知识[M].北京:中国轻工业出版社,2017.